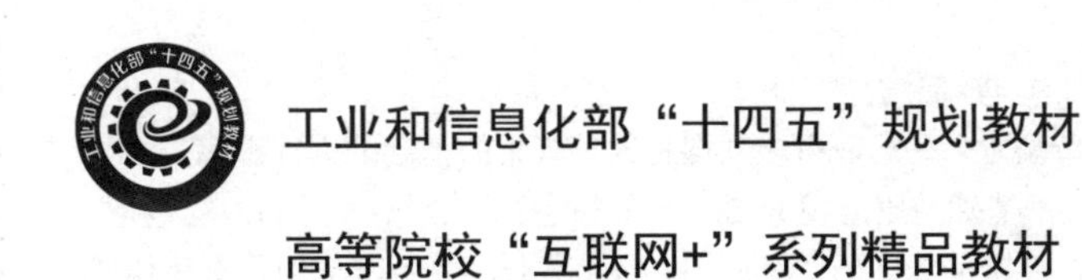

工业和信息化部“十四五”规划教材

高等院校“互联网+”系列精品教材

# 传感与视觉检测技术

主编　贺道坤　张伟建

副主编　宣言　欧娟娟　张董

主审　王春峰

電子工業出版社

Publishing House of Electronics Industry

北京 · BEIJING

美丽中国——广西桂林漓江风光

## 内 容 简 介

本书根据教育部新的职业教育专业课程改革要求，在已取得多项课程改革成果的基础上进行编写，主要介绍典型传感器的工作原理及应用、机器视觉技术基础及康耐视 In-Sight 软件的操作方法。本书的内容包括：传感器检测技术基础，开关量传感器及其应用，模拟量传感器及其应用，数字式传感器及其应用，常用传感器与 PLC 的综合应用，机器视觉硬件的认识，数字图像处理基础，机器视觉的检测、测量、识别及定位。本书注重传感技术和机器视觉技术在自动化领域的应用技能培养，内容浅显易懂，设有较多的实训环节和典型案例，各学校可根据自身的实验条件选择适合的实训项目。

本书为高等职业本专科院校电气自动化、机电一体化、机械制造自动化、智能控制、智能制造、工业机器人等专业相应课程的教材，也可作为开放大学、成人教育、自学考试、中职学校和培训班的教材，以及工程技术人员的参考书。

本书提供免费的微课视频、教学课件、习题参考答案等，详见前言。

未经许可，不得以任何方式复制或抄袭本书之部分或全部内容。
版权所有，侵权必究。

**图书在版编目（CIP）数据**

传感与视觉检测技术 / 贺道坤，张伟建主编.
北京 ： 电子工业出版社，2024. 7. --（高等院校“互联网+”系列精品教材）. -- ISBN 978-7-121-48257-1
Ⅰ. TP212；TP302.7
中国国家版本馆 CIP 数据核字第 2024RP5937 号

责任编辑：陈健德（E-mail:chenjd@phei.com.cn）
印　　刷：天津画中画印刷有限公司
装　　订：天津画中画印刷有限公司
出版发行：电子工业出版社
　　　　　北京市海淀区万寿路 173 信箱　邮编 100036
开　　本：787×1 092　1/16　印张：14　字数：359 千字
版　　次：2024 年 7 月第 1 版
印　　次：2024 年 7 月第 1 次印刷
定　　价：59.00 元

凡所购买电子工业出版社图书有缺损问题，请向购买书店调换。若书店售缺，请与本社发行部联系，联系及邮购电话：（010）88254888，88258888。

质量投诉请发邮件至 zlts@phei.com.cn，盗版侵权举报请发邮件至 dbqq@phei.com.cn。

本书咨询联系方式：chenjd@phei.com.cn。

本书根据教育部新的职业教育专业课程改革要求，在已取得多项课程改革成果的基础上进行编写。本书结合高职教育特色，依托江苏省“十四五”高水平专业群及工业和信息化部中德智能制造高级人才培养示范基地，以学生为主体，从应用传感器和机器视觉的视角出发进行编写。

传感器和机器视觉在生产中起检测作用，具有“电五官”之称，所有生产设备的自动化运行都离不开传感器或机器视觉来获取相应信号。随着智能制造产业的升级，传感器和机器视觉在生产中所扮演的角色越来越重要，近年来，传感器和机器视觉行业正在迈向新的发展阶段，其市场规模快速扩大，其应用还有更广阔的空间。与此同时，企业对于学生未来从事相关行业的应用能力的要求也不断提高。本书将理论与实践相结合，侧重传感器和机器视觉在工业场景中的应用，首先通过理论基础讲述传感与视觉检测技术的相关内容，然后以实训项目为载体，将所学理论与实践技能相结合，从而达到学以致用的目的。

本书从传感技术应用和机器视觉应用两大模块展开。传感技术应用部分包括第 1～5 章，以传感器的不同输出信号为主线，第 1 章为传感检测技术基础，第 2 章为开关量传感器及其应用，第 3 章为模拟量传感器及其应用，第 4 章为数字式传感器及其应用，第 5 章为常用传感器与 PLC 的综合应用。通过这 5 章的学习，了解传感检测技术的基础知识，理解传感器的不同分类方法及基本特性，掌握典型传感器的基本工作原理，掌握传感器的 3 类典型应用，即开关量传感器的应用、模拟量传感器的应用和数字式传感器的应用，通过相关实训，对于常用传感器要做到会使用、会选型，并掌握这 3 类传感器与 PLC 综合应用的方法。机器视觉应用部分包括第 6～8 章，第 6 章为机器视觉硬件的认识，第 7 章为数字图像处理基础，第 8 章为机器视觉的检测、测量、识别及定位。首先学习了解机器视觉的硬件基础知识和理论基础，然后通过康耐视 In-Sight 软件实训操作来掌握机器视觉在检测、测量、识别及定位中的用法，最后通过应用案例掌握机器视觉和 PLC 的配合使用。

本书不仅在日常的课程理论与实训项目教学过程中融入思政教育；而且在装帧设计中结合了思政元素，通过封面的伟大成就、书眉的高铁/大飞机/空间站、扉页的美丽中国等图片，耳濡目染地促进学生的制度自信、文化自信、奉献精神、创新能力、担当意识、爱国情怀等，使其成为德、智、体、美、劳全面发展的社会主义建设者和接班人。

本书由贺道坤、张伟建担任主编，由宣言、欧娟娟、张董担任副主编；参与编写和电子教学课件制作的还有张月芹、朱桂兵、李小琴、马云鹏。本书由贺道坤统稿，由王春峰主审。

由于编者的水平有限，书中难免存在错误和不妥之处，恳请读者批评指正。对本书的意见和建议请发电子邮件至作者邮箱：hedk@njcit.cn。

为了方便教师教学，本书配有免费的微课视频、教学课件、习题参考答案等资源，请有此需要的教师登录华信教育资源网（http://www.hxedu.com.cn）免费注册后进行下载。如果有问题，请在网站留言或与电子工业出版社联系（E-mail：hxedu@phei.com.cn）。

编　者

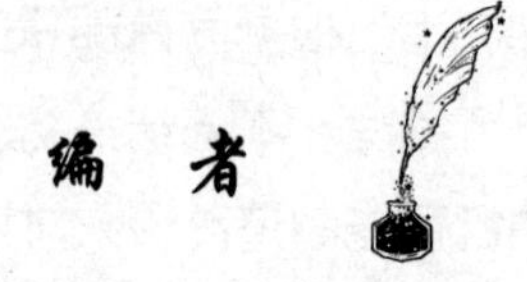

# 目　录

# 第1章 传感检测技术基础

## 1.1 传感器的定义、作用

从日常生活到高科技领域，传感器几乎无处不在。农业、渔业、林业、建筑、矿业、制造业、电力、交通、航空、航天等，各行各业都离不开传感检测。比如，电子秤中用到应变式力传感器，手机中用到触屏传感器、红外传感器、声音传感器等，血压计中用到压力传感器，工业机器人各关节中用到编码器进行位置的反馈。功能设备或电子产品中都要用到各种各样的传感器，那么传感器是什么呢？

### 1.1.1 传感器的定义

传感器是能够感受到被测量的信息，并能将感受到的信息按照一定规律转换成可用输出信号的器件或装置。换言之，传感器就是将被测量按照一定规律转换成与之有确定关系的电量输出的器件或装置。

不同的传感器输出的电量有不同的形式，如电压、电流和频率等，以满足信息的传输、处理、记录、显示和控制等要求。

具体来说，传感器是一种测量装置，能完成基本的检测任务。其输入某种物理量、化学量或生物量，输出某种物理量（通常输出的是电量），因为电量便于转换和处理。传感器的输出与输入有对应关系，而且有一定的精确程度。比如，图 1-1 中的电子秤、压力变送器、血压计都是一种测量装置，都将被测量转化为电压进行输出显示，协作机器人的关节中也有编码器，用来将当前的位置状态转化为二进制编码并传送给控制器。

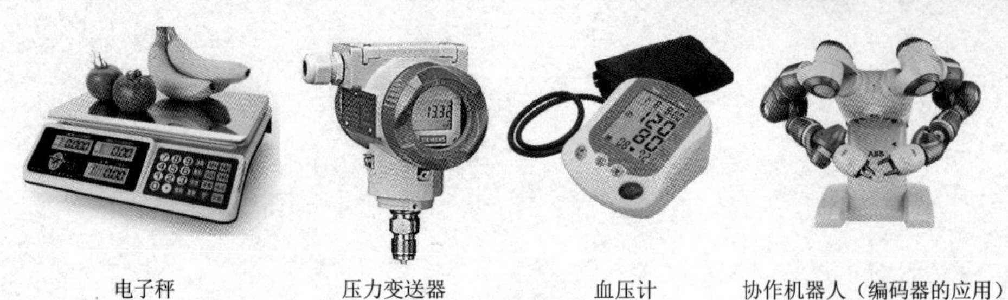

电子秤　　压力变送器　　血压计　　协作机器人（编码器的应用）

图 1-1　生活中常见的传感器

扫一扫看教学课件：传感检测技术基础教学课件

## 1.1.2　传感器与检测技术的作用与地位

传感器在国民经济中无处不在，“没有传感器就没有现代科学技术”的观点已被全世界公认。以传感器为核心的检测系统就像神经和感官一样，源源不断地向人类提供宏观与微观世界中的种种信息，成为人们认识自然、改造自然的有力工具。

传感器有哪些作用与地位呢？

### 1. 传感器是信息获取的“源头”

在信息社会中，任何一条信息流都是按照“信息获取→信息传输→信息处理→信息输出”的顺序依次串行运行的。其中，信息获取是整个信息流的第一步，也是决定性的一个关键环节，而实现信息获取的工具就是各种各样的传感器。如果没有传感器检测所需的信息，那么后续的信息传输与信息处理也就成了无源之水、无本之木，再高级的人工智能也是“巧妇难为无米之炊”；如果传感器得到的信息质量不好、精度不高，其反应迟钝，那么后续的信息传输与信息处理也会因信息质量的先天不足而无能为力，导致最终信息的输出效果大打折扣，甚至无用。

人类经历了从手工劳动时代到机械化时代、自动化时代和信息化时代的历史进程，其生产方式也发生了从使用简单工具到使用动力与机械、使用自动测量装置，再到现在使用智能检测生产装置的变化（见图 1-2），尤其是后阶段的进化，信息化是社会发展的必然趋势，有了传感器检测信息（信号）才有信息化的后续自动化处理和执行。

手工劳动时代（使用简单工具）

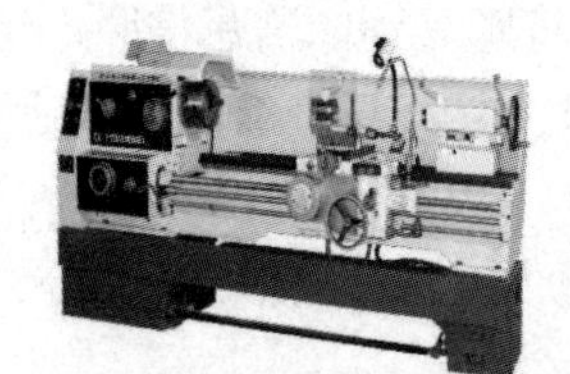

机械化时代（使用动力与机械）

自动化时代（使用自动测量装置）

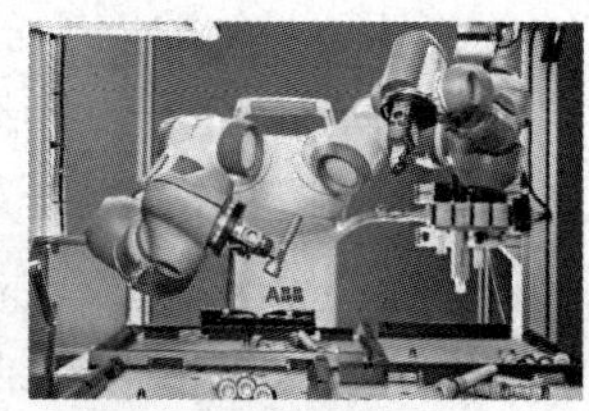

信息化时代（使用智能检测生产装置）

图 1-2　不同生产阶段信息采集设备的变化

机器（设备）如何获取外界信息呢？

在传感器出现之前，我们靠感官来获取外界的信息，先将通过感官获取到的信息传送给我们的大脑，再由大脑经过处理发出指令，指令到达我们的四肢来进行相应的操作。

有了传感器以后，先通过传感器来获取外界的信息，再将获取到的信息传送给计算机，由计算机进行运算处理，最后发出指令到执行机构，由执行机构来执行相应的处理和动作（见

图 1-3)。也就是说，传感器是人类感官的延伸，有“电五官”之称，它是感知、采集、转换、传输和处理各种信息的功能器件。

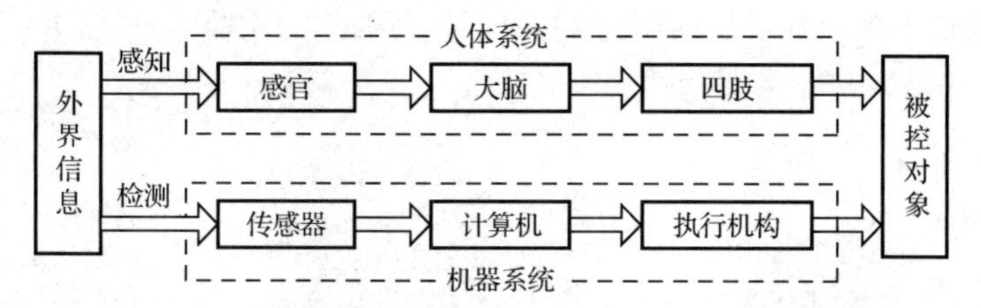


图 1-3　人体系统和机器系统获取外界信息的过程

### 2. 传感器是工业生产的“倍增器”

传感器的下一个作用就是它是工业生产的倍增器。传感技术是带动国民经济增长的一个关键领域。在工业生产中利用传感器来实现各种各样的在线监测，包括料位控制、颜色深浅识别、液位监控、产品计数等。

料位控制：采用具有模拟量输出的红外光传感器，在包装线上监控干燥谷物的料位，其检测距离较远，能随时检测料位的高低（见图 1-4）。

颜色深浅识别：采用具有 3 段颜色深浅识别的开关量输出光电传感器，能区分生产线上不同颜色的瓶盖及瓶盖色泽的深浅（见图 1-5）。

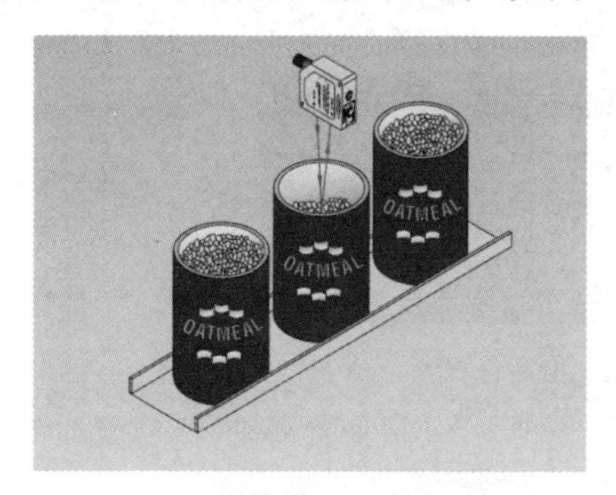


图 1-4　料位控制

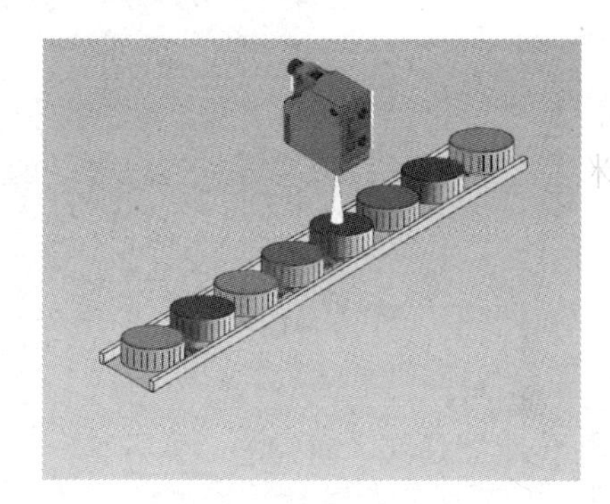

图 1-5　颜色深浅识别

液位监控：采用具有模拟量输出的超声波传感器，能够实现较长距离检测的功能，能随时监控罐体内液位的高低（见图 1-6）。

产品计数：采用对射式超声波传感器检测透明玻璃瓶产品，可对高速传送带上的透明玻璃瓶进行计数（见图 1-7）。

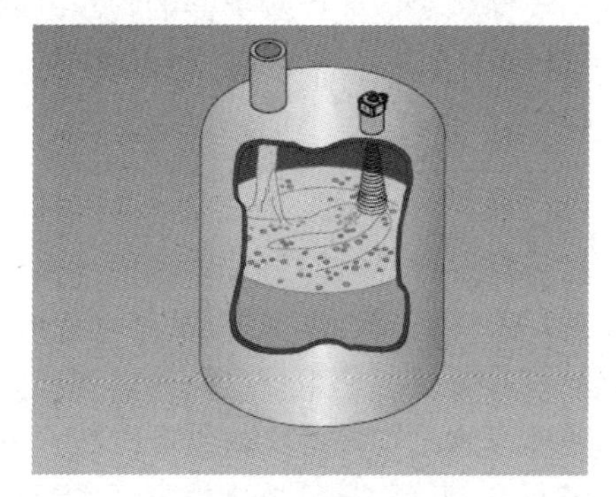

图 1-6　液位监控

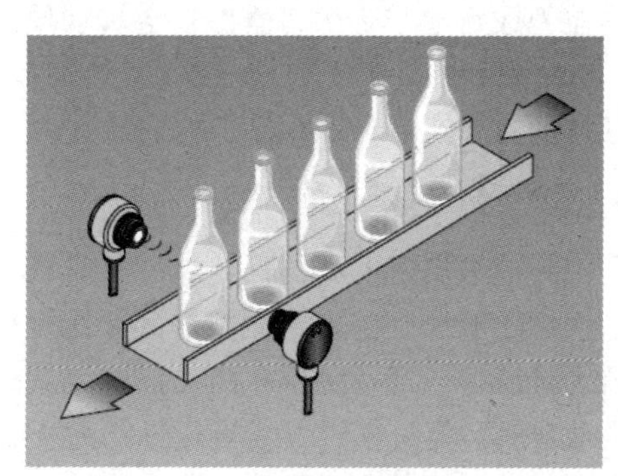

图 1-7　产品计数

CCD 图像传感器在生产线上的应用非常广泛，包括手机的装配精度确认（见图 1-8）、平整度检测（见图 1-9）、皮带轮形状检测（见图 1-10）等，尤其是灰色铸件表面的字符识别（见图 1-11）。通过人眼识别是比较困难的，但是利用 CCD 图像传感器进行灰色铸件表面的字符识别后输出的结果是非常清楚的。

图 1-8　手机的装配精度确认

图 1-9　平整度检测

图 1-10　皮带轮形状检测

图 1-11　灰色铸件表面的字符识别

### 3. 传感器是科学研究的“先行官”

我国著名科学家钱学森明确指出：“发展高新技术，信息技术是关键，信息技术包括测量技术、计算机技术和通信技术，测量技术是关键和基础。”测量技术是信息技术的三大支柱之一。在当今社会，无论是基础科学还是尖端技术，都离不开各种检测手段的支持。这些领域中有各种各样的传感器扮演着重要的作用。与此同时，传感器的发展也极大地推动了边缘科学和高新技术的进步。传感器在航天领域的地位举足轻重，我国先后多次成功发射神舟飞船，得益于成百上千个传感器提供宝贵的检测数据，火箭测控需要检测火箭的状况、姿态、轨迹；飞行器测控需要检测飞行姿态、工况等。阿波罗 10 号的火箭部分拥有 2 077 个传感器，飞船部分拥有 1 218 个传感器。

### 4. 传感器是军事上的“战斗力”

现代战争最厉害的武器是什么？是飞机、坦克，还是导弹、航空母舰？它们都很厉害，但它们都离不开一个非常不显眼却又无比重要的器件：传感器。现代战争，从某种程度上说，打的就是传感器。20 世纪 90 年代的某场战争中精确制导弹药的使用量虽然只占到弹药消耗总量的 8.36%，但是仅甲方战机投掷的激光制导炸弹摧毁的乙方重要目标数就占到了 80%左右，甲方首次使用的巡航导弹命中率高达 80%。传感器在精确制导武器中发挥了关键作用。

从 20 世纪 90 年代开始，到现代战争，制导武器在战场中的使用比例越来越高，甚至突破了 90%。

制导武器虽然是传感器在现代战争中的重要应用，但这只是冰山一角。现代战争中传感器发挥着更多的作用。譬如雷达系统是战场中的“眼睛和耳朵”，雷达是一种电磁波传感器，是现代战争中用来侦查信息的强有力武器，也是战争开始制导武器需要最先歼灭的敌方最有战略价值的目标之一。未来的战争，都是超视距战争。超视距，顾名思义就是超过了人的肉眼观察距离。以前的战争，要看得到敌人，子弹才能对准敌人，才能制敌。现代的战争不需要用肉眼看到敌人就可以制敌于千里之外。用什么代替人眼去感知呢？就是靠的雷达等传感器！在少数发达国家的单兵作战装备中，红外夜视仪是必备的装备。红外夜视仪采用红外线传感器感知远处的敌人，使士兵能够在零光和弱光情况下进行观察和机动。单兵军用夜视仪甚至能够让士兵在无光的夜晚对 300 米甚至更远的目标实施精准射击，真正做到先敌发现，先敌开火，进而取得明显的战术优势。尤其是带有摄像头的无人机在战斗中更是经常做到以小搏大，用成本极其低廉的自爆式无人机击毁敌方的高价值坦克或军舰。在战争中，传感器就是武器的“眼睛”。

## 1.2　传感器的组成和分类

### 1.2.1　传感器的组成

传感器由敏感元件、传感元件及测量转换电路 3 个部分组成，如图 1-12 所示。

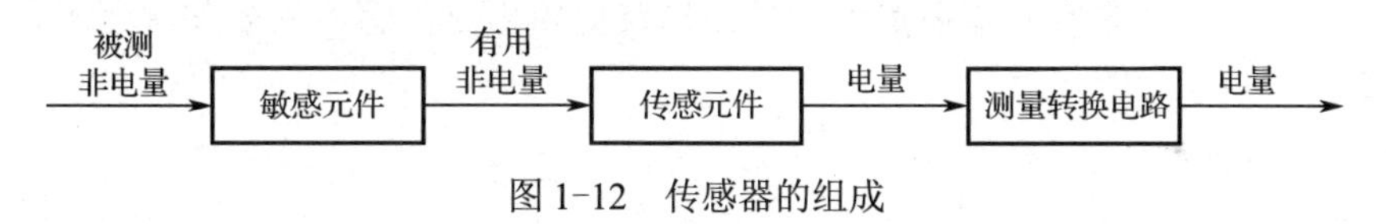


图 1-12　传感器的组成

敏感元件：直接感受被测量（非电量）并按一定规律将其转换成与被测量有确定关系的某一物理量，这种转换之后的物理量更容易测量，更容易转换为电量。

传感元件：又称变换器，一般情况下它不直接感受被测量，而是将敏感元件的输出量转换为电量输出。这种电量不一定能直接显示、控制，但为后面进一步转换提供了方便。

测量转换电路：能把传感元件输出的电量转换为便于处理、传输、记录、显示和控制的有用电信号。不同类的传感元件有不同类的测量转换电路与之适应，在研究传感技术时，应把传感元件和测量转换电路作为一个统一体来考虑。这样最后输出的电量可能是电容、电感、电阻的变化，也可能是电压、电流、频率的变化。

以测量压力的电位器式压力传感器（见图 1-13）为例，来说明传感器的组成和转换原理。此传感器的敏感元件是弹簧管，它的作用是将入口处压力的变化转化为弹簧管的变形（位移的变化）。弹簧管的入口处是气体的进气口，通过弹簧管把压力的变化转换为位移的变化。电位器作为传感元件将位移的变化转化为电阻的变化。分压电路起测量转换电路的作用，将电位器输出的电阻的变化转换成电压输出。至此，电位器式压力传感器实现了将输入压力的变化最终转化为电压输出的目标。

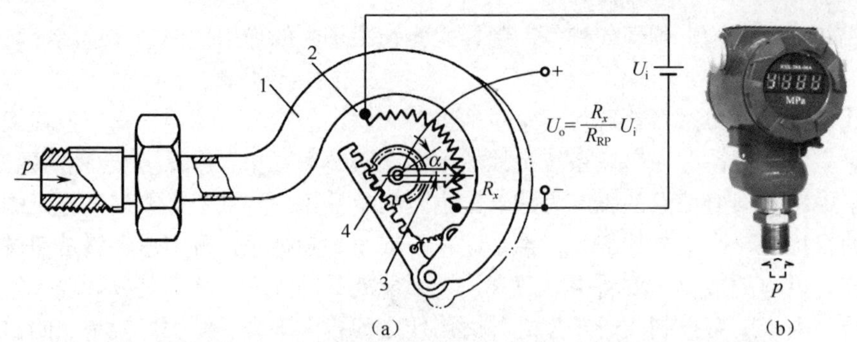


1—弹簧管（敏感元件）；2—电位器（传感元件）；3—电刷；4—传动机构（齿轮-齿条）。

图 1-13　电位器式压力传感器

### 1.2.2　传感器的分类

在我们日常生活和工业生产中，传感器的种类非常多，它们的分类方法也不尽相同，常用的分类方法有 3 种：第 1 种是按被测量进行分类，第 2 种是按测量原理进行分类，第 3 种是按输出信号的性质进行分类。

#### 1. 按被测量进行分类

传感器按被测量可分为位移传感器、力传感器、力矩传感器、转速传感器、速度传感器、加速度传感器、振动传感器、温度传感器、压力传感器、流量传感器、流速传感器等。其中，测量压力的被称为压力传感器，测量流量的被称为流量传感器。这种分类方式比较直观，不用考虑用户对于传感器的专业知识是否清楚，只要提到相应传感器的名称，交流的双方都知道是用来测什么物理量的传感器。

#### 2. 按测量原理进行分类

传感器按测量原理可分为电阻式传感器、电容式传感器、电感式传感器、光栅传感器、激光传感器、红外传感器、光导纤维传感器、超声波传感器、热电偶传感器等。其中，基于电阻工作原理的传感器被称为电阻式传感器。这种分类方式的优点是看传感器的名称就能和其基本原理一一对应，类别少，在传感器的选型过程中有助于根据使用场合和原理进行传感器的选型。

#### 3. 按输出信号的性质进行分类

传感器按输出信号的性质可分为开关量传感器、模拟量传感器和数字式传感器。

1）开关量传感器

开关量传感器输出的信号为离散信号，不是 0 就是 1，换句话说，不是高电平就是低电平。开关量传感器根据输出信号的不同又分为 NPN 型传感器和 PNP 型传感器，通常也被称为接近开关，如电感式接近开关、电容式接近开关。NPN 型和 PNP 型这两种传感器的输出信号有何不同呢？本书在开关量传感器及其应用这一章会进行介绍。

2）模拟量传感器

模拟量传感器输出的信号在时间上和空间上是连续的，如温度传感器、压力传感器能够反映出被测量在数量上的多少。一般情况下，模拟量传感器本身直接输出的信号不是标准信号，在信号的输送和处理上并不方便，为了便于模拟量信号在 PLC 等控制器上使用，通常将其变送为标准信号，最常见的为标准电流型输出信号和标准电压型输出信号，通常我们将变送这两种信号的设备分别称为电流型变送器和电压型变送器。另外，热电阻、热电偶也是比较常见的模拟量传感器，热电阻输出的为电阻变化量，热电偶输出的为毫伏级的电压信号，如果将其输送到 PLC 等控制器中，我们通常需要进行进一步的处理，将其变送为标准电流信号或标准电压信号。

3）数字式传感器

数字式传感器输出的是脉冲信号或二进制编码，如增量式编码器输出的是脉冲信号，我们对脉冲进行计数可得到被测量的大小，对脉冲频率进行统计可得到被测量的速度；绝对式编码器输出的是二进制编码。

为了方便掌握传感器的基本使用方法，本书采用第 3 种分类法。后面分章节逐步介绍开关量传感器、模拟量传感器和数字式传感器的基本原理及应用，重点掌握这几种传感器是如何进行接线，如何将信号输送到执行元件及 PLC 中的，这是这门课程的主要任务之一。

## 1.3　测量误差及分类

测量的目的是希望通过测量获取被测量的真值。所谓真值，是指在一定条件下被测量客观存在的实际值。

测量值与真值之间的差值被称为测量误差。测量误差可按其不同特征进行分类。

### 1.3.1　绝对误差和相对误差

#### 1. 绝对误差

绝对误差 $\varDelta$ 是指测量值 $A_x$ 与真值 $A_0$ 之间的差值，即

$$\varDelta = A_x - A_0 \tag{1-1}$$

#### 2. 相对误差

有时绝对误差不能反映测量值偏离真值的程度，因此引入相对误差。相对误差用百分比的形式来表示，一般取正值。相对误差可分为示值相对误差、满度相对误差和实际相对误差等。

1）示值相对误差

示值相对误差 $\gamma_x$ 是用绝对误差 $\varDelta$ 与测量值 $A_x$ 的百分比来表示的，即

$$\gamma_x = \frac{\varDelta}{A_x} \times 100\% \tag{1-2}$$

2）满度相对误差

满度相对误差 $\gamma_{\rm m}$ 是用绝对误差 $\varDelta$ 与仪器满度值 $A_{\rm m}$ 的百分比来表示的，即

$$\gamma_{\rm m} = \frac{\varDelta}{A_{\rm m}} \times 100\% = \frac{\varDelta}{A_{\max} - A_{\min}} \times 100\% \tag{1-3}$$

式中，$A_{\max}$ 表示仪器测量上限；$A_{\min}$ 表示仪器测量下限。

在式（1-3）中，当 $\varDelta$ 取最大值 $\varDelta_{\rm m}$ 时，满度相对误差常被用来确定仪表的准确度等级 $S$，即

$$S = \left|\frac{\varDelta_{\rm m}}{A_{\rm m}}\right| \times 100\% \tag{1-4}$$

规定准确度等级 $S$ 取一系列标准值。我国的模拟仪表有下列 7 种准确度等级：0.1 级、0.2 级、0.5 级、1.0 级、1.5 级、2.5 级、5.0 级。它们分别表示对应等级仪表的满度相对误差不应超过的百分比。仪表在正常工作条件下使用时，各等级仪表的满度相对误差不超过表 1-1 所规定的值。

表 1-1　仪表的准确度等级和满度相对误差

| 准确度等级 | 0.1 | 0.2 | 0.5 | 1.0 | 1.5 | 2.5 | 5.0 |
| --- | --- | --- | --- | --- | --- | --- | --- |
| 对应的满度相对误差 | ±0.1% | ±0.2% | ±0.5% | ±1.0% | ±1.5% | ±2.5% | ±5.0% |

我们通常从仪表的使用说明书上读得仪表的准确度等级，如果某仪表的准确度等级为 5.0 级，那么表示该仪表的满度相对误差不超过 5.0%。仪表的准确度等级的数值越小，准确度就越高，价格也就越贵。随着测量技术的进步，目前部分行业的仪表还增加了以下几种准确度等级：0.005 级、0.01 级、0.02 级、（0.03 级）、0.05 级、0.2 级、（0.25 级）、（0.3 级）、（0.35 级）、（0.4 级）、（2.0 级）、4.0 级等。优先采用不带括号的准确度等级，只有在必要时，才可以采用括号内的准确度等级。

仪表的准确度通常被称为精度，准确度等级通常被称为精度等级。根据仪表的精度等级可以确定测量的满度相对误差和最大绝对误差。例如，在正常情况下，用精度等级为 1.5 级、量程为 100 ℃的温度表来测量温度时，可能产生的最大绝对误差为

$$\Delta_m = (\pm 1.5\%) A_m = \pm (1.5\% \times 100)℃ = \pm 1.5\ ℃ \tag{1-5}$$

一般情况下，仪表的最大绝对误差基本不变，而示值相对误差 $\gamma_x$ 随示值的减小而增大。例如，用上述温度表来测量 60 ℃的温度时，示值相对误差 $\gamma_x$=(±1.5/60)×100%=±2.5%，而用它来测量 10 ℃的温度时，示值相对误差 $\gamma_x$=(±1.5/10)×100%=±15%。

### 1.3.2　静态误差和动态误差

#### 1. 静态误差

当被测量不随时间变化或随时间变化比较缓慢时所产生的误差被称为静态误差。

#### 2. 动态误差

当被测量随时间迅速变化时，系统的输出量来不及反应，不能与被测量的变化精确吻合，这种误差被称为动态误差。引起动态误差的原因有很多，例如，用笔式记录仪记录心电图时，由于笔式记录仪有一定的惯性，导致记录结果在时间上滞后于心电图的变化，尤其当心电图仪放大器的带宽不够时，可能记录不到特别尖锐的窄脉冲。

### 1.3.3　系统误差、随机误差和粗大误差

根据测量误差出现的规律可将其分为系统误差、随机误差和粗大误差 3 种。

#### 1. 系统误差

系统误差又称装置误差，它反映了测量值偏离真值的程度。在相同条件下，多次测量同一被测量时，误差的大小和符号保持固定，或者在条件改变时，误差的数值按一定规律变化的，均属于系统误差，如仪表的刻度误差和零位误差等。

系统误差具有规律性，因此可以通过实验的方法或引入修正值的方法计算修正，也可以

重新调整测量仪表的有关部件予以消除。

**2. 随机误差**

测量结果与在重复条件下对同一被测量进行多次测量所得结果的平均值之差被称为随机误差。随机误差大多是由影响量的随机变化引起的，导致重复测量结果具有分散性。

在存在随机误差的测量结果中，虽然单次测量的随机误差是没有规律的，无法通过实验的方法消除或修正，但就多次测量的整体而言，服从一定的统计规律，通过对测量数据的统计处理，能在理论上估计其对测量结果的影响。在任何测量中，系统误差和随机误差都是同时存在的。

**3. 粗大误差**

粗大误差是一种明显与实际值不符的误差，也叫过失误差。粗大误差主要是由测量人员的粗心大意和电子测量仪器突然受到强大的干扰引起的，如测错、读错、记错都会引起粗大误差，或者实验条件未达到预定要求而匆忙进行实验也会引起粗大误差。单从测量数值来看，具有粗大误差的测量值被称为坏值或异常值，当发现具有粗大误差的数据时，应予以剔除。

## 1.4　传感器的基本特性

传感器的基本特性是指系统的输入-输出关系特性，即系统输入信号与输出信号之间的关系，有静态特性和动态特性之分。下面仅介绍静态特性的一些指标。

传感器的静态特性是指被测量的值处于稳定状态时输入与输出的关系。当传感器的输入信号是常量，不随时间变化或随时间变化缓慢时，可以只考虑其静态特性。这时传感器的输入量与输出量之间在数值上具有一定的对应关系，不考虑时间变量。

传感器的静态特性可用一组性能指标来描述，如灵敏度、线性度、分辨力、稳定性、电磁兼容性和可靠性等。

**1. 灵敏度**

灵敏度是指传感器输出量的变化值$\Delta y$与输入量的变化值$\Delta x$之比，用$K$表示，即

$$K=\frac{\mathrm{d}y}{\mathrm{d}x}\approx\frac{\Delta y}{\Delta x} \tag{1-6}$$

对线性传感器而言，灵敏度为常数，输入与输出之间的关系是一条直线，该直线的斜率就是传感器的灵敏度，如图 1-14（a）所示；而对非线性传感器而言，灵敏度随输入量的变化而变化，输入与输出之间的关系是一条曲线，某点所在曲线的切线斜率就是传感器的灵敏度，如图 1-14（b）所示。灵敏度的数值越大表示传感器的灵敏度越高。

**2. 线性度**

传感器的线性度是指传感器的输入与输出之间数量关系的线性程度，其输入与输出的关系可分为线性关系和非线性关系。从传感器的性能来看，希望其输入与输出的关系为线性关系，即理想的输入-输出关系。但实际遇到的传感器的输入与输出的关系大多为非线性关系，如图 1-15 所示。

在实际使用中，为了标定和数据处理的方便，更希望传感器的输入与输出的关系为线性关系，因此引入各种非线性补偿环节，如采用非线性补偿电路或计算机软件进行线性化处理，

从而使传感器的输入与输出的关系为线性关系或接近线性关系。可用一条直线（切线或割线）近似地代表实际曲线的一段，使传感器的输入-输出关系线性变化，所采用的直线为拟合直线。

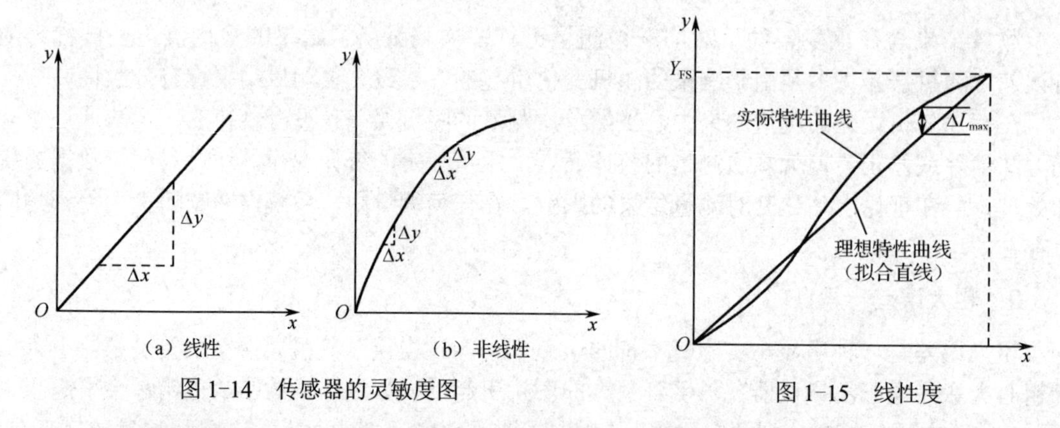


图 1-14　传感器的灵敏度图

图 1-15　线性度

传感器的线性度可由在全程测量范围内实际特性曲线与拟合直线之间的最大偏差值 $\Delta L_{max}$ 与满量程输出值 $Y_{FS}$ 之比表示。线性度也称为非线性误差，用 $\gamma_L$ 表示，即

$$\gamma_L = \pm\frac{\Delta L_{max}}{Y_{FS}} \times 100\% \tag{1-7}$$

传感器的线性度的值越小，其线性度越好。

### 3. 分辨力

分辨力是指传感器能够识别的被测信号的最小变化量。当被测量的变化小于分辨力时，传感器对输入量的变化是没有反应的。对于数字仪表，一般可以认为其最后一位的最小增量就是它的分辨力。将分辨力除以仪表的满量程就是仪表的分辨率，分辨率常以百分比来表示。

### 4. 稳定性

稳定性包括稳定度和环境影响量两个方面。稳定度是指传感器在所有条件都不变的情况下，在规定的时间内能维持其示值不变的能力。稳定度用示值变化量与时间长短的比值表示。例如，某传感器的仪表输出电压在 10 h 内的最大变化值为 1.5 mV，则用 1.5 mV/10 h 表示其稳定度。

环境影响量是指由外界环境变化而引起的示值变化量。示值变化通常有两个原因，一是零点漂移，二是灵敏度漂移。零点漂移是指已经调零的仪表在受到外界环境变化影响后，输出不再等于零，而有一定漂移的现象。零点漂移在测量前是可以发现的，应当对其重新调零；但在不间断测量的过程中，零点漂移是附加在输出读数上的，是无法发现的。带微机的智能仪表可以定时地暂时切断输入信号，测出此时的零点漂移，恢复测量后从测量值中减去漂移值，相当于重新调零。灵敏度漂移是指当外界环境发生变化后传感器的输入与输出的曲线斜率发生变化的现象。

造成环境影响量的因素有很多，如温度、湿度、气压、电源电压、电源频率、电磁干扰都会对稳定性产生影响。其中尤以温度变化产生的影响最难克服，必须予以重视。

### 5. 电磁兼容性

电磁兼容性是指设备或系统在其电磁环境中符合要求地运行，并且不对其环境中的任何设备产生无法忍受的电磁干扰的能力。电磁兼容性包括两个方面的要求：一方面要求设备在

正常运行过程中对所在环境产生的电磁干扰不能超过一定的限值；另一方面要求设备对所在环境中存在的电磁干扰具有一定程度的抗扰度，即电磁敏感性。

过去在军事领域之外，对于电磁兼容性的研究并不严谨，而且大多数设备制造商并不关心电磁兼容性的问题。但随着大功率的电器设备越来越多，且使用更低信号电压的现代数字设备的时钟频率迅速增高，随之而来的电磁干扰越来越严重地影响检测系统的正常工作，电磁兼容性的问题变得越来越重要。许多国家意识到了这个问题，并对相关设备制造商颁布了政令，要求只有满足基本条件的设备才能够销售，因此抗电磁干扰技术就显得越来越重要。自 20 世纪 70 年代以来，越来越强调电子设备系统、检测系统、控制系统的电磁兼容性。

对检测系统来说，主要考虑在恶劣的电磁干扰环境中，其必须能正常工作，并能取得精度等级范围内的正确测量结果。

### 6. 可靠性

可靠性是指产品在规定条件下和规定时间内完成规定功能的能力。对产品而言，可靠性越高就越好。可靠性高的产品，可以长时间正常工作；从专业术语上来说，产品的可靠性越高，产品可以无故障工作的时间就越长。简单地说，狭义的“可靠性”是产品在使用期间不发生故障的能力。例如，一次性注射器在使用的时间内没有发生故障，就认为是可靠的。

我们通常用故障率或失效率（$\lambda$）来作为衡量一件产品可靠性的指标，它可用图 1-16 所示的故障率变化（“浴盆”曲线）来说明。故障率的变化大体上可分成 3 个阶段。

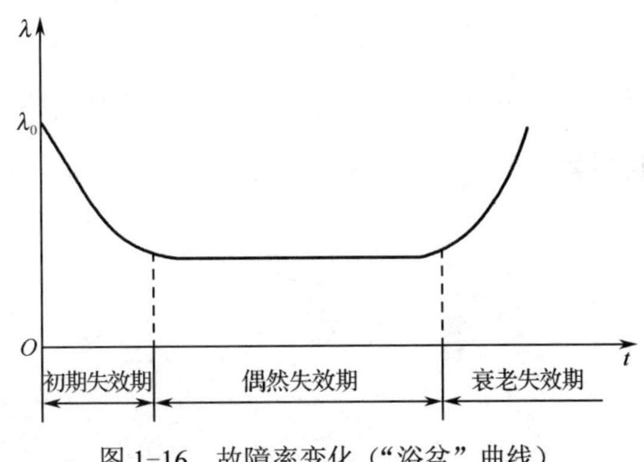


图 1-16　故障率变化（“浴盆”曲线）

（1）初期失效期。传感器在开始使用阶段的故障率很高，失效的可能性很大，但随着使用时间的增加而迅速降低。这类故障的原因主要是设计或制造上的缺陷，所以应该尽量在使用前期予以发现，并消除。有时为了加速度过这一危险期，在检测系统通电的情况下，将之放置于高温环境→低温环境→高温环境→…，反复循环，这被称为老化试验。老化之后的系统在现场使用时，故障率大为降低。

（2）偶然失效期。这期间的故障率较低，是构成检测系统使用寿命的主要部分。

（3）衰老失效期。这期间的故障率随时间的增加而迅速增大，系统经常损坏和维修，原因是元器件老化或失效，随时都有可能损坏。因此有的使用部门规定系统超过使用寿命时，即使还未发生故障也应及时退休，以免造成更大的损失。

## 练习题 1

### 一、简答题

1．传感器的定义是什么？

2．传感器的作用有哪些？

3．传感器的分类方法有哪几种？

4．根据传感器的工作原理，传感器可以如何分类？

5．根据传感器的被测对象，传感器可以如何分类？

6．根据传感器的输出信号，传感器可以如何分类？

7．传感器的基本特性有哪些？

## 二、计算题

1．某个线性位移测量仪，当被测位移由 4.5 mm 变成 5.0 mm 时，位移测量仪的输出电压由 3.5 V 减至 2.5 V，求该位移测量仪的灵敏度。

2．有 3 台测温仪表，量程均为 0～800 ℃，精度等级分别为 2.5 级、2.0 级和 1.5 级，现要测量 500 ℃的温度，要求相对误差不超过 2.5%，选用哪台仪表合理？

# 第2章 开关量传感器及其应用

开关量传感器的输出信号为0或1两种状态。电感式传感器、电容式传感器和光电式传感器是开关量传感器中常用的3类传感器，本章以电感式传感器、电容式传感器和光电式传感器为例来介绍常用开关量传感器的使用方法。对这3类传感器来说，它们既可以被设计制造成开关量传感器，也可以被设计制造成模拟量传感器，这两种传感器的应用场景都比较广泛。但本章主要是关于这3类传感器在开关量应用场景中的介绍，关于模拟量传感器的使用方法在第3章以其他传感器为载体进行介绍。

## 2.1 电感式传感器及其应用

电感式传感器是通过将被测量的变化转换为电感的变化来实现非电量测量的一种装置。它利用被测量的变化引起线圈自感或互感系数的变化，从而使线圈电感改变来实现测量。根据转换原理，电感式传感器可分为自感式电感传感器和互感式传感器两大类。

电感式传感器具有结构简单、灵敏度高、分辨力高、输出功率大、稳定性好等优点。它的主要缺点是响应速度慢，不适宜快速响应的动态测量。电感式传感器的分辨力与测量范围有关，当测量范围大时分辨力较低，当测量范围小时分辨力较高，其灵敏度、线性度和测量范围互相制约。

### 2.1.1 自感式电感传感器

自感式电感传感器先把被测量的变化转换成自感的变化，再通过转换电路将自感的变化转换成电压或电流输出。自感式电感传感器主要有变隙式电感传感器、变面积式电感传感器和螺线管式电感传感器3种类型，如图2-1所示。变隙式电感传感器和变面积式电感传感器由线圈、铁芯和活动衔铁3个部分组成。螺线管式电感传感器的主要元件是一只螺线管和一根柱形活动衔铁。

#### 1. 变隙式电感传感器

变隙式电感传感器的结构如图2-1（a）所示。工作时活动衔铁与被测物体连接，被测物

体的位移 $\Delta\delta$ 将引起气隙厚度 $\delta$ 发生变化，使磁路中气隙的磁阻发生变化，从而使线圈电感发生变化。电感量的大小可由下式估算：

$$L \approx \frac{N^2 \mu_0 A}{2\delta} \tag{2-1}$$

式中，$N$ 为线圈匝数；$A$ 为气隙的有效截面积；$\mu_0$ 为真空磁导率，与空气的磁导率接近；$\delta$ 为气隙厚度。

扫一扫看教学课件：开关量传感器及其应用

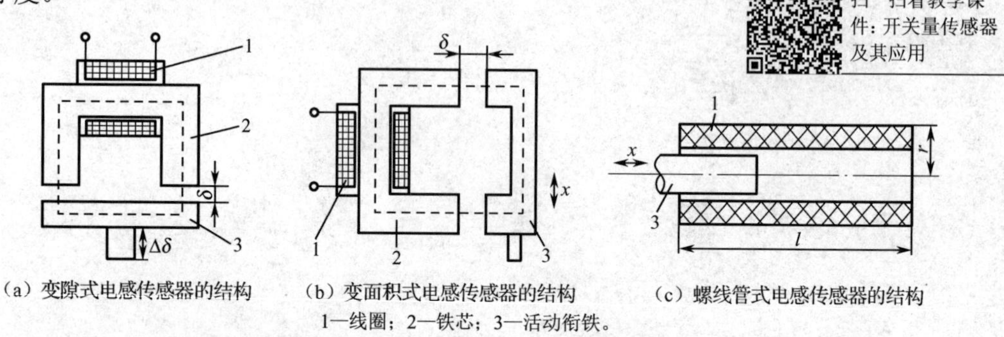


（a）变隙式电感传感器的结构　（b）变面积式电感传感器的结构　（c）螺线管式电感传感器的结构

1—线圈；2—铁芯；3—活动衔铁。

图 2-1　自感式电感传感器的类型

由上式可知，如果线圈匝数 $N$ 确定以后，且保持气隙的有效截面积 $A$ 为常数，则 $L=f(\delta)$，即电感量 $L$ 为气隙厚度 $\delta$ 的函数，故称这种传感器为变隙式电感传感器。

这种传感器的灵敏度为

$$K = -\frac{N^2 \mu_0 A}{2\delta^2} \tag{2-2}$$

对于变隙式电感传感器，从式（2-1）可以看出，电感量 $L$ 与气隙厚度 $\delta$ 成反比；从式（2-2）可以看出，灵敏度 $K$ 与气隙厚度 $\delta$ 的平方成反比，其输出特性曲线如图 2-2（a）所示，输入与输出是非线性关系。$\delta$ 越小变隙式电感传感器的灵敏度越高，实际输出特性曲线如图 2-2（a）中的实线所示。通常为了保证一定的线性度，变隙式电感传感器只能工作在一段很小的区域内，因此只适用于微小位移的测量，一般量程为 0.001～1 mm。

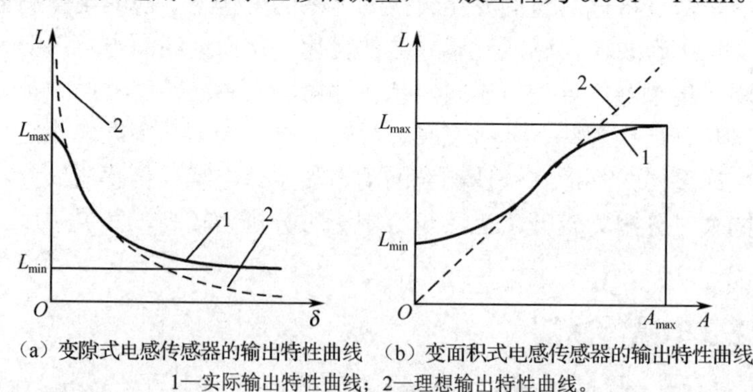


（a）变隙式电感传感器的输出特性曲线　（b）变面积式电感传感器的输出特性曲线

1—实际输出特性曲线；2—理想输出特性曲线。

图 2-2　电感式传感器的输出特性曲线

### 2. 变面积式电感传感器

变面积式电感传感器的结构如图 2-1（b）所示，工作时线圈匝数和气隙厚度不变，铁芯与活动衔铁之间的相对覆盖面积随被测位移量的变化而改变，从而使线圈电感发生变化，则 $L=f(A)$，即电感量 $L$ 是气隙有效截面积 $A$ 的函数。

这种传感器的灵敏度为

$$K=-\frac{N^2\mu_0}{2\delta} \tag{2-3}$$

对于变面积式电感传感器，理论上电感量 $L$ 与气隙的有效截面积 $A$ 成正比，输入与输出呈线性关系，如图 2-2（b）中的虚线所示，灵敏度为常数。但是，实际上由于漏感等原因，变面积式电感传感器在相对覆盖面积为 0 时，仍有较大电感，所以其线性区比较小，而且灵敏度也比较低。

### 3. 螺线管式电感传感器

螺线管式电感传感器的结构如图 2-1（c）所示，它由一柱形活动衔铁插入螺线管线圈构成。螺线管式电感传感器工作时，其活动衔铁随被测对象移动，活动衔铁在线圈内伸入长度的变化将引起螺线管电感量的变化。对于长螺线管（$l$ 远大于 $r$），当活动衔铁工作在螺线管的中部时，线圈内的磁感应强度是均匀的，此时线圈的电感量 $L$ 与活动衔铁插入的深度近似成正比。

这种传感器的结构简单、制作容易，但灵敏度稍低，且只有活动衔铁在螺线管中间部分工作时，其输入与输出才能获得较好的线性关系。螺线管式电感传感器适用于测量稍大一点的位移。由于螺线管式电感传感器的量程大，易于制作和批量生产，因此它是应用最广泛的电感式传感器。

### 4. 差动式电感传感器

上述 3 种传感器，由于使用时线圈中有负载电流存在，非线性较大；而且有电磁吸力作用于活动衔铁，同时易受外界干扰，如电源电压和频率的波动、温度变化等都会使输出产生误差，所以在实际使用中通常采用差动形式。

在实际使用时，两个完全相同的自感式线圈共用一个活动衔铁，构成了差动式电感传感器。图 2-3 所示为变隙式差动式电感传感器和螺线管式差动式电感传感器。

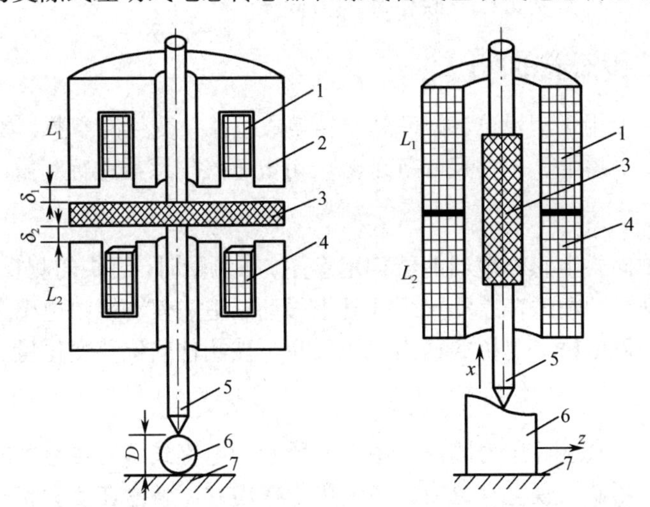


（a）变隙式差动式电感传感器　　（b）螺线管式差动式电感传感器

1—上差动绕组；2—铁芯；3—活动衔铁；4—下差动绕组；5—测杆；6—工件；7—基座。

图 2-3　差动式电感传感器

差动式电感传感器的结构要求上下两个铁芯的几何尺寸、材料性能完全相同，且两个线圈的电气参数和尺寸也完全一致。采用差动式结构既可以改善线性、提高传感器的灵敏度（灵

敏度约为非差动式结构的两倍），同时对外界温度变化、电源频率变化等基本上也可以互相抵消，其活动衔铁承受的电磁吸力也较小，从而减小了测量误差。

### 5. 自感式电感传感器的测量电路

自感式电感传感器主要利用交流电桥电路把电感的变化转化成电压（或电流）的变化，再将其送入放大器进行放大处理，然后通过仪表指示或记录。自感式电感传感器的测量电路有如下两种。

（1）一种是采用变压器交流电桥电路，如图 2-4 所示，$Z_1$、$Z_2$ 为传感器线圈的阻抗，另外两个桥臂为交流变压器二次线圈的 1/2 阻抗。

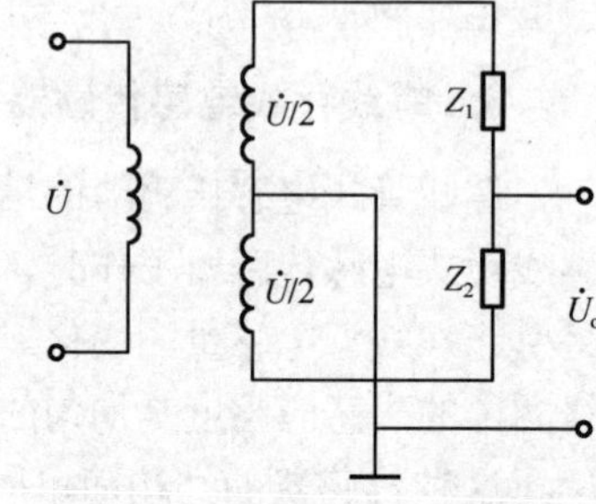


图 2-4　变压器交流电桥电路

当差动式电感传感器的活动衔铁处于中间位置时，差动绕组完全对称，即 $Z_1$=$Z_2$，此时电桥处于平衡状态，输出电压 $U_0$=0。

当活动衔铁下移时，下差动绕组的感抗增大，而上差动绕组的感抗减小，输出电压的绝对值增大，其相位与激励源同相。

当活动衔铁上移时，下差动绕组的感抗减小，而上差动绕组的感抗增大，输出电压的绝对值增大，其相位与激励源反相。如果在转换电路的输出端接上普通指示仪表，那么无法判别输出的相位，只能判断位移的大小，不能判断位移的方向。

（2）另一种是相敏检波电路，如果输出电压在送到检流计前经过一个判别相位的检波电路，那么检流计既可以反映位移的大小，又可以反映位移的方向。这种检波电路被称为相敏检波电路。相敏检波电路的最后输出电压是直流电压，该直流电压的大小与待测信号的幅度成正比，其极性由输入电压的相位决定。当活动衔铁向下移动时，检流计的仪表指针正向偏转；当活动衔铁向上移动时，检流计的仪表指针反向偏转。采用相敏检波电路得到的输出信号既可以反映位移的大小，又可以反映位移的方向。

## 2.1.2　电感式传感器的应用

电感式传感器主要用于测量位移，凡是能转换成位移量变化的参数，如力、压力、压差、加速度、振动、应变、厚度、工件尺寸等都可以用电感式传感器进行测量。

### 1. 位移的测量

图 2-5 所示为轴向式电感测微器的结构示意图。在测量时，测头的测量端与被测件接触，被测件的微小位移使活动衔铁在差动式螺线管中移动，造成差动绕组电感量的变化，这一变化量通过电缆接入交流电桥，电桥的输出电压反映了被测件的位移变化量。

### 2. 压力的测量

电感式传感器可用来进行压力测量，图 2-6 所示为电感式压力传感器的结构示意图。它由差分变压器、活动衔铁、膜盒等组成。在无压力作用时，膜盒在初始状态，与膜盒连接的活动衔铁位于差分变压器线圈的中间位置。压力输入膜盒后，膜盒的自由端移动并带动活动衔铁产生位移，差分变压器产生一个和压力成正比的输出电压，从而实现将压力的变化转换为电感变化的目的，最后将其转换为电压的变化输出。

电感式传感器除了进行位移方面的模拟量检测，还能以通断方式输出高、低电平，从而判断被测物体是否接近传感器。

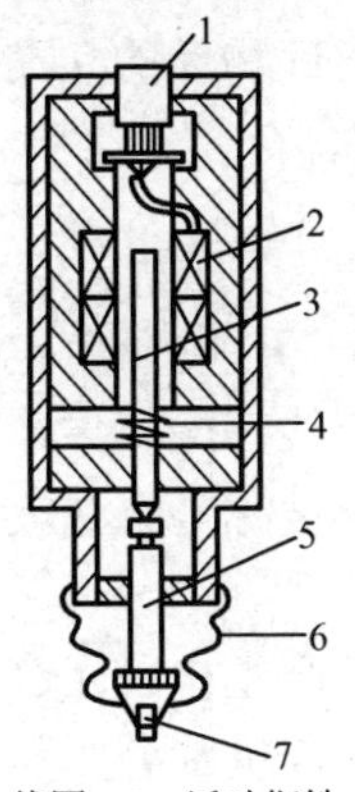


1—引线；2—线圈；3—活动衔铁；4—测力弹簧；
5—导杆；6—密封罩；7—测头。

图 2-5　轴向式电感测微器的结构示意图

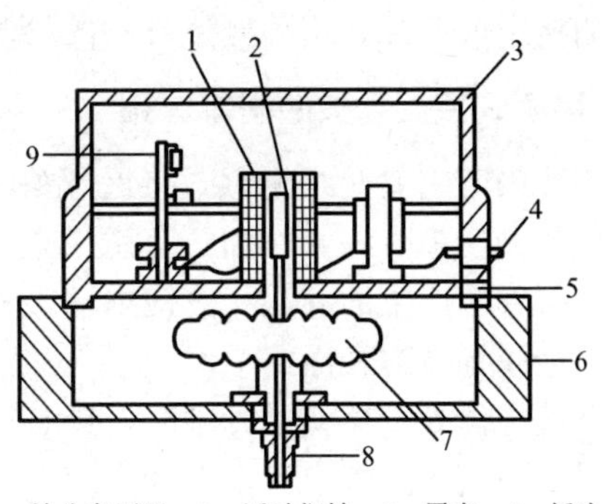


1—差分变压器；2—活动衔铁；3—罩壳；4—插头；
5—通孔；6—底座；7—膜盒；8—接头；9—线路板。

图 2-6　电感式压力传感器的结构示意图

### 2.1.3　电感式接近开关

接近开关又称无触点行程开关，能在几毫米至几十毫米的距离内检测到有无工件靠近。当工件与接近开关接近到设定距离时，则能发出相应的“动作”信号，而不像机械式行程开关，需要接触并施加机械力，它发出的是开关量信号（高电平或低电平）。多数接近开关具有一定的负载能力，能直接驱动中间继电器。且多数接近开关将感辨头和测量转换电路安装在同一壳体内，壳体上多带有螺纹或安装孔，以便于安装和调整，如图 2-7 所示。接近开关的实际用途已超出行程开关的行程控制和限位保护范畴，它可以用于高速计数测速、确定金属导体的位置、测量物位和液位，用于尺寸控制、电梯检测、转速与速度控制等。

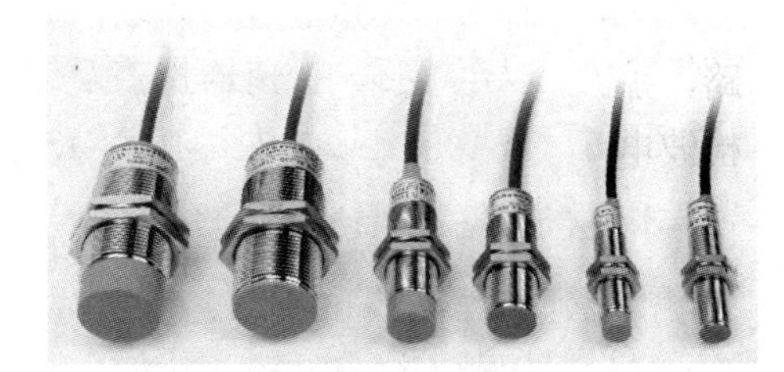

图 2-7　常用接近开关的外形

#### 1. 常用接近开关的分类

（1）电涡流式接近开关。这种接近开关有时也叫作电感式接近开关，它利用金属导体在靠近这个能产生电磁场的接近开关时，金属导体内部产生的涡流，将这个涡流反作用到接近开关，使接近开关内部的电路参数发生变化，由此识别出有无金属导体靠近，进而控制接近开关的接通或断开。这种接近开关只能检测金属导体。

（2）电容式接近开关。这种接近开关对介电常数明显大于空气且有一定厚度的物体起作用。当有物体靠近接近开关时，不论是否为导体，电容的介电常数总要发生变化，从而使电容量发生变化，使得和测头相连的电路状态也随之发生变化，由此可控制接近开关的接通或断开。这种接近开关检测的对象，不限于导体，可以是绝缘的液体或粉状物等。

（3）光电式接近开关。利用光电效应做成的接近开关被称为光电式接近开关。将发光器件与光电器件按一定方向装在同一个测头内，当有反光面（被测物体）靠近时，光电器件接收到反射光后输出信号，由此便可“感知”有物体靠近。

（4）霍尔式接近开关。霍尔元件是一种磁敏元件，利用霍尔元件做成的接近开关叫作霍尔式接近开关。当磁性物体靠近霍尔式接近开关时，接近开关检测面上的霍尔元件因产生霍

尔效应使接近开关内部的电路状态发生变化，由此识别到附近磁性物体的存在，进而控制接近开关的接通或断开。这种接近开关的检测对象必须是磁性物体。

**2. 电感式接近开关的基本原理**

本部分内容主要介绍电感式接近开关的基本原理，根据法拉第电磁感应定律，金属导体置于变化的磁场中时，其表面会有感应电流产生，感应电流的流线在金属导体内自行闭合，这种由电磁感应产生的旋涡状感应电流被称为电涡流，这种现象被称为电涡流效应。电涡流只集中在金属导体的表面。

当金属导体处于交变磁场中时，铁芯会因电磁感应而在内部产生自行闭合的电涡流而发热。电涡流效应在生产生活中有利有弊。交流电动机的铁芯采用硅钢片叠压而成，是为了减小电涡流，避免发热。电磁炉利用电涡流效应加热锅具底部，实现电能向热能的转换。在检测领域，电涡流效应的应用也有很多，它可以用来探测金属、非接触地测量微小位移和振动，以及测量工件的尺寸、转速等与电涡流有关的参数，还可以作为接近开关进行无损探伤。基于电涡流效应的传感器的最大特点是可以进行非接触测量。

电涡流传感器的传感元件是一只线圈，俗称电涡流探头，用于开关量检测的电涡流传感器又称电感式接近开关。电感式接近开关属于一种有开关量输出的位置传感器，用于识别有无金属导体靠近，进而控制接近开关的接通或断开。

电感式接近开关由三部分组成：振荡器、开关电路及后级放大电路。振荡器产生一个交变磁场，当金属导体接近这一磁场，并到达感应距离时，金属导体内部产生涡流，从而导致振荡衰减，以至停振。振荡器振荡及停振的变化被后级放大电路处理并转换成开关量信号，触发驱动控制器件，从而达到非接触式测量的目的。

**3. 接近开关的特点**

接近开关具有如下特点。

（1）非接触式测量，抗干扰能力强。

（2）不产生机械磨损和疲劳损伤，应用寿命长。

（3）采用全密封结构，防潮、防尘性能较好，且动作可靠、性能稳定。

（4）响应快，响应时间可达几毫秒或十几毫秒。

（5）无触点、无火花、无噪声，更容易满足防爆场合的需求。

（6）输出信号大，易于驱动直流电器或给 PLC 装置提供控制指令。

（7）体积小，安装、调整方便。

它的缺点是触点容量较小，负载短路时易烧毁。

**4. 接近开关的主要性能指标**

（1）动作距离。当被测物体由正面靠近接近开关的感应面时，将接近开关动作（输出状态变为有效状态）的距离定义为接近开关的动作距离 $\delta_{min}$，单位为 mm。

（2）复位距离。当被测物体由正面离开接近开关的感应面，接近开关转为复位时，将被测物体离开感应面的距离定义为复位距离 $\delta_{max}$。

（3）动作回差。动作回差 $\Delta\delta$ 是指复位距离与动作距离之差。动作回差越大，测量时接近开关抗机械振动干扰的能力越强，但动作准确度越差。

（4）额定工作距离。额定工作距离是指接近开关在实际使用中被设定的安装距离。在此距离内，接近开关不应受温度变化、电源波动等外界干扰而产生误动作。额定工作距离必须

小于动作距离，一般约为动作距离的 75%。

（5）响应频率。每秒连续不断进入接近开关的动作距离后，又离开而不发生漏检的被测物体的个数或不发生漏检的次数被称为响应频率。若接近开关的响应频率太低而被测物体又运动得太快，则接近开关来不及响应物体的运动状态，会造成漏检。

### 5. 接近开关的接线方式

最常见的接近开关一般采用典型三线制接线方式。棕色（或红色）引线接电源正极（具体范围见说明书），蓝色引线接电源负极，黑色引线接输出端。接近开关有常开、常闭之分，也有两线制和四线制接线方式，其中采用四线制接线方式时，通常既有常开输出，又有常闭输出，其具体接线图见实训环节。

# 2.2　电容式传感器

## 2.2.1　电容式传感器的工作原理

由物理学可知，电容式传感器的工作原理可以用图 2-8 所示的平行板电容器来说明。设两块极板相互覆盖的有效面积为 $A$，两块极板间的距离为 $d$，两块极板间介质的介电常数为 $\varepsilon$，当不考虑边缘效应时，其电容量 $C$ 为

$$C=\frac{\varepsilon A}{d}=\frac{\varepsilon_0\varepsilon_r A}{d} \tag{2-4}$$

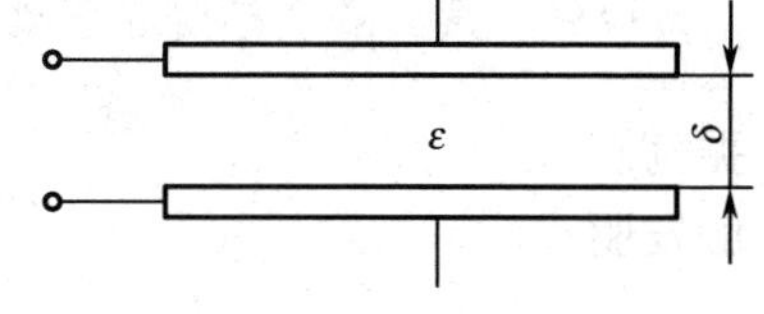


图 2-8　平行板电容器

式中，$\varepsilon_0$ 为真空介电常数；$\varepsilon_r$ 为两块极板间介质的相对介电常数。由式（2-4）可知，在 $A$、$d$、$\varepsilon$ 3 个参数中，只要改变其中任意一个参数，即可使电容量 $C$ 发生改变。也就是说，电容量 $C$ 为 $A$、$d$、$\varepsilon$ 的函数，固定 3 个参数中的 2 个，可以制作 3 种类型的电容式传感器，分别为变面积式电容传感器、变极距式电容传感器、变介电常数式电容传感器。

### 1. 变面积式电容传感器

变面积式电容传感器的结构原理图如图 2-9 所示，其中包含 3 种不同的结构。图 2-9（a）所示为平板形直线位移式结构，其中一块极板可以左右移动，被称为移动极板，移动极板移动可以改变两块极板相互覆盖的有效面积 $A$，电容量也随之改变。

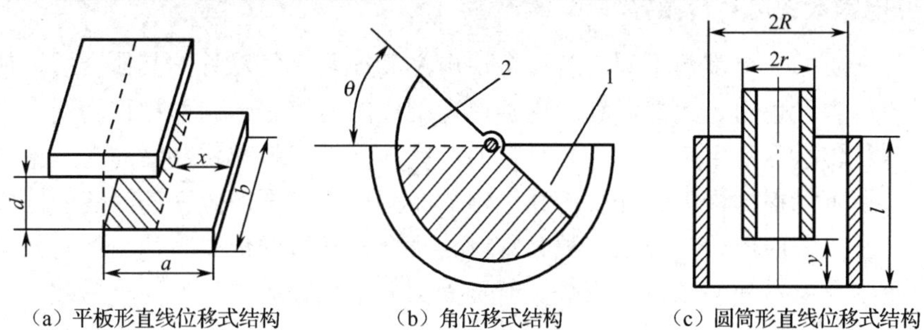


（a）平板形直线位移式结构　（b）角位移式结构　（c）圆筒形直线位移式结构

图 2-9　变面积式电容传感器的结构原理图

图 2-9（b）所示为角位移式结构，极板 1 固定，极板 2 可沿中心轴旋转，当活动极板随被测物体旋转一个角位移 $\theta$ 时，两块极板相互覆盖的有效面积 $A$ 减小，电容量也随之减小。

图 2-9（c）所示为圆筒形直线位移式结构。将外圆筒固定作为定极板，内圆筒在外圆筒

内做上下直线运动，两块极板相互覆盖的有效面积 $A$ 发生变化，电容量也随之改变。在实际使用时，外圆筒必须接地，用来屏蔽外接电场的干扰，减少周围人体及金属导体与内圆筒的分布电容，以减小误差。

由式（2-4）可以看出，变面积式电容传感器的输入与输出之间是线性关系，但在实际使用中，由于边缘效应的存在，其输入与输出之间的关系只在一定范围内是线性的，其灵敏度是常数。变面积式电容传感器多用于直线位移、角位移和工件尺寸的测量。

### 2. 变极距式电容传感器

图 2-10 所示为变极距式电容传感器的原理图。图中 1 为定极板，2 为与被测对象相连的动极板，初始状态时两块极板间的距离为 $d$。当活动极板因被测参数的改变而移动时，两块极板间的距离 $d$ 发生变化，电容量 $C$ 也相应地发生改变。

变极距式电容传感器的输入与输出之间是非线性关系，当初始极距较小时，其灵敏度较高；当初始极距较大时，其灵敏度较低。在实际使用时，在满足条件的前提下，总是使初始极距尽量小一些，以提高灵敏度。其主要不足是变极距式电容传感器的行程比较小。

在实际应用中，为了改善非线性、提高灵敏度和减少外界因素（如电源电压、环境温度等）的影响，常常把变极距式电容传感器做成差动式结构，如图 2-11 所示。其中，中间块为动极板，上下两块为定极板。当动极板向上移动时，电容量 $C_1$ 和 $C_2$ 差动变化，经过测量电路转换后，其灵敏度相比非差动式结构提高一倍，线性关系也得到改善。

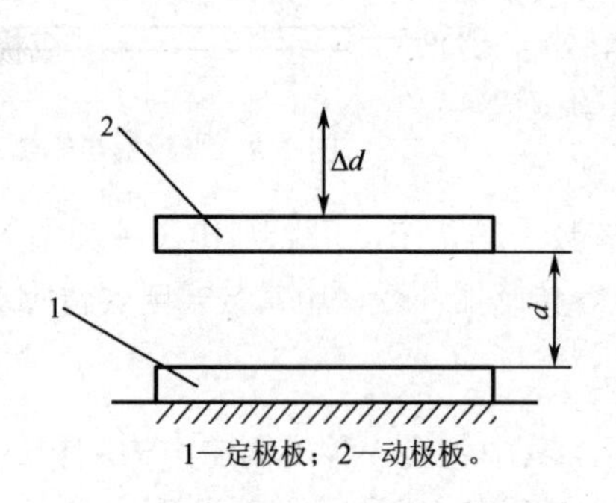


1—定极板；2—动极板。

图 2-10　变极距式电容传感器的原理图

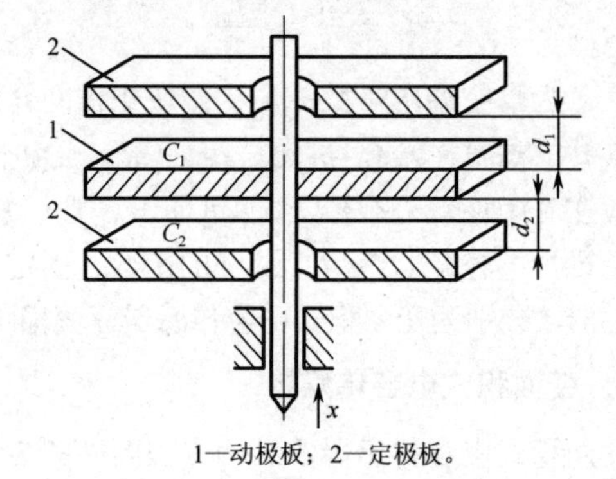


1—动极板；2—定极板。

图 2-11　差动式变极距电容传感器

### 3. 变介电常数式电容传感器

因为各种介质的介电常数不同，若在两块电极间插入空气以外的其他介质，使介电常数相应变化时，电容量也随之改变。利用这种原理制作的电容式传感器被称为变介电常数式电容传感器。这种传感器常用来检测片状材料的厚度、性质、颗粒状物体的含水量及容器中液面的高度等，还可以根据极板间介质的介电常数随湿度、容量的改变而改变的性质来测量湿度、容量等。在工程应用中，介电常数时常以相对介电常数的形式表达，相对介电常数是介电常数与真空中介电常数的比值。表 2-1 所示为部分常见介质的相对介电常数。

表 2-1　部分常见介质的相对介电常数

| 介 质 名 称 | 相对介电常数 $\varepsilon_r$ | 介 质 名 称 | 相对介电常数 $\varepsilon_r$ |
|---|---|---|---|
| 真空 | 1 | 玻璃釉 | 3～5 |
| 空气 | 略大于 1 | $SiO_2$ | 38 |

续表

| 介质名称 | 相对介电常数 $\varepsilon_r$ | 介质名称 | 相对介电常数 $\varepsilon_r$ |
|---|---|---|---|
| 其他气体 | 1～1.2 | 云母 | 5～8 |
| 变压器油 | 2～4 | 干的纸 | 2～4 |
| 硅油 | 2～3.5 | 干燥谷物 | 3～5 |
| 聚丙烯 | 2～2.2 | 环氧树脂 | 3～10 |
| 聚苯乙烯 | 2.4～2.6 | 高频陶瓷 | 10～160 |
| 聚四氟乙烯 | 2 | 低频陶瓷、压电陶瓷 | 1 000～10 000 |
| 聚偏二氟乙烯 | 3～5 | 纯净水 | 80 |

图2-12所示为变介电常数式电容传感器的原理图。当介质厚度$\delta$保持不变，而介电常数发生变化（如空气湿度变化、介质吸入潮气）时，电容量将发生显著变化。因此这种变介电常数式电容传感器可用来检测空气的相对湿度。如果介质的介电常数保持不变，则可将其作为检测介质厚度的传感器。

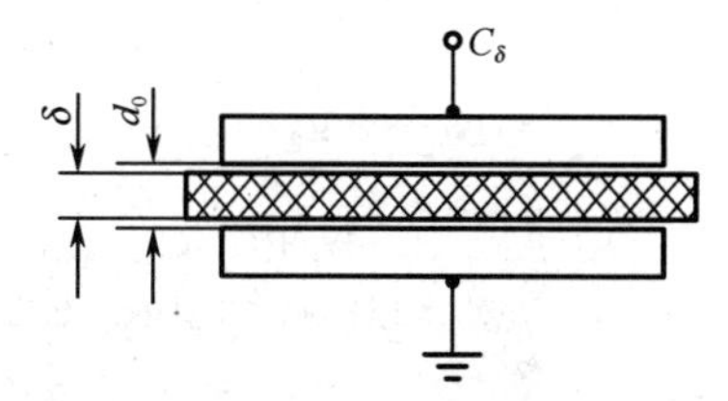


图 2-12　变介电常数式电容传感器的原理图

## 2.2.2　电容式传感器的应用

电容的大小受 3 个因素的影响，即极距 $d$、相对面积 $A$ 和极间介电常数 $\varepsilon$。固定其中两个变量，电容量 $C$ 就是另一个变量的一元函数。若将被测量转换成极距、相对面积或极间介电常数的变化，就可以通过测量电容来达到非电量检测的目的。

电容式传感器具有价格便宜、结构简单、灵敏度高、动态响应特性好、抗过载能力大等特点，因此可以用来测量压力、力、位移、振动和液位等参数。随着电子技术的迅速发展，特别是集成电路的出现，电容测量技术在非电量测量和自动检测中得到了广泛的应用，它不仅可以用于位移、振动等传统机械量的精密测量，还可以用于差压、加速度等物理量的测量。下面举例说明电容式传感器在压力、厚度及物位测量时的应用。

### 1. 电容式加速度传感器

图 2-13 所示为硅微电容式加速度传感器的结构示意图，它利用表面微加工技术，将一块多晶硅制成 3 个多晶硅电极，使其构成 3 层结构，其中上下两层为定极板，中间一层悬臂梁为动极板，它们组成差动电容 $C_1$ 和 $C_2$，制成悬臂梁式硅微电容式加速度传感器。工作时，顶层多晶硅和底层多晶硅构成的定极板固定不动，中间悬臂梁式动极板可以上下振动。

当硅微电容式加速度传感器感受到上下振动时，极距 $d_1$、$d_2$ 和电容量 $C_1$、$C_2$ 呈差动变化。与加速度测试单元封装在同一壳体中的信号处理单元将电容量的变化转换为直流输出电压变化，从而实现将加速度的变化转换为电容量的变化，再通过测量电路转换为电压的变化。由于硅的弹性滞后很小，且悬臂梁的质量很轻，所以频率响应可达 1 kHz 以上，加速度的测量范围为-100～100 g。

将该电容式加速度传感器安装在炸弹上，可以判断炸弹的着地时刻、控制炸弹的起爆时间；将其安装在轿车上，可以作为碰撞传感器使用。当正常刹车或发生小碰擦时，电容式加速度传感器的输出信号较小。当其测得的负加速度值超过设定值时，汽车电子控制单元据此判断发生碰撞，启动轿车前部的安全气囊托住驾驶员及前排乘客的头部和胸部。硅微电容式

加速度传感器还可以用于实现车体的平衡、前进和后退控制。

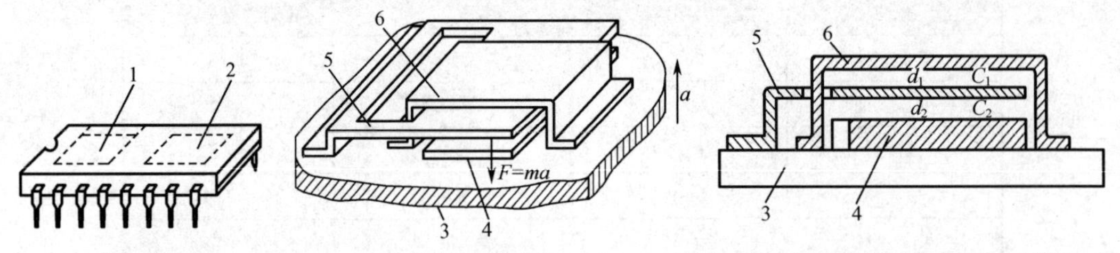


（a）16脚封装外型　　（b）多晶硅的多层结构　　（b）电容式加速度传感器的工作原理

1—加速度测试单元；2—信号处理单元；3—衬底；4—底层多晶硅（下电极）；

5—多晶硅悬臂梁；6—顶层多晶硅（上电极）。

图 2-13　硅微电容式加速度传感器的结构示意图

### 2. 电容式测厚仪

电容式测厚仪用于测量金属带材在轧制过程中的厚度，其工作原理示意图如图 2-14 所示。在被测带材的上下两侧各设置一块面积相等、与带材距离相等的极板，极板与带材之间形成两个电容，即 $C_1$ 和 $C_2$，如图 2-14 所示。把两块极板用导线连接作为电容式传感器的一块极板，带材本身则是电容式传感器的另一块极板，那么总的电容量 $C=C_1+C_2$。使用上下两块极板是为了克服带材在输送过程中上下波动带来的误差。当带材向上波动时，$d_1$ 变小，$d_2$ 变大，则 $C_1$ 增大，$C_2$ 减小，$C$ 基本不变。只有当带材在轧制过程中的厚度发生变化时，才会引起电容量的变化。通过交流电桥将电容量的变化检测出来进行放大，即可由显示仪表显示出带材厚度的变化。

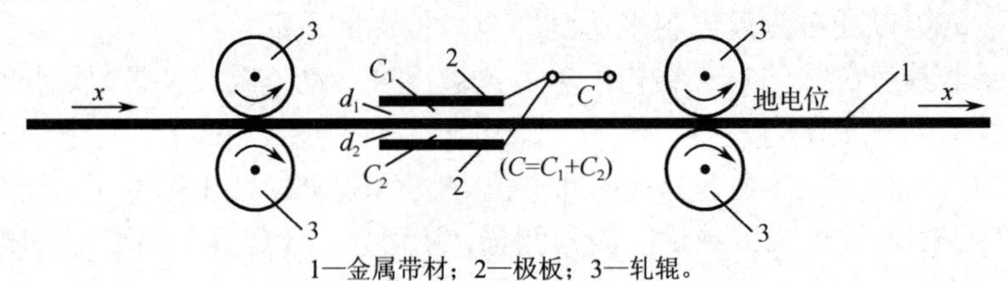


1—金属带材；2—极板；3—轧辊。

图 2-14　电容式测厚仪的工作原理示意图

### 3. 电容式接近开关

电容式接近开关是以电容极板作为检测端的电容式传感器，其实物图如图 2-15 所示，其检测极板设置在电容式接近开关的最前端，测量转换电路安装在电容式接近开关的壳体后部，并用介质损耗很小的环氧树脂填充、密封。

图 2-15　电容式接近开关的实物图

当没有被测工件靠近电容式接近开关时，其等效电容比较小；当被测工件朝着电容式接近开关端部靠近时，其等效电容增大。等效电容 $C$ 增大到额定值后，经过相应的处理电路输出动作信号（高电平或低电平），从而起到检测有无工件靠近的作用。

大多数电容式接近开关的尾部有一个多圈微调电位器，用于调整特定对象的动作距离。当被测对象的介电常数较低，且导电性较差时，可以顺时针旋转电位器的旋转臂，以增加其灵敏度。一般调节电位器使电容式接近开关在与被测对象距离合适的位置动作，以提高其可靠性。

电容式接近开关的灵敏度易受环境变化（如湿度、温度、灰尘等）的影响，使用时须远离非被测对象的其他金属部件。对金属物体而言，不建议使用易受干扰的电容式接近开关，而应选择电感式接近开关。对于介电常数明显大于空气的非金属材料，可以选择电容式接近开关。

## 2.3　光电式传感器

光照射在物体上会产生一系列的物理或化学效应，如取暖时的光热效应、植物的光合作用、化学反应中的催化作用、人眼的感光效应，以及光照射在光电器件上的光电效应等。光电式传感器是以光电效应为基础，将光信号转换为电信号的一种传感器。这种传感器具有结构简单、响应快、非接触测量等优点，故在非电量检测中应用较广，可用于转速测量、工件有无检测等。

### 2.3.1　光电效应

用光照射某一物体，可以看成物体受到一连串具有能量的光子的轰击，组成该物体的材料吸收光子能量而产生相应电效应的物理现象被称为光电效应。根据光电效应的不同特征，可将光电效应分成 3 类。

#### 1. 外光电效应

在光线照射下，能使电子从物体表面逸出的现象被称为外光电效应。根据外光电效应制成的光电器件有光电管、光电倍增管等。

#### 2. 内光电效应

在光线照射下，能使物体的电阻率发生改变的现象被称为内光电效应。根据内光电效应制成的光电器件有光敏电阻、光敏二极管等。

#### 3. 光生伏特效应

在光线照射下，能使物体产生一定方向电动势的现象被称为光生伏特效应。根据光生伏特效应制成的光电器件有光电池等。

### 2.3.2　光电器件

根据光电效应制成的元件被称为光电器件，又称光敏元件。

#### 1. 光电管和光电倍增管

光电管的结构图如图 2-16 所示，它将球形玻璃管抽成真空，在内半球面上涂上一层光电材料作为阴极，在球心放置小球形或环形金属作为阳极。当入射光照射在阴极球面上时，光子的能量传递给阴极表面的电子，当电子吸收到的能量足够大时，电子就能克服阴极表面对它的束缚而溢出阴极表面，电子被带正电荷的阳极吸引，朝阳极方向移动，这样就在光电管内形成了电子流，这种电子流被称为光电流，光电流的大小正比于光照强度，光照强度越大，光电流越大。

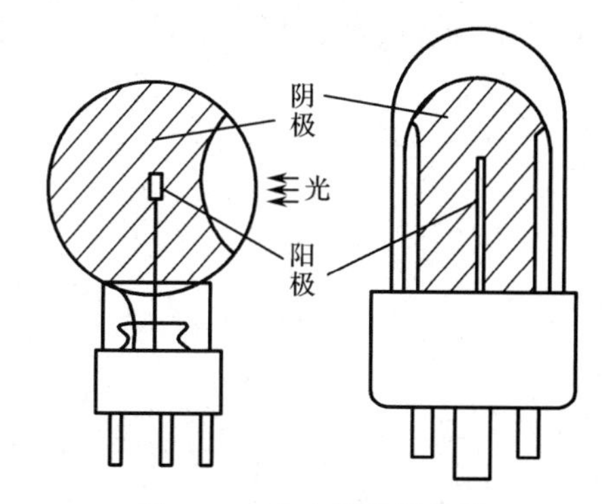

图 2-16　光电管的结构图

光电倍增管是将微弱光信号转换为电信号的电子器件，它的灵敏度要比光电管的高很

多。光电倍增管比光电管多了二次电子发射环节，它是依据光电子发射原理、二次电子发射原理和电子光学原理制成的在透明真空壳体内装有特殊电极的电子器件。光阴极在光子的作用下发射电子，这些电子被外电场（或磁场）加速，聚焦于第一次极。这些冲击第一次极的电子能使第一次极释放更多的电子，它们再被聚焦在第二次极。这样，一般经 10 次以上的倍增，放大倍数可达百倍甚至千倍。最后，在高电位的阳极收集到放大了的光电流，输出电流和入射光子数成正比。

### 2. 光敏电阻

光敏电阻是一种基于内光电效应制成的光电器件，光敏电阻没有极性，相当于一个电阻器件。光敏电阻的外形及实物图如图 2-17 所示。在光敏电阻的两端加直流或交流工作电压，当无光照射时，光敏电阻的电阻率很大，光敏电阻的电阻值也很大，电路中的电流很小；当有光照射时，由于光敏电阻中产生光生电子-空穴对，光照越强，光生电子-空穴对的数量就越多，电阻率就越小，电阻值也越小，电路中的电流变大。光照越强，其电阻值越小，电流越大；光照停止，光生电子-空穴对逐渐复合，其电阻值又逐渐恢复较高值，电路中只有很小的电流。

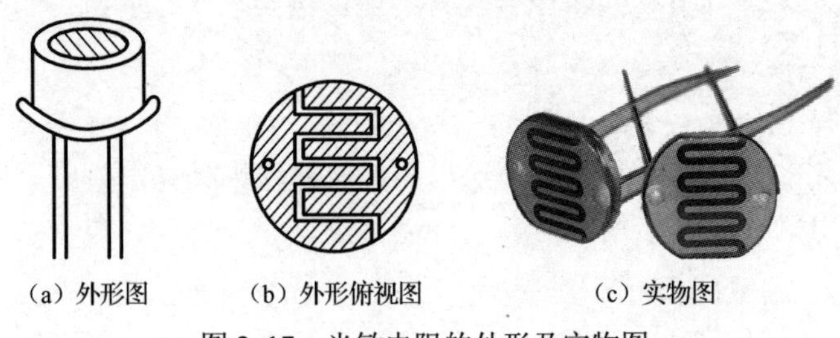


图 2-17　光敏电阻的外形及实物图

### 3. 光敏二极管和光敏晶体管

光敏二极管、光敏晶体管、光敏晶闸管统称为光敏管，它们的工作原理基于内光电效应。

光敏二极管的结构与一般二极管的结构相似，其 PN 结对光敏感。将其 PN 结装在方便入射光照射的光敏二极管顶部，上面有一个透镜制成的窗口，以便光线集中在 PN 结上。光敏二极管的结构图和工作原理图如图 2-18 所示。光敏二极管在工作时外加反向工作电压，当无光照射时，其反向电阻很大、反向电流很小，此时光敏二极管处于截止状态；当有光照射时，在 PN 结附近产生光生电子-空穴对，形成由 N 区指向 P 区的光电流，此时，光敏二极管处于导通状态。当入射光的强度发生变化时，光生电子-空穴对的浓度也相应地发生变化，因此，流过光敏二极管的电流也随之发生变化，光敏二极管就实现了将光信号转换为电信号的目的。

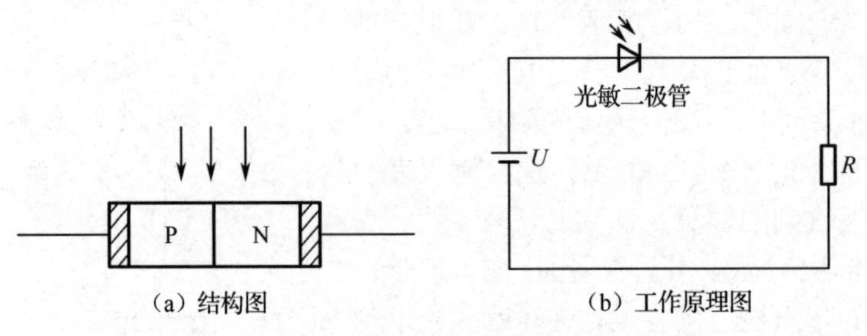


图 2-18　光敏二极管的结构图和工作原理图

光敏晶体管的灵敏度比光敏二极管高，但其频率特性较差、暗电流也较大。光敏晶闸管由强光触发进行导通，它的工作电流要比光敏晶体管大得多，其工作电压可以达到数百伏，

因此其输出功率大，主要将其用于光控开关电路及大电流光耦合器中。

#### 4. 光电池

光电池是基于光生伏特效应制成的光电器件，它能将入射光的能量转换成电压和电流。光电池的主要作用是接受光照并输出电能，如在人造卫星上安装太阳能光电池板给卫星供电。光电池也可以作为一种自发电型光电传感器，用于检测光的强弱，以及能引起光强变化的其他非电量。

光电池的工作原理图及符号如图 2-19 所示。硅光电池实质上是一个大面积的半导体 PN 结。当入射光照射在 PN 结上时，PN 结附近激发出光生电子-空穴对，光生电子在 PN 结内电场的作用下被拉进 N 区，光生空穴被推向 P 区，形成 P 区为正、N 区为负的光生电动势。若光照是连续的且将 PN 结与负载相连接，则有电流在电路中流过。

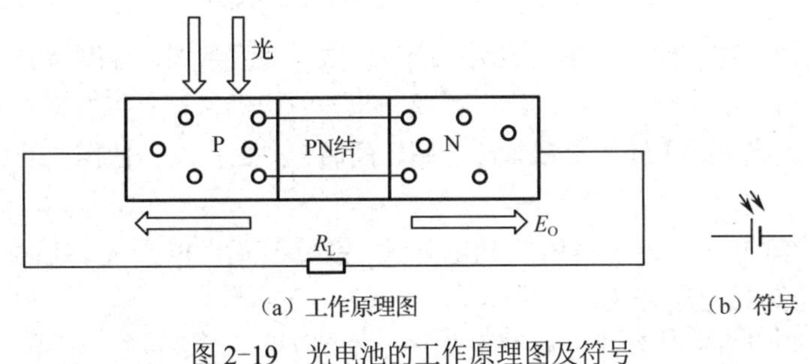


（a）工作原理图　　（b）符号

图 2-19　光电池的工作原理图及符号

### 2.3.3　光电式传感器的应用

#### 1. 光电式传感器的应用形式

光电式传感器用于非接触式测量，在很多领域得到广泛的应用。根据被测物、光源和光电器件之间的关系，一般光电式传感器的应用主要有以下几种形式。

（1）光源本身是被测物，被测物发出的光投射到光电器件上，光电器件的输出反映了光源的某些物理参数，如图 2-20（a）所示。典型的例子如用红外辐射温度计、红外热成像仪测量温度，用光照度计测量光照强度等。

（2）固定光源发射的光穿过被测物，光通量的一部分由被测物吸收，剩余部分投射到光电器件上，其吸收量取决于被测物的某些参数，如图 2-20（b）所示。典型的例子如用透明测量仪测量试剂的透明度，用光电式浊度计测量水体的浊度，用光电直射式烟雾传感器测量燃烧中产生的烟雾等。

（3）固定光源发出的光投射到被测物上，然后从被测物表面反射到光电器件上，光电器件的输出反映了被测物的某些参数，如图 2-20（c）所示。典型的例子如用反射式光电传感器测量转速，用色彩传感器测量颜色，用反射式光电接近开关测量工作有无等。

（4）固定光源发出的光通量在到达光电器件的途中遇到被测物，照射到光电器件上的光通量被遮蔽掉一部分，光电器件的输出反映了被测物的尺寸，如图 2-20（d）所示。典型的例子如振动测量、工件尺寸测量等。

#### 2. 光电开关的应用

光电开关是一种利用光电器件检测物体靠近或通过等状态的光电式传感器，同时加以某种形式的放大和控制，从而获得最终输出为“开”或“关”信号的器件。

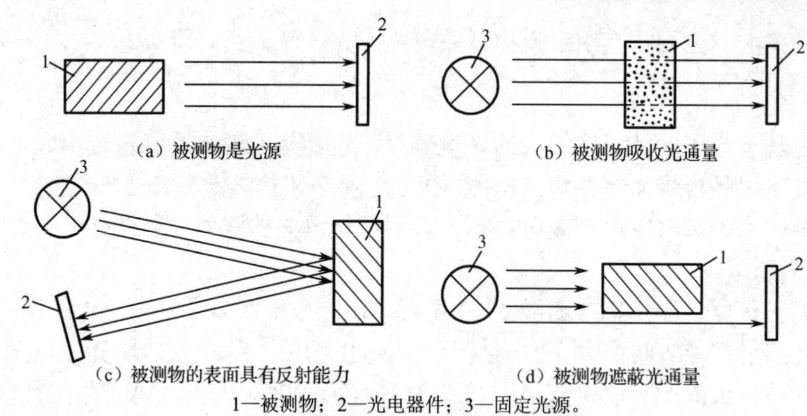

1—被测物；2—光电器件；3—固定光源。

图 2-20　光电式传感器的应用形式

光电开关已被用于物位检测、液位控制、产品计数、宽度判别、速度检测、定长剪切、孔洞识别、信号延时、自动门传感、色标检出，以及冲床、剪切机和安全防护等诸多领域。此外，利用红外线的隐蔽性，光电开关还可在银行、仓库、商店、办公室及其他需要的场合起到防盗警戒的作用。

光电开关按检测方式可分为对射式光电开关、漫反射式光电开关、镜面反射式光电开关、槽式光电开关和光纤式光电开关。

（1）对射式光电开关：对射式光电开关如图 2-21 所示，由发射器和接收器组成，其结构是相互分离的，在光束被中断的情况下，开关量信号会产生变化。对射式光电开关可以相互分开达 50 m。

图 2-21　对射式光电开关

对射式光电开关在辨别不透明反光物体时的有效距离大，发射器发出的光束只跨越一次感应距离，且不易受干扰，因此，可以有效地应用在野外或有灰尘的环境中。对射式光电开关的消耗高，发射器和接收器都必须敷设电缆。

（2）漫反射式光电开关：当漫反射式光电开关发射光束时，目标产生漫反射，发射器和接收器构成单个标准部件，当有足够的组合光返回接收器时，开关状态发生变化，作用距离的典型值一般为 3 m。漫反射式光电开关的有效作用距离由目标的反射能力及目标的表面性质和颜色决定。它具有较小的装配开支，当开关由单个元件组成时，通常可以达到粗定位的目的。它采用背景抑制功能调节测量距离，对目标上的灰尘敏感，目标颜色越浅，其反射效果越好。

（3）镜面反射式光电开关：发射器和接收器的构成是一种标准配置，从发射器发出的光束到对面的反射镜被反射，即返回接收器，光束被中断时会产生一个开关量信号的变化。光束的通过时间是两倍的信号持续时间，镜面反射式光电开关的有效作用距离为 0.1～20 m。镜面反射式光电开关辨别不透明的物体；借助反射镜部件，形成宽的有效距离范围；不易受干扰，可以可靠地应用在野外或有灰尘的环境中。

（4）槽式光电开关：通常是标准的 U 形结构，其发射器和接收器分别位于 U 形槽的两边，并形成一个光轴。当被测物经过 U 形槽且阻断光轴时，槽式光电开关就输出对应的高电平或低电平。槽式光电开关比较安全可靠，适合检测高速变化的物体、辨别透明与半透明的物体。

（5）光纤式光电开关：采用塑料光纤式光电开关或玻璃光纤式光电开关来引导光线，以实现被测物不在相近区域的检测目的。通常光纤式光电开关分为对射式光纤式光电开关和漫反射式光纤式光电开关。

## 实训 2.1　电感式接近开关的工件检测、接线及应用

扫一扫看微课视频：传感技术实验台的介绍

【实训目的】

熟悉电感式接近开关的特性，掌握三线制 NPN 型电感式接近开关的接线方法。

扫一扫看微课视频：电感式接近开关 NPN 型接线和应用

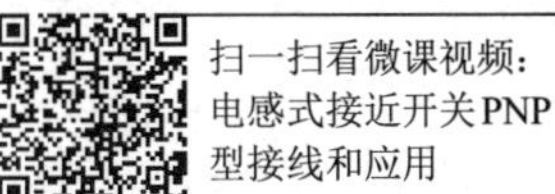
扫一扫看微课视频：电感式接近开关PNP型接线和应用

【实训器材】

（1）24 V DC 电源；

（2）NPN 型电感式接近开关；

（3）指示灯、蜂鸣器。

【实验原理】

接近开关根据输出信号的不同分为 NPN 型接近开关和 PNP 型接近开关，接近开关根据接口形式的不同又分为两线制、三线制和四线制接近开关。其中，两线制接近开关有两根导线，这两根导线既是电源线，又是信号线；三线制接近开关有三根导线，两根导线为电源线，另外一根导线为信号线，有 NPN 和 PNP 之分；四线制接近开关有两种不同的输出形式，一种为常开输出，另一种为常闭输出，根据需要接常开或常闭触点，同样也有 NPN 和 PNP 之分。图 2-22 所示为电感式和电容式接近开关的实验模块。

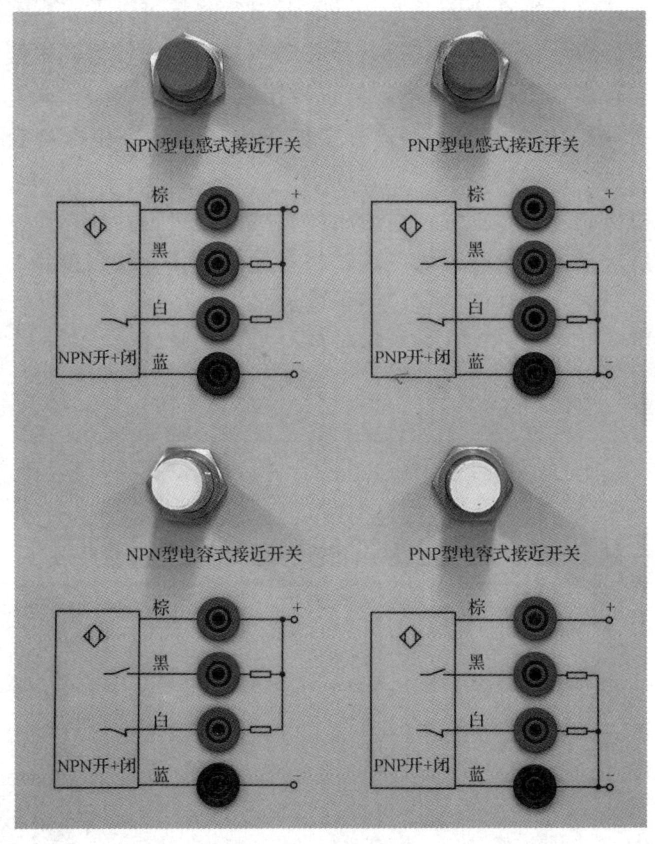


图 2-22　电感式和电容式接近开关的实验模块

【实训步骤】

（1）根据实验室的实际情况，在接线时，为了方便线路检查和减少接线出错，在实训接线时我们要求：24 V DC 电源正极用红色导线连接传感器的棕色线，24 V DC 电源负极用黑色导线连接传感器的蓝色线。在本次实训操作中，负载为指示灯和蜂鸣器，完成接线图的绘制，具体接线图如图 2-23 所示，根据接线图完成接线。（注：实际接线采用的颜色可根据实验室的实际条件选用，主要方便指导教师检查接线是否正确。）

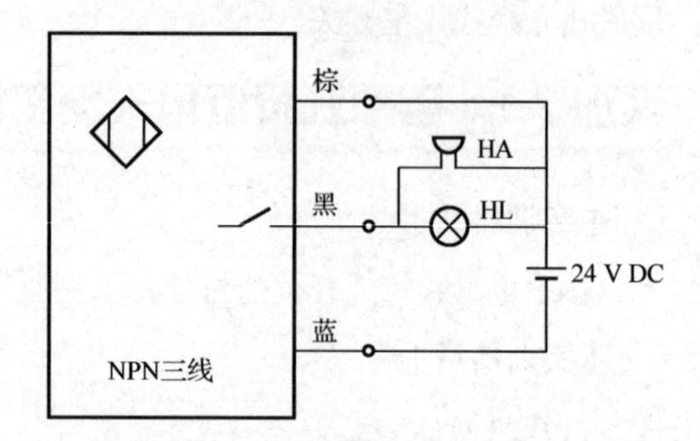


图 2-23　三线制 NPN 型电感式接近开关的接线图

（2）分别用不同类型的工件靠近电感式接近开关，观察并填写实验现象。

当钥匙靠近电感式接近开关时，指示灯_____（亮/不亮），蜂鸣器______（响/不响）；

当手指靠近电感式接近开关时，指示灯_____，蜂鸣器______；

当手机靠近电感式接近开关时，指示灯_____，蜂鸣器______；

当饭卡靠近电感式接近开关时，指示灯_____，蜂鸣器______；

当硬币靠近电感式接近开关时，指示灯_____，蜂鸣器______；

当书本靠近电感式接近开关时，指示灯_____，蜂鸣器______。

（3）也可用身上或日常生活中的其他物品靠近电感式接近开关，观察电感式接近开关的反应，我们可以初步得出结论：电感式接近开关对________工件会产生信号输出，对应工件与电感式接近开关的距离一般在_________范围内比较合适。

（4）思考：三线制 PNP 型电感式接近开关的输出接指示灯和蜂鸣器时，应该如何绘制接线图？

（5）思考：如果检测非金属工件，可采用什么类型的接近开关？

（6）实训完成后，根据指导教师的要求，将各元器件和导线归置到对应的抽屉中。实验桌下方有 3 个抽屉，方便元器件的归置，便于取放：

第 1 个抽屉放置______________，并按颜色分类摆放整齐；

第 2 个抽屉放置____________________________________；

第 3 个抽屉放置____________________________________。

（7）下课离开实验室之前，打扫卫生、整理桌椅，保持实验室整洁。

## 实训 2.2　电容式接近开关的工件检测、接线及应用

扫一扫看微课视频：电容式接近开关 NPN 型接线和应用

【实训目的】

熟悉电容式接近开关的特性，掌握三线制 PNP 型电容式接近开关的接线方法。

扫一扫看微课视频：电容式接近开关 PNP 型接线和应用

【实训器材】

（1）24 V DC 电源；

（2）NPN 型、PNP 型电容式接近开关；

（3）指示灯、蜂鸣器。

**【实验原理】**

电容式接近开关的工作原理请参见 2.2.2 节的内容。常见 PNP 型电容式接近开关说明书中的接线图如图 2-24 所示。

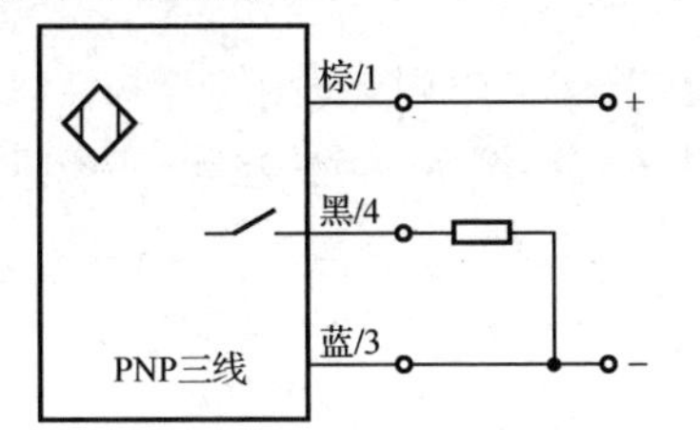


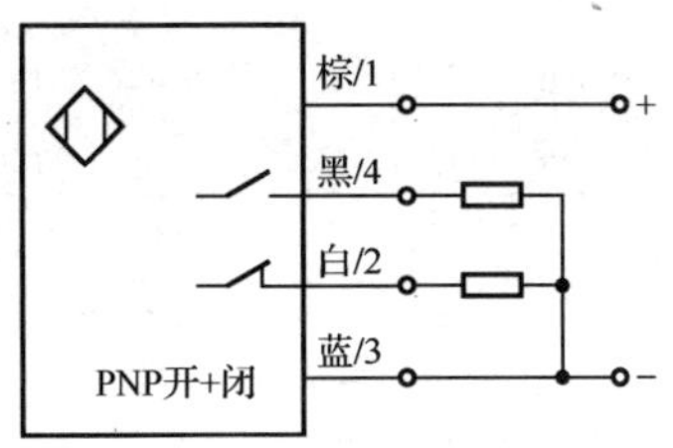


图 2-24　常见 PNP 型电容式接近开关说明书中的接线图

**【实训步骤】**

（1）在本次实训操作中，负载为指示灯和蜂鸣器，完成接线图的绘制，具体接线图如图 2-25 所示，根据接线图完成接线。

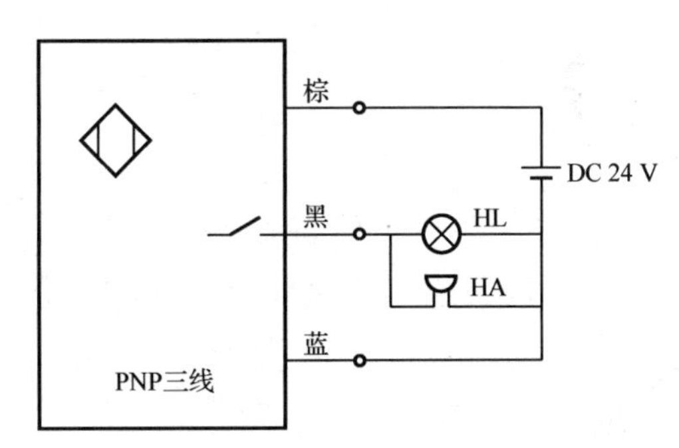


图 2-25　三线制 PNP 型电容式接近开关的接线图

（2）分别用不同类型的工件靠近电容式接近开关，观察并填写实验现象。

当金属靠近电容式接近开关时，指示灯_____（亮/不亮），蜂鸣器______（响/不响）；

当手指靠近接近电容式开关时，指示灯_____，蜂鸣器______；

当单页纸靠近电容式接近开关时，指示灯_____，蜂鸣器______；

当整本书靠近电容式接近开关时，指示灯_____，蜂鸣器______；（原因：__________。）

当一页湿的纸靠近电容式接近开关时，指示灯_____，蜂鸣器______。（原因：_________。）

（3）也可用身上或日常生活中的其他物品靠近电容式接近开关，观察电容式接近开关的反应，我们可以初步得出结论：电容式接近开关对______________工件会产生信号输出，对应工件与电容式接近开关的距离一般在________范围内比较合适。

（4）请完成三线制 NPN 型电容式接近开关的输出接指示灯和蜂鸣器时的接线图绘制和实验操作。

（5）根据实验现象，请说明 NPN 型电容式接近开关和 PNP 型电容式接近开关的输出信号有什么区别。

（6）下课离开实验室之前，打扫卫生、整理桌椅，保持实验室整洁。

## 实训 2.3　光电式接近开关的工件检测、接线及应用

**【实训目的】**

扫一扫看微课视频：光电式接近开关 NPN 型接线和应用

熟悉光电式接近开关的特性，掌握四线制 NPN 型、PNP 型光电式接近开关的接线方法。

【实训器材】

扫一扫看微课视频：光电式接近开关PNP型接线和应用

（1）24 V DC电源；

（2）NPN型、PNP型光电式接近开关；

（3）指示灯、蜂鸣器。

【实训步骤】

（1）在本次实训操作中，负载为指示灯和蜂鸣器，完成接线图的绘制，以NPN型光电式接近开关为例了解光电式接近开关的应用，具体接线图如图2-26（a）所示，根据接线图完成接线。

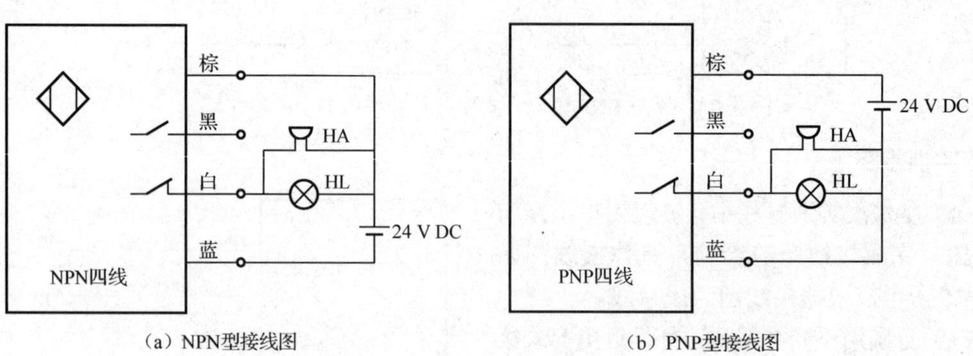


（a）NPN型接线图　　（b）PNP型接线图

图2-26　四线制NPN型和PNP型光电式接近开关的接线图

（2）分别用不同类型的工件靠近光电式接近开关，观察并填写实验现象（注意：此时接的是光电式接近开关的常闭触点）。

当金属靠近光电式接近开关时，指示灯_____（亮/不亮），蜂鸣器______（响/不响）；

当手指靠近光电式接近开关时，指示灯_____，蜂鸣器______；

当书本靠近光电式接近开关时，指示灯_____，蜂鸣器______；

当浅色物体靠近光电式接近开关时，指示灯_____，蜂鸣器______；

当深黑色物体靠近光电式接近开关时，指示灯_____，蜂鸣器______。（原因：__________。）

（3）也可用身上或日常生活中的其他物品靠近光电式接近开关，观察光电式接近开关的反应，我们可以初步得出结论：光电式接近开关主要通过检测工件反射回来的光线进行信号输出。对于目前实验中用的光电式接近开关，工件与光电式接近开关的距离一般在范围内比较合适。

（4）请思考光电式接近开关可用于什么场合。

## 练习题2

### 一、单选题

1．螺线管式电感传感器采用差动式结构是为了______。

A．加长线圈的长度从而扩大线性范围　　B．提高灵敏度、减小温漂

C．降低成本　　D．增加线圈对衔铁的吸引力

2．在两片间隙为1 mm的两块平行极板的间隙中插入______，测得的电容量最大。

A．塑料薄膜　　B．干的纸　　C．湿的纸　　D．玻璃薄片

3．在以下材料中，电容式接近开关对______的灵敏度最高。

A．玻璃　　B．塑料　　C．纸　　D．新鲜水果

4．晒太阳取暖利用了______。

A．光电效应　　B．光化学效应　　C．光热效应　　D．感光效应

5．人造卫星的光电池板利用了______。

A．光电效应　　B．光化学效应　　C．光热效应　　D．感光效应

6．光敏二极管利用了内光电效应，光电池利用了______。

A．外光电效应　　B．内光电效应　　C．光生伏特效应

7．欲利用光电池为手机充电，须将数片光电池______起来，以提高输出电压，再将几组光电池并联起来，以提高输出电流。

A．并联　　B．串联　　C．短路　　D．开路

## 二、简答题

1．请简述自感式电感传感器的分类。

2．请问将电感式传感器或电容式传感器做成差动式结构有什么优点？

3．开关量传感器根据输出信号的不同可以分为哪几类？

4．三线制 NPN 型和三线制 PNP 型接近开关有何不同？

5．光电效应有哪几种？与之对应的光电器件各有哪些？

扫一扫看微课视频：霍尔式接近开关 NPN 型接线和应用

扫一扫看微课视频：霍尔式接近开关 PNP 型接线和应用

扫一扫看微课视频：安全光幕的接线应用

扫一扫看本章习题参考答案

# 第3章 模拟量传感器及其应用

开关量传感器输出的信号为开关量信号，只有0或1两种状态，但在生产中，在很多应用场合中需要知道某种物理量的大小，如压力的大小、温度的高低等，这种在时间和空间上连续的信号被称为模拟量信号，能够输出模拟量信号的传感器被称为模拟量传感器。模拟量传感器能够对输出的模拟量信号进行量化，能体现出物理量数值的高低或大小。

模拟量传感器输出的可以是电阻、电感、电容的变化，也可以是电压、电流等的变化，一般在工业上，为了方便将各类模拟量信号通过一类标准的接口送到控制器中，可以将传感器最终的输出变送成标准的电流信号（4～20 mA）或电压信号（0～5 V），方便控制器读取。对具有某种原理的传感器来说，根据所应用的场合不同，有的需要做成开关量传感器，有的需要做成模拟量传感器，主要根据测量的需求来定。本章以电阻式传感器及热电偶传感器为例来探讨模拟量传感器的应用。

## 3.1 电阻应变式传感器

扫一扫看教学课件：模拟量传感器及其应用

电阻式传感器是将被测量的变化转换为电阻变化的一种传感器。电阻式传感器的种类繁多，应用领域非常广泛。利用电阻式传感器可以测量应变、力、荷重、加速度、压力、转矩、温度、湿度、气体成分及浓度等。本章中主要研究的电阻式传感器主要有电阻应变式传感器和测温热电阻传感器（简称热电阻传感器）。电阻式传感器易于制造，其结构简单、价格便宜、性能稳定，在检测系统中应用广泛。

电阻应变式传感器是利用电阻应变片将应变转换为电阻变化的传感器。对于被测非电量，只要能设法将其转换为电阻应变片的应变，就可以利用这种传感器进行测量。因此电阻应变式传感器可以用来测量应变、力、扭矩、位移和加速度等多种参数。

### 3.1.1 电阻应变片的工作原理

金属导体都有一定的电阻，电阻的大小因金属的种类而异。单位长度、相同材料的金属导体，

其横截面积越小，电阻值越大。早在 1856 年，英国物理学家就发现了金属的电阻应变效应——金属丝的电阻值随其所受的机械形变（拉伸或压缩）而变化。当金属受到外力时，金属如果变细变长，则其电阻值增加；如果变粗变短，则其电阻值减小。一个发生应变的物体上如果粘贴金属电阻，当物体伸缩时，金属电阻也按一定比例发生伸缩，那么其电阻值也产生相应的变化。

设有一根长度为 $L$，横截面积为 $A$，电阻率为 $\rho$ 的金属丝（见图 3-1），则它的电阻值 $R$ 可用下式表示：

$$R = \rho\frac{L}{A}$$

从上式可以看出，如果导体的 3 个参数（长度 $L$、横截面积 $A$ 或电阻率 $\rho$）中的一个或几个发生变化，那么其电阻值就会随之发生变化，因此可利用此原理来构成电阻式传感器。如果改变长度，可将其做成电位器式电阻传感器；如果改变电阻率，可将其做成热电阻传感器；如果改变长度、截面积和电阻率，可将其做成电阻应变式传感器。

电阻应变式传感器是一种利用电阻材料的应变效应，将工程结构件的内部变形转换为电阻变化的传感器。电阻应变式传感器可用于能转换成应变片变形的各种非电量的检测，如力、压力、加速度、力矩、质量等，它在机械加工、计量、建筑测量等行业中的应用十分广泛。

导体或半导体材料在外力作用下产生机械变形时，其电阻值发生相应变化的物理现象被称为电阻应变效应。

当沿金属丝的长度方向施加均匀拉力（压力）时，上式中的 $\rho$、$A$、$L$ 都将发生变化，从而导致电阻值 $R$ 发生变化。例如，金属丝受拉时，$L$ 将变大，$A$ 将变小，它们都会导致 $R$ 变大；某些半导体受拉时，$\rho$ 将变大，导致 $R$ 变大。

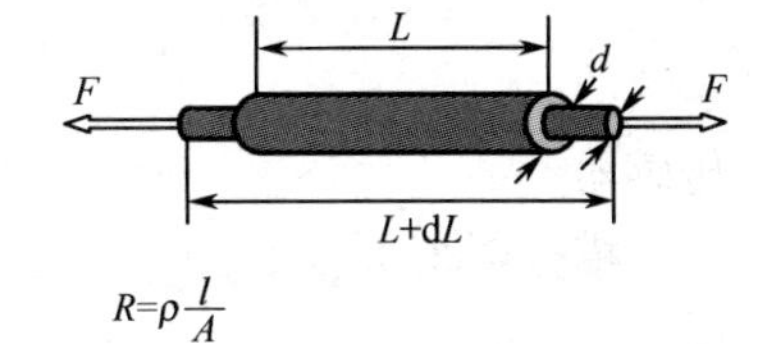


图 3-1　金属丝的拉伸变形

实验证明，电阻应变片的电阻相对变化量 $\Delta R/R$ 与材料力学中轴向应变 $\varepsilon_x$ 的关系在很大范围内是线性关系，即

$$\frac{\Delta R}{R} = K\varepsilon_x \tag{3-1}$$

式中，$K$ 为电阻应变片的灵敏度。

对于不同的金属材料，灵敏度 $K$ 略微不同，一般金属材料的灵敏度大约为 2。对半导体材料而言，当它发生应变时，其电阻率会发生很大的变化，因此其灵敏度比金属材料的大很多，一般为金属材料灵敏度的几十倍甚至上百倍。

在材料力学中，$\varepsilon_x = \Delta L/L$ 被称为电阻丝的轴向应变，也被称为纵向应变，通常这个值非常小，常用 $10^{-6}$ 来表示，当 $\varepsilon_x$=0.000 001 时，在工程中常将其表示为 $1\times10^{-6}$ 或 μm/m，通常在测量应变时称之为微应变。

由材料力学可知，$\varepsilon_x = F/(AE)$，所以 $\Delta R/R$ 又可以表示为

$$\frac{\Delta R}{R} = K\frac{F}{AE} \tag{3-2}$$

如果电阻应变片的灵敏度 $K$、工件的横截面积 $A$ 及弹性模量 $E$ 均已知，那么只要设法测出 $\Delta R/R$ 的值，即可计算出工件受力 $F$ 的大小。

### 3.1.2　电阻应变片的结构与分类

电阻应变片的结构示意图如图 3-2 所示，电阻应变片一般由基底、敏感栅（金属丝或金

属箔）、覆盖层、引线等组成。基底用来将弹性体的表面应变准确地传送到敏感栅上，并使敏感栅与弹性体之间相互绝缘；敏感栅是转换元件，它把感受到的应变转换为电阻的变化；覆盖层用来保护敏感栅；引线用来连接测量导线。

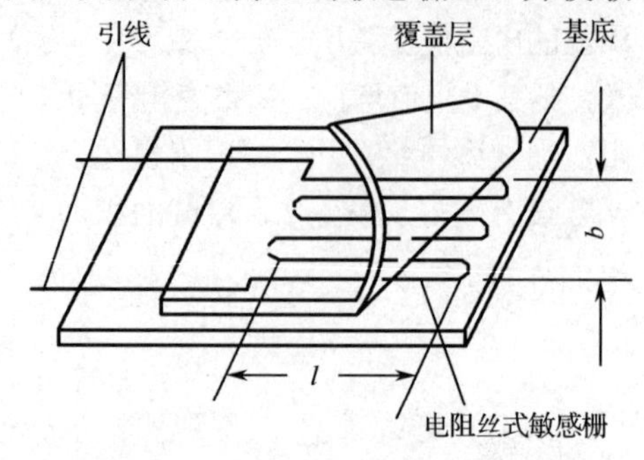


图 3-2　电阻丝应变片的结构示意图

常用的电阻应变片有两大类：金属应变片和半导体应变片。

### 1. 金属应变片

金属应变片可以分为金属丝式应变片、金属箔式应变片及金属薄膜式应变片 3 种。图 3-3 所示为几种不同类型的电阻应变片。

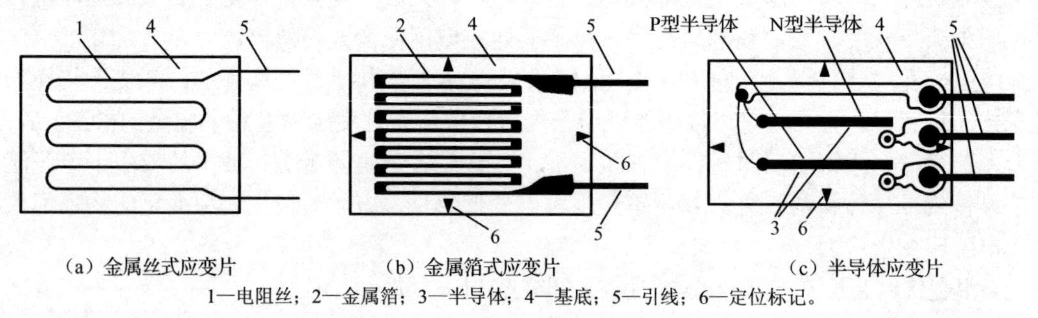


（a）金属丝式应变片　（b）金属箔式应变片　（c）半导体应变片

1—电阻丝；2—金属箔；3—半导体；4—基底；5—引线；6—定位标记。

图 3-3　几种不同类型的电阻应变片

金属丝式应变片如图 3-3（a）所示，它是由金属丝按图示形状弯曲后用黏合剂粘贴在基底上做成的。金属丝式应变片的应用最早，基底可分为纸基、胶基和纸浸胶基等。金属丝两端焊有引线，使用时只要将金属丝式应变片贴在弹性体上就可构成应变式传感器。由于金属丝式应变片的蠕变较大，金属丝易脱胶，所以其有逐渐被金属箔式应变片取代的趋势。但其价格便宜，多用于用量比较大、要求不高的应变或应力的一次性测量试验中。

金属箔式应变片如图 3-3（b）所示，它的敏感栅是通过光刻、腐蚀等工艺制成的。金属箔的厚度一般在 0.003～0.01 mm 之间，金属箔式敏感栅的尺寸、形状可以根据使用者的需要制作。与金属丝式应变片相比，金属箔式应变片的表面积大、散热条件较好，可允许通过较大的电流，而且在长时间测量中的蠕变较小。由于它的厚度薄，因此具有较好的可挠性，灵敏度较高。金属箔式应变片的一致性较好，可以根据需要制成任意形状，适用于批量生产，目前广泛用在各种应变式传感器的制造中。

金属薄膜式应变片是主要采用真空蒸镀或溅射式阴极扩散等方法，先在薄的绝缘基底上制作一层金属材料薄膜以形成应变片，最后加保护层制成的。这种应变片有较高的灵敏度，允许通过的电流密度大，工作温度范围较大。

### 2. 半导体应变片

半导体应变片是用半导体材料作为敏感栅制成的。当它受力时，其电阻率随应力的变化而变化。它的主要优点是灵敏度高，与金属应变片相比，其灵敏度要高 50～70 倍；它的主要缺点是灵敏度的一致性差、温漂大、电阻与应变间的非线性误差大，在使用时，须采用温度补偿及非线性补偿措施。在图 3-3（c）中，N 型和 P 型半导体在受到拉力时，一个电阻值增大，另一个电阻值减小，可构成双臂电桥，同时具有温度自补偿功能。

### 3.1.3　电阻应变片的粘贴技术

应变片是通过黏合剂粘贴在试件上的，黏合剂的种类很多，要根据基底材料、工作条件、工作温度、潮湿程度、有无腐蚀性、稳定性、是否加温加压、粘贴时间等多种因素合理选择。

应变片的粘贴质量直接影响应变测量的准确度，必须十分注意。应变片的粘贴工艺包括：应变片的检查与选择、试件的表面处理、贴片位置的确定、应变片的粘贴和固化、粘贴质量检查、引线的焊接与应变片的防护等。应变片的粘贴步骤如下：

（1）应变片的检查与选择。首先应对采用的应变片进行外观检查，观察应变片的敏感栅是否整齐、均匀，是否有锈斑、断路、短路或折弯等现象；然后要对选用的应变片的电阻值进行测量，确定是否选用了正确电阻值的应变片。

（2）试件的表面处理。为了保证一定的黏合强度，必须将试件的表面处理干净，清除杂质、油污及表面氧化层等。粘贴表面应保持平整、光滑，一般可采用砂纸进行打磨，也可采用无油喷砂法进行处理，这样不但能得到比抛光更大的表面积，而且表面质量更均匀。其表面处理面积约为应变片的 3～5 倍。

（3）贴片位置的确定。在应变片上标出敏感栅的纵、横向中心线，在试件上按照测量要求画出中心线。

（4）应变片的粘贴。首先将应变片的底面用清洁剂清洗干净；然后在试件的表面和应变片的底面各涂上一层薄而均匀的黏合剂，待稍干后，将应变片对准画线位置迅速贴上；最后盖一层玻璃纸，用手指或胶辊加压，挤出气泡及多余的胶水，保证胶层尽可能薄而均匀。

（5）应变片的固化。贴好后，根据所使用的黏合剂的固化工艺要求进行固化处理和时效处理。

（6）粘贴质量检查。检查粘贴位置是否正确、黏合层是否有气泡或漏贴、敏感栅是否有短路或断路现象，以及敏感栅的绝缘性能等。

（7）引线的焊接与应变片的防护。检查合格后即可焊接引线。首先引出的导线要用柔软、不易老化的胶合物适当地加以固定，以防止导线摆动时引线脱落；然后在应变片上涂一层柔软的防护层，以防止大气对应变片的侵蚀，保证应变片长期工作的稳定性。

### 3.1.4　电阻应变片的测量转换电路

金属应变片的电阻变化范围很小，如果直接用欧姆表测量其电阻值的变化非常困难，而且误差很大。有一金属箔式应变片，其标称阻值 $R_0$=100 Ω，灵敏度 $K$=2，纵向粘贴在横截面积为 9.8 mm$^2$ 的钢质圆柱体上，其中钢的弹性模量 $E$=2×10$^{11}$ N/m$^2$，钢质圆柱体所受的拉力 $F$=200 kgf，求受拉后应变片的阻值 $R$。

钢质圆柱体的轴向应变

$$\varepsilon_x = \frac{F}{AE} = \frac{200 \times 9.8}{9.8 \times 10^{-6} \times 2 \times 10^{11}} = 0.001$$

通常情况下，可以认为粘贴在试件上的应变片的应变约等于试件的应变，所以有

$$\frac{\Delta R}{R_0} = K\varepsilon_x = 2 \times 0.001 = 0.002$$

应变片电阻的变化量

$$\Delta R = R_0 \times 0.002 = 100\ \Omega \times 0.002 = 0.2\ \Omega$$

由于应变片受到拉伸，其电阻值比受到拉力前增加了 $\Delta R$，故受力后的阻值 $R$ 为

$$R = R_0 + \Delta R = 100\,\Omega + 0.2\,\Omega = 100.2\,\Omega$$

0.2 Ω 的变化是很难用欧姆表观察出来的，所以必须采用不平衡电桥来测量这一微小的变化量。接下来分析桥式测量转换电路是如何将 $\Delta R/R$ 转换为输出电压 $U_o$ 的。

桥式测量转换电路，简称电桥。直流电桥的基本电路如图 3-4 所示，电桥各臂的电阻值分别为 $R_1$、$R_2$、$R_3$ 及 $R_4$。电桥的一对对角线节点 3、4 接入电源电压 $U_i$，也称电桥输入电压，另一对对角线节点 1、2 之间的电压为电桥输出电压 $U_o$。为了使电桥在测量前的输出电压为 0，应该选择 4 个桥臂电阻，使 $R_1R_3=R_2R_4$ 或 $R_1/R_2=R_4/R_3$，这就是电桥的平衡条件。

当每个桥臂电阻的变化值 $\Delta R_i \ll R_i$，且电桥输出端的负载电阻为无限大，以全等臂形式工作，即 $R_1=R_2=R_3=R_4$（初始值）时，电桥输出电压可用下式近似表示（误差小于 1%）：

$$U_o = \frac{U_i}{4}\left(\frac{\Delta R_1}{R_1} - \frac{\Delta R_2}{R_2} + \frac{\Delta R_3}{R_3} - \frac{\Delta R_4}{R_4}\right) \tag{3-3}$$

由于 $\Delta R/R = K\varepsilon_x$，当各桥臂应变片的灵敏度 $K$ 都相同时，有

$$U_o = \frac{U_i}{4}K(\varepsilon_1 - \varepsilon_2 + \varepsilon_3 - \varepsilon_4) \tag{3-4}$$

根据不同的要求，电桥有不同的工作方式。

### 1. 单臂电桥

当电桥中 $R_1$ 为电阻应变片，$R_2$、$R_3$、$R_4$ 为固定电阻时，就构成了单臂电桥，如图 3-5 所示。

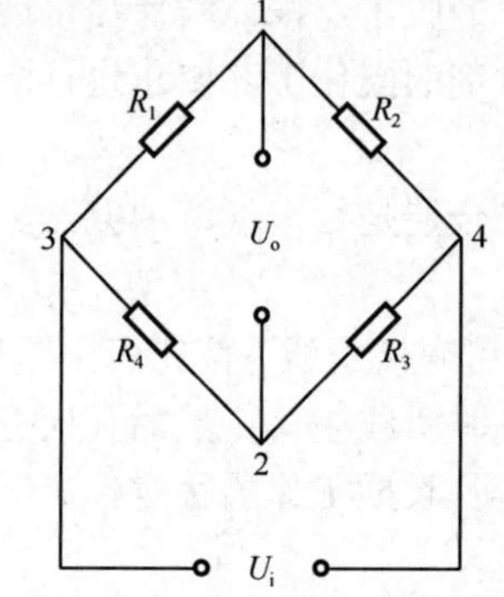


图 3-4　直流电桥的基本电路

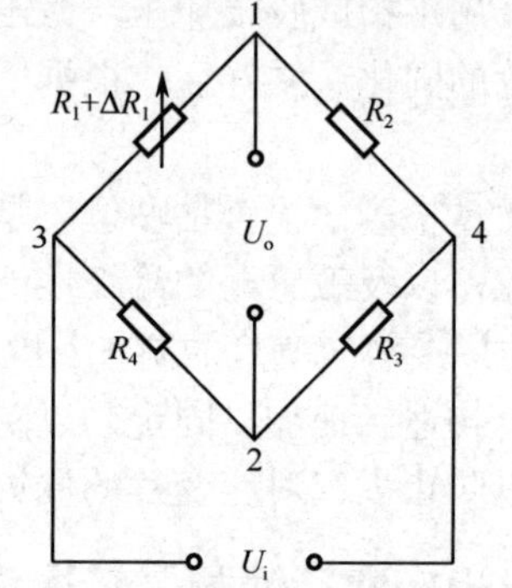


图 3-5　单臂电桥

当电阻应变片产生应变时，$R_1$ 的电阻变化量为 $\Delta R_1$，其他桥臂固定不变，即 $\Delta R_2$、$\Delta R_3$、$\Delta R_4$ 均为 0，电桥输出电压 $U_o \neq 0$，则电桥不平衡时的输出电压为

$$U_o = \frac{U_i}{4}\frac{\Delta R_1}{R_1} = \frac{U_i}{4}K\varepsilon_1 \tag{3-5}$$

### 2. 双臂电桥

当电桥中 $R_1$、$R_2$ 为电阻应变片，$R_3$、$R_4$ 为固定电阻时，就构成了双臂电桥，如图 3-6 所示。

当电阻应变片产生应变时，$R_1$ 的电阻变化量为 $\Delta R_1$，$R_2$ 的电阻变化量为 $\Delta R_2$，其他桥臂固定不变，即 $\Delta R_3$、$\Delta R_4$ 均为 0，电桥输出电压 $U_o \neq 0$，则电桥不平衡时的输出电压为

$$U_o = \frac{U_i}{4}\left(\frac{\Delta R_1}{R_1} - \frac{\Delta R_2}{R_2}\right) = \frac{U_i}{4}K(\varepsilon_1 - \varepsilon_2) \tag{3-6}$$

在双臂电桥工作时，$R_1$、$R_2$ 两个电阻应变片的应变方向必须是相反的，如图 3-7 所示。

$R_1$、$R_2$两个电阻应变片的粘贴方向也是不同的，在图 3-7 中，$R_1$沿轴向粘贴，$R_2$沿横向粘贴，这样在试件受拉时，$R_1$沿轴向伸长，电阻变大；$R_2$沿横向缩短，电阻变小。此时$R_1$、$R_2$两个电阻应变片应变的方向是相反的，这样才能保证电桥输出电压$U_o$比较大，同时具备温度自补偿功能。

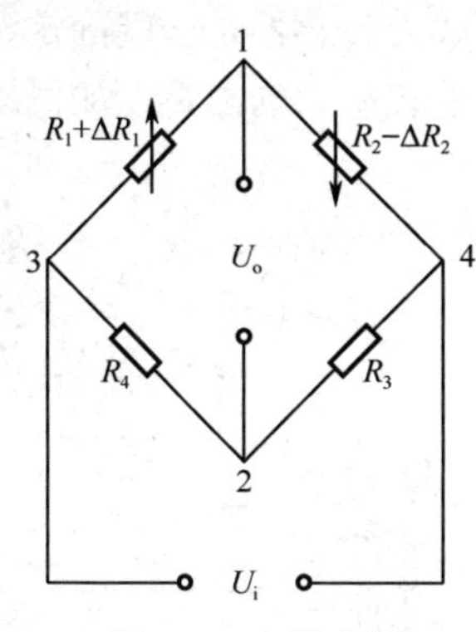

图 3-6　双臂电桥

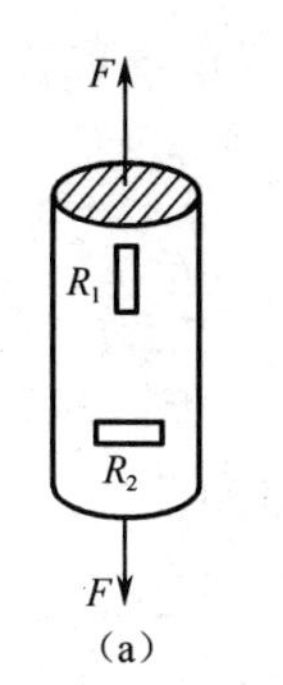

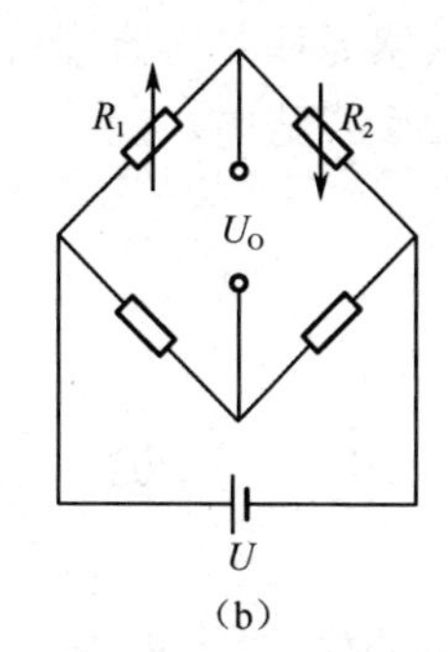


图 3-7　双臂电桥中电阻应变片的粘贴方向

### 3. 四臂全桥

当电桥中$R_1$、$R_2$、$R_3$、$R_4$全为电阻应变片时，就构成了四臂全桥，如图 3-8 所示。

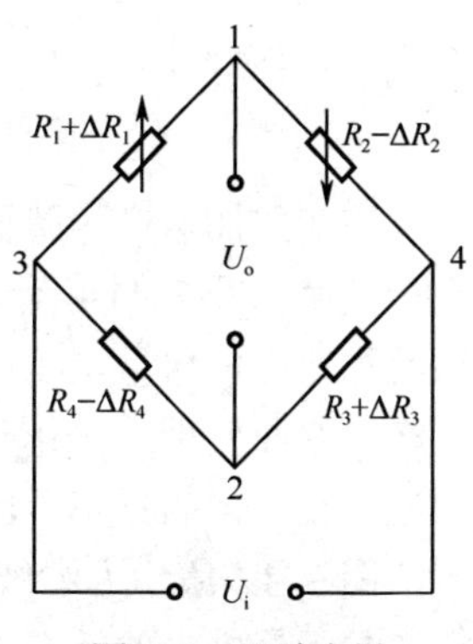


图 3-8　四臂全桥

当产生应变时，$R_1$的电阻变化量为$\Delta R_1$，$R_2$的电阻变化量为$\Delta R_2$，$R_3$的电阻变化量为$\Delta R_3$，$R_4$的电阻变化量为$\Delta R_4$，电桥输出电压$U_o \neq 0$，则电桥不平衡时的输出电压为

$$U_o = \frac{U_i}{4}\left(\frac{\Delta R_1}{R_1} - \frac{\Delta R_2}{R_2} + \frac{\Delta R_3}{R_3} - \frac{\Delta R_4}{R_4}\right) = \frac{U_i}{4}K(\varepsilon_1 - \varepsilon_2 + \varepsilon_3 - \varepsilon_4) \quad (3\text{-}7)$$

在上述 3 种工作方式中，四臂全桥的灵敏度最高，双臂电桥的灵敏度次之，单臂电桥的灵敏度最低。双臂电桥或四臂全桥还具备温度自补偿功能。

## 3.1.5　电阻应变式传感器的应用

电阻应变式传感器的应用非常广泛。它除了可以测量应变，还可以测量应力、弯矩、扭矩、加速度及位移等物理量。电阻应变式传感器主要有以下两种应用方式。

（1）首先将应变片直接粘贴在试件上，然后将其接到电阻应变仪上就可以直接从电阻应变仪上读取被测试件的应变量。用电阻应变仪来测量工程结构件受力后所产生的应变或进行应力分析，为结构设计、应力校正或分析结构在使用过程中产生破坏的原因等提供试验数据。比如，在测量齿轮的轮齿弯矩或立柱应力时，先将应变片直接粘贴在被测位置处，再将其接到电阻应变仪上读取应变量，如图 3-9 所示。

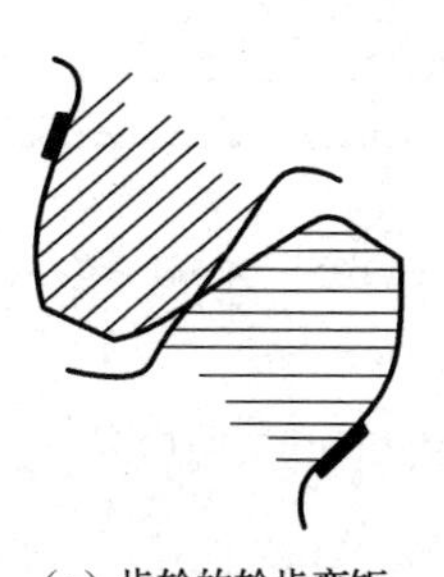

（a）齿轮的轮齿弯矩

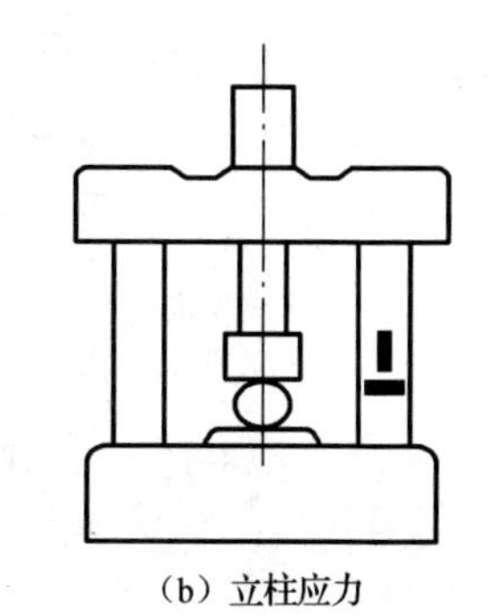

（b）立柱应力

图 3-9　工程结构件的应力测量

（2）首先将应变片粘贴在弹性元件上，然后将其接到测量转换电路中，进行标定后将其作为测量力、压力、位移等物理量的传感器。在这种情况下，弹性元件将得到与被测量成正比的应变，然后通过应变片转换为电阻的变化，再通过电桥将电阻的变化转换为电压的变化后输出，这种传感器有应变式力传感器、应变式加速度传感器。

图 3-10 所示为应变式力传感器的几种形式。悬臂梁式力传感器是一端固定、另一端自由的弹性敏感元件，它的特点是灵敏度比较高，所以多用于较小力的测量，如民用电子秤就多采用悬臂梁式结构。

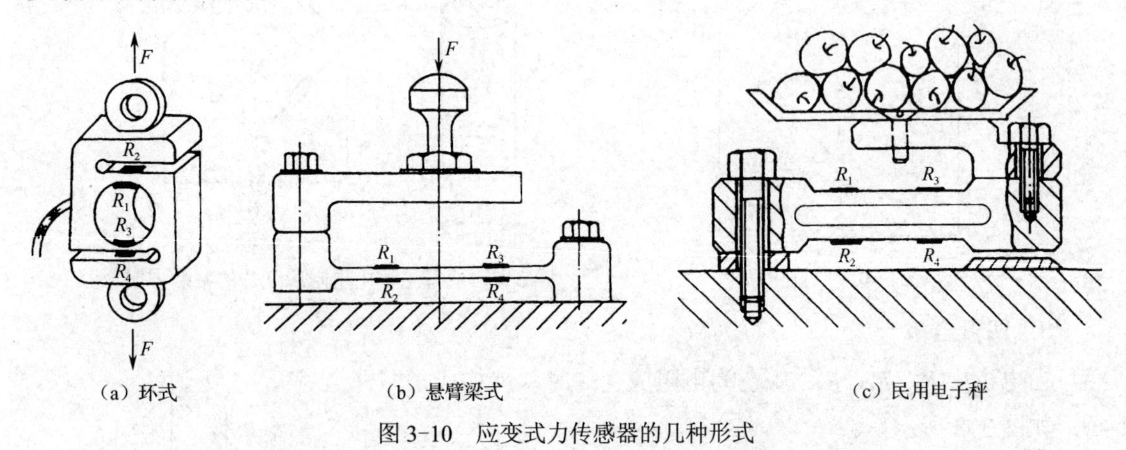


（a）环式　　（b）悬臂梁式　　（c）民用电子秤

图 3-10　应变式力传感器的几种形式

应变式加速度传感器将质量块相对于基座（被测物体）的移动转换为应变值的变化而得到加速度。图 3-11 所示为应变式加速度传感器的结构图，测量时，基座 7 固定在振动体上，振动加速度使质量块 1 产生惯性力，应变梁 2 则相当于惯性系统的“弹簧”，在惯性力的作用下产生弯曲变形。工作时，应变梁的应变与质量块相对于基座的位移成正比，因此，应变梁的应变在一定的频率范围内与振动体的加速度成正比。

图 3-12 所示为纱线张力检测装置，检测辊 4 通过连杆 5 与悬臂梁 2 的自由端相连，连杆 5 与阻尼器 6 的活塞相连，纱线 7 通过导线辊 3 与检测辊 4 接触。当纱线的张力变化时，悬臂梁随之变形，使应变片 1 的电阻值变化，并通过电桥将其转换为电压的变化后输出。

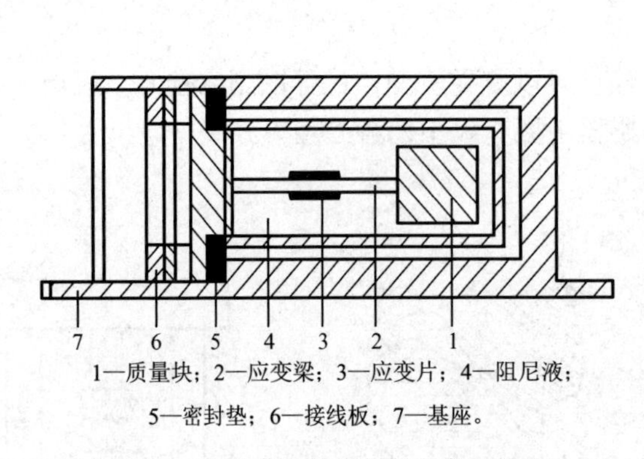


1—质量块；2—应变梁；3—应变片；4—阻尼液；

5—密封垫；6—接线板；7—基座。

图 3-11　应变式加速度传感器的结构图

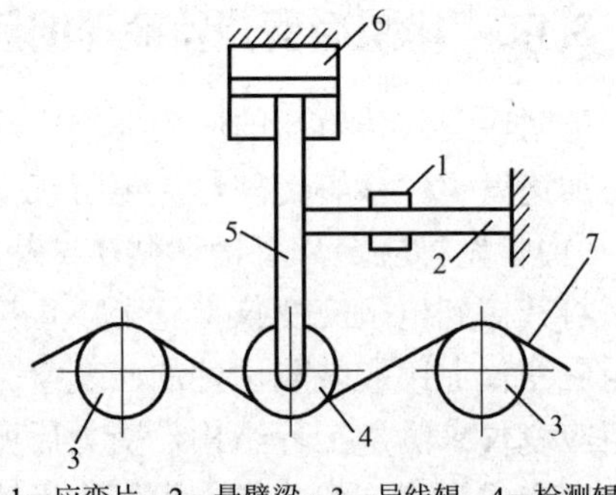


1—应变片；2—悬臂梁；3—导线辊；4—检测辊；

5—连杆；6—阻尼器；7—纱线。

图 3-12　纱线张力检测装置

# 3.2　热电阻传感器

## 3.2.1　温度测量的基本概念

温度是表征物体冷热程度的一个物理量，它是一个和人们生活环境有着密切关系的物理量，同时也是在生产、科研、生活中需要测量和控制的重要物理量。

我们一起学习有关温度、温标、测温方法等基本知识。

温度的概念是以热平衡为基础的。如果两个相接触的物体的温度不同，那么它们之间就会产生热交换，热量将从温度高的物体向温度低的物体传递，直到两个物体的温度相同为止。从微观来看，温度标志着物质内部大量分子的无规则运动的剧烈程度。温度越高，表示物体内部分子的热运动越剧烈。

温标是为了保证温度量值的统一和准确而建立的一个用来衡量温度的标准尺度。温标是用数值来表示温度的一套规则，它确定了温度的单位。各种温度计的数值都是由温标决定的。国际上规定的温标有摄氏温标、华氏温标及热力学温标等。

### 1. 摄氏温标

摄氏温标把在标准大气压下冰的熔点定为零摄氏度（0 ℃），把水的沸点定为 100 摄氏度（100 ℃）。在这两个固定点间划分 100 等份，每等份为 1 摄氏度（1 ℃），符号为 $t$。

1990 国际温标（ITS-90）对摄氏温标和热力学温标进行了统一，规定摄氏温标由热力学温标导出，0 ℃=273.15 K，100 ℃=373.15 K，温差间隔 1 K 仍然等于 1 ℃。

### 2. 华氏温标

华氏温标规定在标准大气压下，冰的熔点为 32 ℉，水的沸点为 212 ℉，在这两个固定点间划分 180 等份，每等份为 1 ℉，符号为 $\theta$。它与摄氏温标在数量值上的关系式为

$$\theta=(1.8t+32)℉$$

例如，30 ℃时的华氏温度 $\theta=(1.8\times30+32)$℉=86 ℉。一些西方国家在日常生活中使用华氏温标。

### 3. 热力学温标

热力学温标是建立在热力学第二定律基础上的温标，是由英国物理学家开尔文（Kelvin）根据热力学定律总结出来的，因此又称开氏温标。它的符号是 $T$，其单位是开（K）。

热力学温标规定分子运动停止（没有热量存在）时的温度为绝对零度，水的三相点（气、液、固三态同时存在且进入平衡状态时）的温度为 273.16 K，把从绝对零度到水的三相点之间的温度均匀分为 273.16 等份，每等份为 1 K。由于以前曾规定冰点的温度为 273.15 K，所以现在仍然沿用这个规定，在数量值的关系上，可用下式进行热力学温标和摄氏温标的换算：

$$t=T-273.15$$

例如，100 ℃时的热力学温度 $T=(100+273.15)\text{K}=373.15\text{ K}$。

测量温度的传感器有很多，常用的有热电阻传感器、热敏电阻传感器、热电偶传感器、红外辐射温度计等。本节简要介绍热电阻传感器。

## 3.2.2 金属热电阻

热电阻是利用导体的电阻与温度具有一定函数关系的特性制成的传感器，当被测温度变化时，导体的电阻随温度变化而变化，通过测量电阻的变化量来测量温度的变化情况。

热电阻在工业上被广泛用于测量-200～960 ℃的温度。热电阻根据导体类型不同分为金属热电阻和半导体热电阻两种类型，而半导体热电阻的灵敏度可以比金属热电阻的高 10 倍以上，所以又称热敏电阻，金属热电阻仍简称热电阻。

温度升高，金属内部原子晶格的运动加剧，从而使金属内部的自由电子通过金属导体时的阻力增加、电阻率变大，测量时表现为电阻值增大，电阻值与温度的关系被称为正温度系数，即电阻值与温度的变化趋势相同。

### 1. 热电阻的分类

热电阻最常用的材料为铂和铜。

铂是目前制造热电阻最好的材料。铂热电阻的性能稳定、重复性好、测量精度高、测温范围大，其电阻值与温度之间有很近似的线性关系，主要用于高精度温度测量，用在标准电阻温度计中。其缺点是电阻温度系数小、价格较高。其测温范围为-200～960 ℃。

铜热电阻的价格便宜、线性较好、复制性好，且易于提纯，但在高温下易氧化。其测温范围为-50～150 ℃，故只适用于测量温度小于 150 ℃、测量精度和尺寸要求不高的场合。

铂热电阻和铜热电阻目前都已标准化和系列化，选用较方便。

镍热电阻的测温范围为-100～300 ℃，它的电阻温度系数较高、电阻率也较大，但它易氧化、化学稳定性差、不易提纯、复制性差、近似线性，故目前应用不多。

工业中几种主要热电阻材料的特性如表 3-1 所示。

表 3-1　主要热电阻材料的特性

| 材 料 名 称 | 电阻率/Ω·m | 测温范围/℃ | 电阻丝直径/mm | 特　　性 |
|---|---|---|---|---|
| 铂 | $9.81\times10^{-8}$ | -200～960 | 0.03～0.07 | 近似线性、性能稳定、精度高，适用于较高温度测量，可用作标准测温装置 |
| 铜 | $7\times10^{-8}$ | -50～150 | 0.1 | 超过 100 ℃易氧化，线性较好，适用于测量低温、无水分、无腐蚀介质 |
| 镍 | $1.2\times10^{-7}$ | -100～300 | 0.05 | 近似线性、稳定性差、不易提纯，目前应用较少 |

常用的铂热电阻有两种，其分度号分别为 Pt100 和 Pt1000，最常用的是 Pt100，当温度为 0 ℃时，Pt100 的电阻值为 100 Ω，其分度表如表 3-2 所示。

表 3-2　Pt100 热电阻的分度表

| 温度/℃ | 0 | 10 | 20 | 30 | 40 | 50 | 60 | 70 | 80 | 90 |
|---|---|---|---|---|---|---|---|---|---|---|
| | 电阻值/Ω | | | | | | | | | |
| -200 | 18.49 | | | | | | | | | |
| -100 | 60.25 | 56.19 | 52.11 | 48.00 | 43.37 | 39.71 | 35.53 | 31.32 | 27.08 | 22.80 |
| -0 | 100.00 | 96.09 | 92.16 | 88.22 | 84.27 | 80.31 | 76.32 | 72.33 | 68.33 | 64.30 |
| 0 | 100.00 | 103.90 | 107.79 | 111.67 | 115.54 | 119.40 | 123.24 | 127.07 | 130.89 | 134.70 |

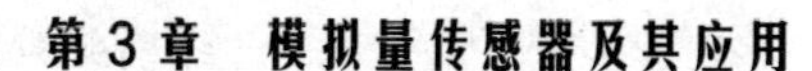


续表

| 温度/℃ | 0 | 10 | 20 | 30 | 40 | 50 | 60 | 70 | 80 | 90 |
|---|---|---|---|---|---|---|---|---|---|---|
| | 电阻值/Ω | | | | | | | | | |
| 100 | 136.50 | 142.29 | 146.06 | 149.82 | 153.58 | 157.31 | 161.04 | 164.76 | 168.46 | 172.16 |
| 200 | 175.84 | 179.51 | 183.17 | 186.32 | 190.45 | 194.07 | 197.69 | 201.29 | 204.88 | 208.45 |
| 300 | 212.02 | 215.57 | 219.12 | 222.65 | 226.17 | 229.67 | 233.17 | 236.65 | 240.13 | 243.59 |
| 400 | 247.04 | 250.48 | 253.90 | 257.32 | 260.72 | 264.11 | 267.49 | 270.86 | 274.22 | 277.56 |
| 500 | 280.90 | 284.22 | 287.53 | 290.83 | 294.11 | 297.39 | 300.65 | 303.91 | 307.15 | 310.38 |
| 600 | 313.59 | 316.80 | 319.99 | 323.18 | 326.35 | 329.51 | 332.66 | 335.79 | 338.92 | 342.03 |
| 700 | 345.13 | 348.22 | 351.30 | 354.37 | 357.42 | 360.47 | 363.50 | 366.52 | 369.53 | 372.52 |
| 800 | 375.51 | 378.48 | 381.45 | 384.40 | 387.34 | 390.26 | | | | |

铂属于贵重金属，价格比较昂贵，所以在一些对测量精度要求不高、测量范围小的场合，大多采用铜热电阻，铜热电阻在工业上的应用比较广泛。

工业上用的铜热电阻的分度号为 Cu50 和 Cu100，表示其电阻值在 0 ℃时分别为 50 Ω 和 100 Ω，其分度表如表 3-3 和表 3-4 所示。

表 3-3　铜热电阻（分度号为 Cu50）的分度表

| 温度/℃ | 0 | 10 | 20 | 30 | 40 | 50 | 60 | 70 | 80 | 90 |
|---|---|---|---|---|---|---|---|---|---|---|
| | 电阻值/Ω | | | | | | | | | |
| -0 | 50.00 | 47.85 | 45.70 | 43.55 | 41.40 | 39.24 | | | | |
| 0 | 50.00 | 52.14 | 54.28 | 56.42 | 58.56 | 60.70 | 62.84 | 64.98 | 67.12 | 69.26 |
| 100 | 71.40 | 73.54 | 75.68 | 77.83 | 79.98 | 82.13 | | | | |

表 3-4　铜热电阻（分度号为 Cu100）的分度表

| 温度/℃ | 0 | 10 | 20 | 30 | 40 | 50 | 60 | 70 | 80 | 90 |
|---|---|---|---|---|---|---|---|---|---|---|
| | 电阻值/Ω | | | | | | | | | |
| -0 | 100.00 | 95.70 | 91.40 | 87.10 | 82.80 | 78.49 | | | | |
| 0 | 100.00 | 104.28 | 108.56 | 112.84 | 117.12 | 121.40 | 125.68 | 129.96 | 134.24 | 138.52 |
| 100 | 142.80 | 147.08 | 151.36 | 155.66 | 159.96 | 164.27 | | | | |

### 2. 热电阻的结构

热电阻按其结构类型来分，有装配型热电阻、铠装型热电阻和薄膜型热电阻等。一般热电阻由感温元件（金属电阻丝）、支架、引线、保护套管及接线盒等基本部分组成。装配型铂热电阻的实物图如图 3-13 所示。装配型铂热电阻的结构图如图 3-14 所示，主要由保护套管、热电阻、紧固螺栓、接线盒和引线密封套管组成。

铠装型热电阻比装配型热电阻的直径小，易弯曲，适宜安装在管道狭窄和要求快速反应、微型化等特殊场合。其中，铠装型铂热电阻可对-200～600 ℃的气体介质、液体介质和固体表面进行自动检测。

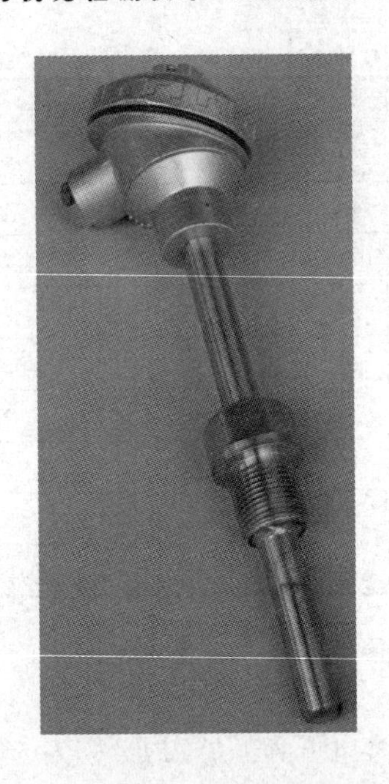

图 3-13　装配型铂热电阻的实物图

1—保护套管；2—热电阻；3—紧固螺栓；4—接线盒；5—引线密封套管。

图 3-14　装配型铂热电阻的结构图

薄膜型铂热电阻是采用溅射工艺来成膜，先经过光刻、腐蚀工艺形成图案，再经过焊接引线、胶封、校正电阻等工序，最后在电阻表面涂保护层制成的，图 3-15 所示为两种型号薄膜型铂热电阻的外形图。

图 3-15　两种型号薄膜型铂热电阻的外形图

**3. 热电阻的测量电路**

热电阻的测量电路常采用电桥电路，热电阻的测量电路有二线制接法、三线制接法和四线制接法三种。由于工业用热电阻安装在生产现场，距离控制室一般较远，因此热电阻的引线对测量结果有较大影响。为了减小或消除引线电阻的影响，目前，热电阻的引线大多采用三线制接法。

三线制接法具体的接线图如图 3-16 所示。从热电阻引出三根导线，这三根导线的粗细相同、长度相等、电阻值都是 $r$。当热电阻与测量电桥连接时，其中一根串联在电桥的电源上，另外两根分别串联在电桥的相邻两臂上，这样就把连接导线随温度变化的电阻加在相邻两臂上。当相邻两臂的电阻值随温度都变化同样大的值时，其变化量对测量的影响就可以相互抵消。一般温控智能仪表上的接线也采用三线制接法。

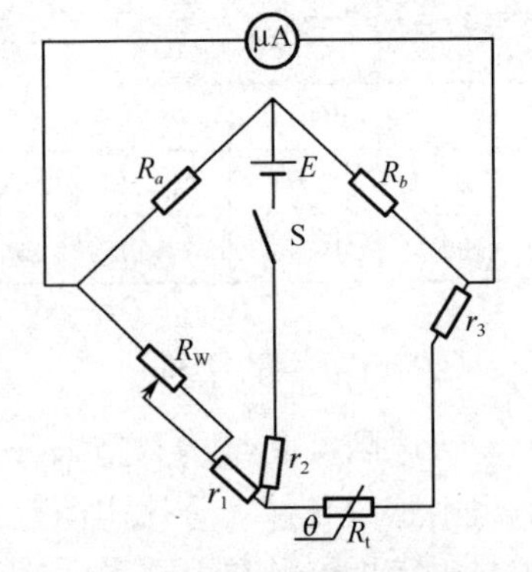


图 3-16　三线制接法具体的接线图

## 3.2.3　热敏电阻

半导体热电阻是利用半导体的电阻率随温度显著变化的特性制成的，又称热敏电阻。常

用的半导体材料有铁、镍、锰、钴、钼、钛、镁、铜等的金属氧化物或化合物。在一定的范围内通过测量热敏电阻阻值的变化，从而确定被测介质的温度变化情况。

根据热敏电阻的温度特性曲线（见图 3-17），人们将热敏电阻分为以下三类。

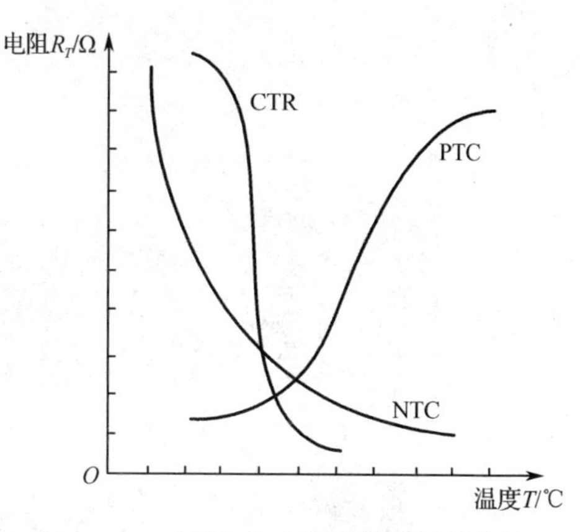


图 3-17　三类热敏电阻的温度特性曲线

负温度系数（NTC）热敏电阻：NTC 热敏电阻研制得较早，也较成熟。NTC 是指在工作温度范围内，热敏电阻的电阻值随着温度的上升而呈指数关系减小。该电阻是由锰、铜、钴、铁、镍、锌等两种或两种以上的金属氧化物通过充分混合、成型、烧结等工艺制成的，通常适用于-100～300 ℃的测温。NTC 热敏电阻传感器的精度可以达到 0.1 ℃，感温时间可缩短至 10 s 以内，可用于食品储存、医药卫生、农业大棚、海洋、深井、高空、冰川等领域的温度测量。

正温度系数（PTC）热敏电阻：电阻值随温度升高而增大，当温度超过某一数值时，其电阻值朝正向快速变化。PTC 热敏电阻通常用于恒温、调温、自动控温，也适用于电动机等电器装置的过热检测。

临界温度热敏电阻（CTR）：具有负温度系数，但在某个温度范围内其电阻值急剧下降，曲线斜率在此区段特别陡，灵敏度极高。CTR 主要用于做温度开关元件。

与其他温度传感器相比，热敏电阻的温度系数大、灵敏度高、响应速度快、测量线路简单，有些不用放大器就能输出几伏的电压，在电子体温计、家用电器、空调、复印机、表面温度计和汽车等产品中用作测温元件。另外，它的体积小、寿命长、价格便宜，由于本身的电阻值大，因此可以不考虑引线长度带来的误差，适用于远距离的测量和控制。它在耐湿、耐酸、耐碱、耐热冲击、耐振动场合中，可靠性比较高；但它的线性度和互换性较差，同一型号的产品特性参数有较大差别，一般需要经过线性化处理，使输出电压与温度基本上呈线性关系，其测温范围为 50～1 450 ℃。

## 3.3　智能仪表的认识与使用

### 3.3.1　智能仪表的功能特点

热电阻传感器根据使用场合的不同，可以将传感器信号送到电路板、二次仪表或控制器中等，本节我们一起来了解将传感器信号送到智能仪表中进行显示或变送的相关知识。

微电子技术和计算机技术的不断发展，引起了仪表结构的根本性变革，以微型计算机（单片机）为主体，将计算机技术和检测技术有机结合，组成新一代的智能仪表，与传统仪表相比，其在测量过程自动化、数据处理等方面的功能更加全面。智能仪表不仅能解决传统仪表不易或不能解决的问题，还能简化仪表电路，提高仪表的可靠性，更容易实现高精度、高性能、多功能。随着科学技术的进一步发展，仪表的智能化程度也越来越高，不但能精确显示多种物理量，同时具有变送输出、继电器控制输出、通信、数据保持等多种功能。智能仪表和传感器相结合，可以完成数据采集、数据处理和数据通信，以及控制显示等功能。智能仪

表具有精度高、功能强、测量范围大、通信功能强和自诊断功能完善等特点。常见智能仪表的外形及尺寸如图3-18所示，其安装形式有所不同，一般根据工业现场的需要选用不同的尺寸规格。

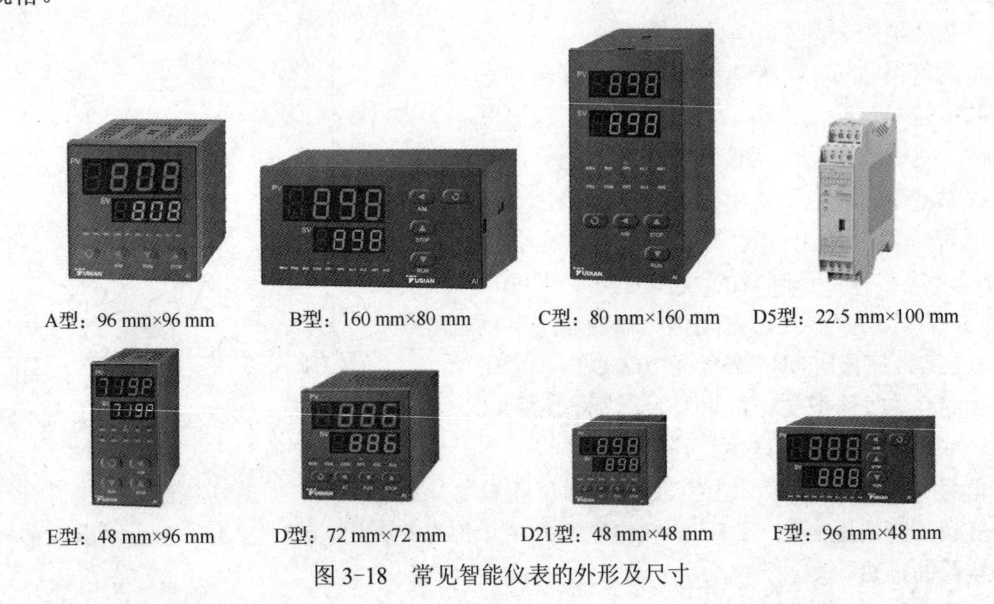


图3-18　常见智能仪表的外形及尺寸

## 3.3.2 智能仪表的使用

下面以厦门宇电 AI-501 智能仪表为例介绍智能仪表的使用方法。我们可将传感器信号送到 AI-501 智能仪表中进行变送或显示，智能仪表具有多种输入、输出模块可供选择，包括热电偶/热电阻输入、电压/电流输入、继电器输出、SSR 驱动电压输出、线性电流输出，也提供调相触发输出、阀门电动机控制和阀位反馈等，支持绝大部分工业现场常见的输入、输出类型。智能仪表的常见功能如图3-19所示，在通常情况下，智能仪表并不能同时具备图3-19中的所有功能，一般是根据需要进行相应输入、输出模块的选配。

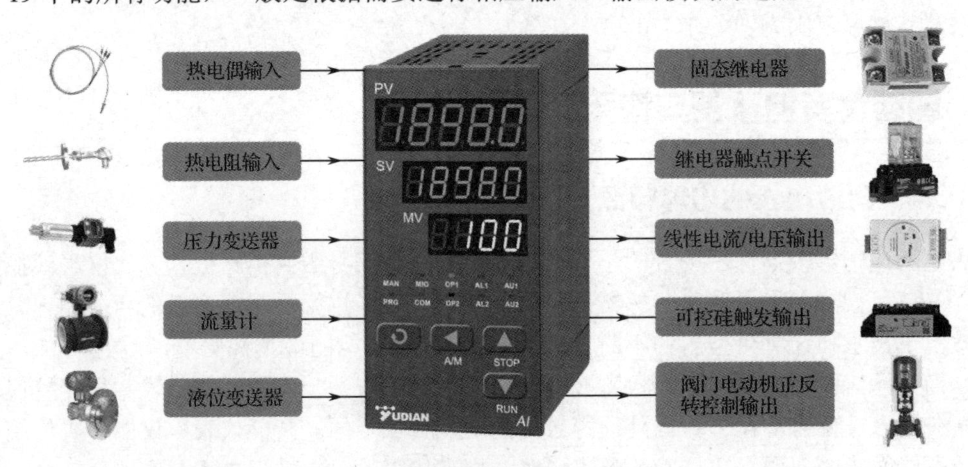


图3-19　智能仪表的常见功能

AI-500/501智能仪表的特点与使用说明如下。

### 1. 主要特点

（1）可编程模块化输入，可支持热电偶、热电阻、电压、电流及二线制变送器输入，适用于温度、压力、流量、液位、湿度等多种物理量的测量与显示，测量精度可达 0.3 级。

（2）具备最多四路报警功能，包括二路上限及二路下限报警，可以独立输出，也可以共用一路继电器输出。

（3）具备数字校正、数字滤波及热电偶冷端自动补偿功能，免维护且使用方便。

（4）安装 S 或 S4 模块后具备 RS485 通信功能，可与上位机通信，通信协议与 AI 系列智能仪表兼容。

（5）具备温度变送输出功能，采用新一代 0.2 级高精度电流输出模块 XI3，综合变送精度达 0.5 级。

### 2. 技术规格

（1）输入规格。

热电偶：K、S、R、T、E、J、B、N。

热电阻：Pt100、Cu50、Ni120。

线性电压：0～5 V，1～5 V，0～100 mV，0～60 mV，0～20 mV，20～100 mV。

线性电流（须外接精密电阻分流或在 MIO 位置安装 I 模块）：0～20 mA、4～20 mA 等。

线性电阻：0～80 Ω、0～400 Ω（可接电阻远传压力表）。

（2）测量范围。

K（-50～1 300 ℃）、S（-50～1 700 ℃）、R（-50～1 700 ℃）、T（-200～350 ℃）、E（0～800 ℃）、J（0～1 000 ℃）、B（200～1 800 ℃）、N（0～1 300 ℃）、Pt100（-200～800 ℃）。

（3）测量精度：0.3 级（0.3%FS±1 个字）。

（4）温度漂移：≤±0.015%FS/℃（典型值约为±75 ppm/℃）。

（5）电磁兼容：IEC61000-4-4（电快速瞬变脉冲群），±4 kV/5 kHz；IEC1000-4-5（浪涌），4 kV。

（6）变送输出：在 OUTP 位置安装 X3 电流模块后，可将测量值 PV 变送为标准电流输出，最大负载电阻为 500 Ω。

（7）报警功能：上限、下限、第二上限及第二下限报警功能，可安装继电器模块将报警信号输出。

（8）电源：100～240 V AC，-15%，+10%/50～60 Hz，或者 24 V DC，-15%，10%。

（9）电源消耗：≤5 W。

（10）使用环境：温度范围为-10～60 ℃，湿度≤90%RH。

### 3. 型号定义

| AI-501 | A | N | X3 | L3 | N | S4 | - | 24V DC |
|---|---|---|---|---|---|---|---|---|
| ① | ② | ③ | ④ | ⑤ | ⑥ | ⑦ | | ⑧ |

智能仪表型号中 8 个部分的含义如下。

① 表示智能仪表的基本功能。AI-500 型测量显示报警仪表，单排 4 位显示面板，具备毫伏级、5 V 线性电压等输入，测量精度为 0.3 级。

AI-501 型测量显示报警仪表，双排 4 位显示面板，具备毫伏级、5 V 线性电压等输入，测量精度为 0.3 级。

② 表示智能仪表的面板尺寸规格，如表 3-5 所示。

表 3-5 常见智能仪表的面板尺寸规格

| AI-500 | AI-501 | 插入深度/mm | 面板尺寸<br>宽×高/mm$^2$ | 开孔尺寸<br>宽×高/mm$^2$ | 光　柱 |
|---|---|---|---|---|---|
| A0 | A | 100 | 96×96 | (92+0.5)×(92+0.5) | |
| A10 | A1 | 70 | | | |
| | A2 | 100 | | | 25 段 4 级亮度，1%的分辨率 |
| | A21 | 70 | | | |
| B0 | B | 100 | 160×80 | (152+0.5)×(76+0.5) | |
| B10 | B1 | 70 | | | |
| | B2 | 100 | | | 25 段 4 级亮度，1%的分辨率 |
| | B21 | 70 | | | |
| C0 | | 100 | 80×160 | (76+0.5)×(152+0.5) | |
| | C1 | 70 | | | |
| | C3 | 100 | | | 25 段 4 级亮度，1%的分辨率 |
| | C31 | 70 | | | |
| D0 | D | 95 | 72×72 | (68+0.5)×(68+0.5) | |
| D20 | D2 | 95 | 48×48 | (45+0.5)×(45+0.5) | |
| | D6 | 95 | 48×48 | (46+0.5)×(46+0.5) | |
| | D61 | 80 | 48×48 | (46+0.5)×(46+0.5) | |
| | D7/D71 | 22.5×100，DIN 导轨安装，双排 LED，总线端子 | | | |
| E0 | E | 100 | 48×96 | (45+0.5)×(92+0.5) | |
| E10 | E1 | 70 | | | 25 段 4 级亮度，1%的分辨率 |
| | E2 | 100 | | | |
| | E21 | 70 | | | |
| | E5 | 48×96，DIN 导轨安装 | | | |
| F0 | F | 100 | 96×48 | (92+0.5)×(45+0.5) | |
| F10 | F1 | 70 | | | |

③ 表示智能仪表辅助输入（MIO）安装的模块。

V24 或 V10 模块：表示可提供 24 V DC 或 10 V DC 电压输出，可供外部变送器、称重传感器等使用。

I4 模块：扩充 0～20 mA 或 4～20 mA 的线性电流输入，并且包含 24 V（25 mA）电源输出，可直接连接二线制变送器。

I7 电流输入模块：输入 0～5 A AC 电流。I8 电压输入模块：输入 0～500 V AC 电压。

④ 表示智能仪表主输出（OUTP）安装的模块：可安装 X3 电流输出模块等，并将其作为电流变送输出。

⑤ 表示智能仪表报警（ALM）安装的模块：可安装 L0、L2、L4 等单路继电器模块或 L3 双路继电器模块，并将其作为报警输出。

⑥ 表示智能仪表辅助输出（AUX）安装的模块：可安装 L0、L2、L3、L4 等继电器模块，并将其作为报警输出。

⑦ 表示智能仪表通信（COMM）安装的模块：可安装 S、S1、S4 等模块用于 RS485 通信。

⑧ 表示智能仪表的供电电源：使用 100～240 V AC 电源时省略此参数，使用 20～32 V DC 电源时用 24 V DC 表示。

注 1：若输入为 4～20 mA 或 0～20 mA 的标准电流信号，可外接 250 Ω 电阻，并将其转换为 1～5 V 或 0～5 V 的电压信号或在 MIO 接口位置安装 I4 模块来解决，后者还内含 24 V DC 电源输出，可直接连接二线制变送器。

注 2：D 型面板尺寸的仪表无 MIO 接口，且 COMM 及 ALM 不能同时安装，采用 ALM 接口接继电器模块时只有 AL1 单路报警输出；D2 型面板尺寸的只有 OUTP 和 COMM/AUX 两个模块插座的位置。

注 3：若在 OUTP 位置已安装了 X3 电流输出模块，又需要在 COMM 位置安装 RS485 接口，为了实现输入、电流变送输出及通信端口三方的相互隔离，在 COMM 位置应安装自带隔离电源的 S4 模块。

**4. 面板说明**

AI-501 智能仪表的面板图如图 3-20 所示，各部分功能如下。

上显示窗，显示测量值 PV、参数名称；下显示窗，显示单位符号、参数值；设置键，用来进入参数设置状态，确认参数修改等；LED 指示灯，OP1 指示电流变送输出的大小，AL1、AL2、AU1、AU2 分别对应模块的输出动作。

注：智能仪表通电后，其上显示窗显示测量值（PV），该显示状态为智能仪表的基本显示状态。当输入的测量信号超出量程时（热电偶断线时、热电阻断线或短路时及输入规格设置错误时可能发生），上显示窗交替显示“orAL”字样及测量上限值或下限值。

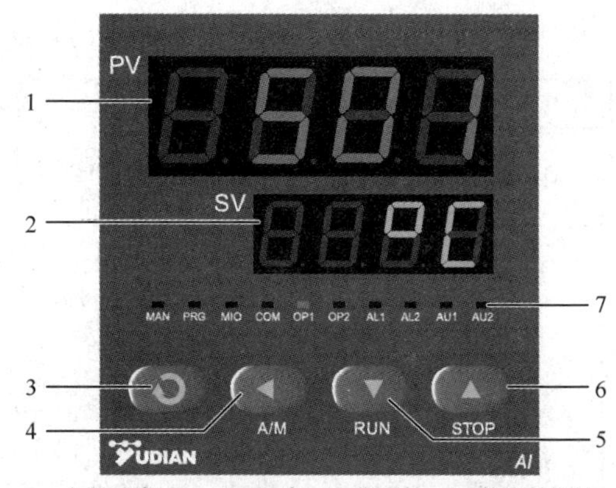


1—上显示窗；2—下显示窗；3—设置键；4—数据移位键；5—数据减少键；6—数据增加键；7—LED 指示灯。

图 3-20　AI-501 智能仪表的面板图

**5. 操作说明**

在基本显示状态下按 ⟲ 键并保持约 2 s，即进入现场参数表。如果参数没有锁上（Loc=0），则按 ▽ 键减少数值，按 △ 键增加数值，所修改数值位的小数点会闪动（如同光标）。按 △ 或 ▽ 键并保持不放，可以快速地增加或减少数值，并且速度会随小数点右移自动加快（3 级速度）。按 ◁ 键也可直接移动修改数值的位置（光标）。按 ⟲ 键可显示下一参数，按 ◁ 键并保持不放，可返回显示上一参数。先按 ◁ 键不放，再按 ⟲ 键可退出参数设置状态。如果没有按键操作，约 20 s 后会自动退出参数设置状态。设置 Loc=808，可进入系统参数表。

参数修改好后，按 ⟲ 键并保持不放，直到退出参数设置状态，即可保存参数。

AI-501 智能仪表的现场参数表如表 3-6 所示，系统参数表如表 3-7 所示。

表 3-6　AI-501 智能仪表的现场参数表

| 参　　数 | 参数含义 | 说　　明 | 设置范围 |
|---|---|---|---|
| HIAL | 上限报警 | 当测量值 PV 大于 HIAL 值时，仪表将产生上限报警；当测量值 PV 小于 HIAL-AHYS 值时，仪表将解除上限报警 | -9 990～30 000 |
| LOAL | 下限报警 | 当测量值 PV 小于 LOAL 值时，仪表将产生下限报警；当测量值 PV 大于 LOAL+AHYS 值时，仪表将解除下限报警 | -9 990～30 000 |
| HdAL | 第二上限报警 | 当测量值 PV 大于 HdAL 值时，仪表将产生 HdAL 报警；当测量值 PV 小于 HdAL-AHYS 值时，仪表将解除 HdAL 报警 | -9 990～30 000 |
| LdAL | 第二下限报警 | 当测量值 PV 小于 LdAL 值时，仪表将产生 LdAL 报警；当测量值 PV 大于 LdAL+AHYS 值时，仪表将解除 LdAL 报警。注：每种报警可自由定义为控制 AL1、AL2、AU1、AU2等输出端口动作，也可以不做任何动作，请参见报警输出定义参数 AOP 的说明 | -9 990～30 000 |
| Loc | 参数修改级别 | Loc=0，允许修改给定值及修改现场参数；Loc=1，允许修改给定值，禁止修改现场参数；Loc=2～3，禁止修改给定值，允许修改现场参数；Loc=4～255，不允许修改 Loc 以外的其他任何参数。设置 Loc=808，并按 ↻ 键确认，可进入系统参数表 | 0～9 999 |

表 3-7　AI-501 智能仪表的系统参数表

<table>
<tr><th>参　　数</th><th>参数含义</th><th colspan="4">说　　明</th><th>设置范围</th></tr>
<tr><td>AHYS</td><td>报警回差</td><td colspan="4">报警回差又名死区、滞环。回差用于避免因测量输入值波动而导致位式调节输出产生频繁通断的误动作。对于温度控制，报警回差一般推荐设置为0.5～2 ℃</td><td>0～2 000</td></tr>
<tr><td>AOP</td><td>报警输出定义</td><td colspan="4">4位数 AOP 的个位、十位、百位及千位分别用于定义 HIAL、LOAL、HdAL 和 LdAL 4个报警的输出位置，示例如下：<br>AOP =　3　3　0　1<br>（LdAL）（HdAL）（LOAL）（HIAL）<br>数值范围为0～4，0表示不从任何端口输出该报警，1、2、3、4分别表示该报警由 AL1、AL2、AU1、AU2输出。例如，设置 AOP=3301，则表示上限报警 HIAL 由 AL1输出、下限报警 LOAL 不输出，HdAL 与 LdAL 由 AU1输出，即 HdAL 和 LdAL 产生报警均导致 AU1动作。若需要使用 AL2或 AU2，可在 ALM 或 AUX 位置安装 L5双路继电器模块</td><td>0～4 444</td></tr>
<tr><td rowspan="10">INP</td><td rowspan="10">输入信号选择</td><td>0</td><td>K</td><td>20</td><td>Cu50</td><td rowspan="10">0～106</td></tr>
<tr><td>1</td><td>S</td><td>21</td><td>Pt100</td></tr>
<tr><td>2</td><td>R</td><td>22</td><td>Pt100（-80～300 ℃）</td></tr>
<tr><td>3</td><td>T</td><td>25</td><td>0～75 mV 电压输入</td></tr>
<tr><td>4</td><td>E</td><td>26</td><td>0～80 Ω 电阻输入</td></tr>
<tr><td>5</td><td>J</td><td>27</td><td>0～400 Ω 电阻输入</td></tr>
<tr><td>6</td><td>B</td><td>28</td><td>0～20 mV 电压输入</td></tr>
<tr><td>7</td><td>N</td><td>29</td><td>0～100 mV 电压输入</td></tr>
<tr><td>8</td><td>WRe3～WRe25</td><td>30</td><td>0～60 mV 电压输入</td></tr>
<tr><td>9</td><td>WRe5～WRe26</td><td>31</td><td>0～1 V</td></tr>
</table>

续表

<table>
<tr><th>参　数</th><th>参数含义</th><th colspan="4">说　明</th><th>设置范围</th></tr>
<tr><td rowspan="7">INP</td><td rowspan="7">输入信号选择</td><td>10</td><td>用户指定的扩充输入规格</td><td>32</td><td>0.2～1 V</td><td rowspan="7">0～106</td></tr>
<tr><td>12</td><td>F2 辐射高温温度计</td><td>33</td><td>1～5 V 电压输入</td></tr>
<tr><td>15</td><td>MIO 输入 1（安装 I4 模块的电流范围为 4～20 mA）</td><td>34</td><td>0～5 V 电压输入</td></tr>
<tr><td>16</td><td>MIO 输入 2（安装 I4 模块的电流范围为 0～20 mA）</td><td>35</td><td>-20～20 mV</td></tr>
<tr><td>17</td><td>K（0～300 ℃）</td><td>36</td><td>-100～100 mV</td></tr>
<tr><td>18</td><td>J（0～300 ℃）</td><td>37</td><td>-5～5 V</td></tr>
<tr><td>19</td><td>Ni120</td><td>39</td><td>20～100 mV</td></tr>
<tr><td>dPt</td><td>小数点位置</td><td colspan="4">可选择 0、0.0、0.00、0.000 4 种显示格式。注：采用普通热电偶或普通热电阻输入时，只可选择 0 或 0.0 2 种显示格式。使用 S 型热电偶时，建议选择 0 显示格式。INP=17、18、22 时，仪表内部为 0.01 ℃分辨率，可选择 0.0 或 0.00 两种显示格式。采用线性输入时，当测量值或其他相关参数的数值可能大于 9 999 时，建议不要选用 0 显示格式，而应使用 0.000 显示格式，因为大于 9 999 后显示格式会变为 00.00</td><td></td></tr>
<tr><td>SCL</td><td>测量量程下限</td><td colspan="4">SCL 用于定义线性输入信号的下限刻度值。例如，若需要将 1～5 V 输入信号显示为 0～200.0，则应设置 dPt=0.0，SCL=0，SCH=200.0</td><td rowspan="2">-9 990～30 000</td></tr>
<tr><td>SCH</td><td>测量量程上限</td><td colspan="4">SCH 用于定义线性输入信号的上限刻度值。例如，若需要将 0～5 V 输入信号显示为 1 000～2 000，则应设置 dPt=0，SCL=1 000，SCH=2 000</td></tr>
<tr><td>Scb</td><td>输入平移修正</td><td colspan="4">Scb 用于对输入进行平移修正，以补偿传感器或仪表冷端自动补偿的误差。例如，假定输入信号保持不变，将 Scb 设置为 0.0，仪表显示测定温度为 500.0 ℃；将 Scb 设置为 10.0，仪表显示测定温度为 510.0 ℃</td><td>-9 990～4 000</td></tr>
<tr><td>FILt</td><td>输入数字滤波</td><td colspan="4">FILt 决定数字滤波的强度，将其设置得越大，滤波越强，但测量数据的响应速度越慢。当测量受到较大干扰时，可逐步增大 FILt 直到显示值较稳定。当仪表进行计量检定时，应将 FILt 设置为 0 或 1 以提高响应速度</td><td>0～40</td></tr>
<tr><td>CtrL</td><td>控制方式</td><td colspan="4">POP 将测量值 PV 变送输出；SOP 将给定值 SV 变送输出。给定值的范围为 -9 990～30 000。在 SOP 模式下，SV 窗口显示变送值，并可以修改</td><td></td></tr>
<tr><td>OPT</td><td>变量输出</td><td colspan="4">0～20 mA 线性电流变送输出，4～20 mA 线性电流变送输出</td><td></td></tr>
<tr><td>SPL</td><td>SV 下限</td><td colspan="4">SV 允许设置的最小值</td><td rowspan="4">-9 990～30 000</td></tr>
<tr><td>SPH</td><td>SV 上限</td><td colspan="4">SV 允许设置的最大值</td></tr>
<tr><td>SPSL</td><td>变送输出刻度下限</td><td colspan="4">SPSL 用于定义电流变送输出，作为输出下限刻度的定义值</td></tr>
<tr><td>SPSH</td><td>变送输出刻度上限</td><td colspan="4">SPSH 用于定义电流变送输出，作为输出上限刻度的定义值</td></tr>
<tr><td>AF</td><td>高级功能代码</td><td colspan="4">AF 用于选择高级功能，计算方法如下：当 AF=A×1+B×2+E×16，A=0 时，HdAL 与 LdAL 为偏差报警；当 A=1 时，HdAL 与 LdAL 为绝对值报警，这样仪表可分别拥有 2 路绝对值上限报警与绝对值下限报警。当 B=0 时，报警回差与位式调节回差为单边回差；当 B=1 时，为双边回差。当 E=0 时，HIAL 与 LOAL 分别为绝对值上限报警与绝对值下限报警；当 E=1 时，HIAL 与 LOAL 分别为偏差上限报警与偏差下限报警，这样就有 4 路偏差报警。注：若非专家级别用户，请将该参数设置为 33</td><td>0～255</td></tr>
</table>

### 6. 接线方法

由于技术升级带来智能仪表的版本变化或特殊订货，智能仪表的随机接线图如果与使用

说明书不符，那么请以随机接线图为准，早期生产的 AI-501 智能仪表的接线或参数也和现在生产的略有不同，届时请将随机接线图和使用说明书结合使用。

如果需要接热电偶，不同型号的热电偶采用的热电偶补偿导线不同，补偿导线应直接接到智能仪表后盖的接线端上，中间不能换成普通导线，否则会产生测量误差。

AI-501 智能仪表的接线端图如图 3-21 所示，其中线性电压在 100 mV 以下的由 19+、18-端输入，0～5 V 与 1～5 V 的电压信号由 17+、18-端输入，4～20 mA 的电流可经外接 250 Ω 精密电阻分流后从 17+、18-端输入。在 MIO 位置安装 I4 模块后，电流信号可由 14+、15-端输入，也可直接在 16+、14-端接二线制变送器。

扫一扫看微课视频：智能仪表的使用与设置

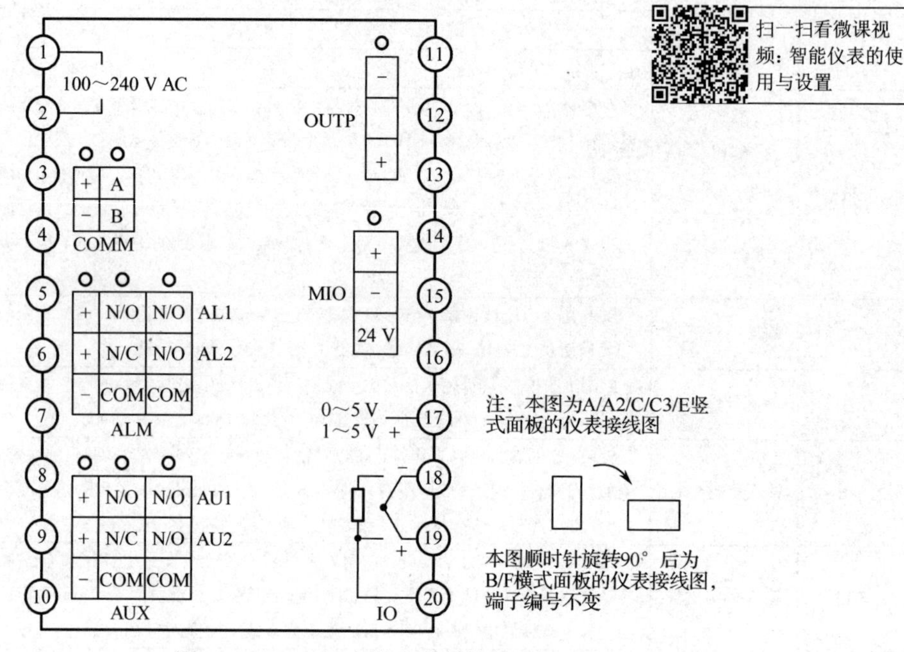


图 3-21　AI-501 智能仪表的接线端图

## 3.4　热电偶

热电偶是将温度变化转换为电动势变化的一种温度传感器。热电偶是一种常用的测温元件，它先直接测量温度，并把温度信号转换为电动势信号，再通过二次仪表转换为被测介质的温度。常见热电偶的外形如图 3-22 所示，和热电阻相比，热电偶的测温范围更大，可以用来测量-180～1 800 ℃的温度。它具有装配简单、更换方便、测量精度高、测量范围大、机械强度高、耐压性能好等优点，可用来测量流体、固体及固体表面的温度，在工业生产中得到了广泛的应用。

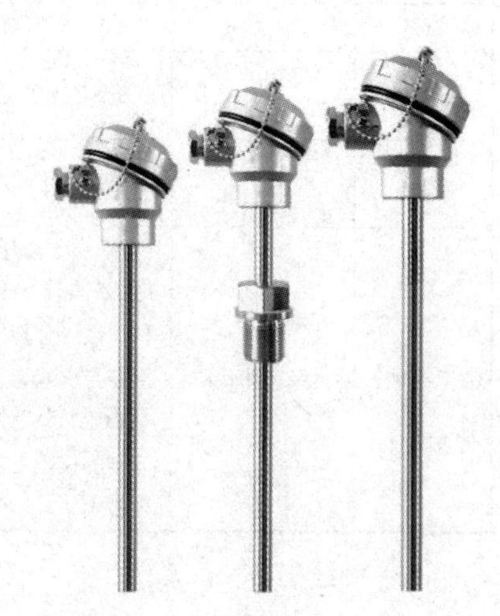

图 3-22　常见热电偶的外形

### 3.4.1　热电偶的工作原理

将两种不同材料的导体 A 和 B 组成一个闭合回路，

如图 3-23 所示，当回路的两个接触点分别置于不同的温度场时，回路中将产生电动势，电动势的大小和方向与导体的材料及两个接触点的温度有关，这种物理现象被称为热电效应。两种不同材料的导体所组成的测温回路被称为热电偶，组成热电偶的导体被称为热电极，热电偶产生的电动势被称为热电动势，简称热电势。两种导体的接触点被称为结点，在热电偶的两个结点中，置于温度为 $t$ 的被测对象中的结点被称为测温端，又称工作端或热端；而置于温度为 $t_0$ 的被测对象中的另一结点被称为参考端，又称自由端或冷端。热电偶的两个结点之间的温差越大，产生的热电动势也越大。

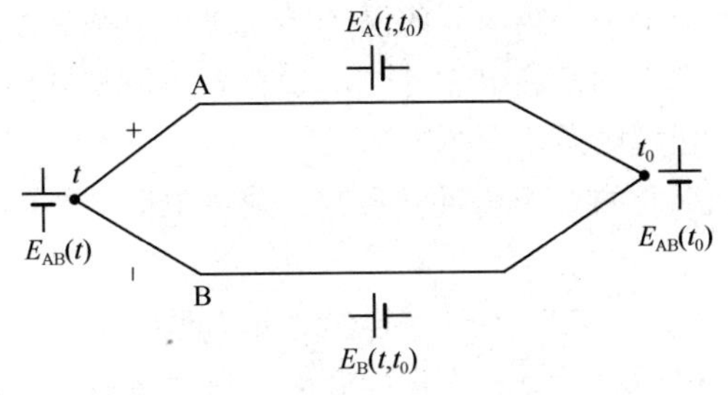

图 3-23　热电偶的闭合回路

热电偶的热电动势由两部分组成，一部分为两种导体的接触电动势，另一部为单一导体的温差电动势。

1）接触电动势

当 A、B 两种不同材料的导体接触时，由于两种导体的电子密度不同（假设 A 导体的电子密度高于 B 导体的），从 A 导体扩散到 B 导体的电子数量要比从 B 导体扩散到 A 导体的电子数量多，从而在 A、B 导体的接触面形成电位差，这个电位差被称为接触电动势，其大小分别用 $E_{AB}(t)$、$E_{AB}(t_0)$表示。

接触电动势的大小与结点处的温度高低和导体的电子密度有关。温度越高，接触电动势越大；两种导体的电子密度的比值越大，接触电动势越大。

2）温差电动势

将一根导体的两端分别置于温度分别为 $t$、$t_0$（$t>t_0$）的不同温度场中，由于导体热端的自由电子具有较大的动能，导体内部的自由电子将从热端向冷端扩散，并在冷端积聚起来，从而使得热端失去电子带正电、冷端得到电子带负电，于是在导体两端便产生了一个由热端指向冷端的静电场。此时导体两端形成的静电场产生的电动势被称为温差电动势，分别用 $E_A(t,t_0)$、$E_B(t,t_0)$表示。

温差电动势的大小与导体的电子密度及两端的温差有关。

热电偶回路的总热电动势包括两个接触电动势和两个温差电动势。

$$E_{AB}(t,t_0)=E_{AB}(t)-E_{AB}(t_0)-E_A(t,t_0)+E_B(t,t_0) \tag{3-8}$$

式中，$E_{AB}(t,t_0)$ 表示热电偶的热电动势；$E_{AB}(t)$ 表示温度为 $t$ 时热端的接触电动势；$E_{AB}(t_0)$ 表示温度为 $t_0$ 时冷端的接触电动势；$E_A(t,t_0)$ 表示热电极 A 两端温度分别为 $t$、$t_0$ 时的温差电动势；$E_B(t,t_0)$ 表示热电极 B 两端温度分别为 $t$、$t_0$ 时的温差电动势。但在热电偶回路中，接触电动势远大于温差电动势，所以总热电动势主要取决于接触电动势，温差电动势只占极小的部分，可以忽略不计，故总的热电动势可以写成

$$E_{AB}(t,t_0)=E_{AB}(t)-E_{AB}(t_0) \tag{3-9}$$

热电动势的大小主要取决于热电极的材料和两个结点的温度，当热电极的材料确定后，热电动势便取决于两个结点的温度 $t$ 和 $t_0$。

综上所述可以归纳以下结论。

（1）热电偶必须用两种不同材料作为热电极。

（2）热电偶的两个结点温度必须有温差，否则回路中的热电动势为零。

（3）热电偶的热电动势大小只和导体材料和两个结点的温差有关，与热电极的形状、尺寸和截面积无关。

如果冷端温度固定，则热电偶的热电动势就是被测温度的单值函数：

$$E_{AB}(t,t_0)=f(t) \tag{3-10}$$

当冷端温度恒定时，热电偶产生的热电动势只随热端温度 $t$ 的变化而变化，即一定的热电动势对应着一定的温度，只要测量出热电动势的大小就可以达到测温的目的。

## 3.4.2 热电偶的材料、结构和种类

### 1. 热电偶的材料

根据金属的热电效应，任意两种不同的金属导体都可以作为热电偶回路中的热电极，但在实际应用中，不是所有的金属都适合作为热电偶。作为热电偶回路中的热电极的金属导体应具备以下几个特点。

（1）配对的热电偶应该具有较大的热电动势，并且热电动势与温度尽可能有良好的线性关系。

（2）物理、化学性能良好，能在较大的温度范围内应用，在高温下抗氧化性能好，在长时间工作后，不会发生明显化学及物理性能的变化。

（3）温度系数要小，电导率要高。

（4）易于复制，工艺性与互换性好，便于制定统一的分度表，材料要有一定的韧性，焊接性能好，利于制作。

满足上述条件的金属材料不是很多。目前用得比较多的材料有铜、铜镍、铂、铂铑、镍硅、镍铬等。

### 2. 热电偶的结构

为了适应不同应用场景的测温要求和条件，热电偶根据结构形式的不同分为普通型热电偶、铠装型热电偶和薄膜型热电偶等。

1）普通型热电偶

普通型热电偶在工业上应用最多，它一般由热电极、绝缘套管、保护套管和接线盒组成，其结构如图 3-24 所示。贵金属热电极的直径一般为 0.3～0.6 mm，普通金属热电极的直径一般为 0.5～32 mm。热电极的长短由使用条件、安装条件而定，特别是由热端在被测介质中插入的深度来决定，一般为 250～3 000 mm。

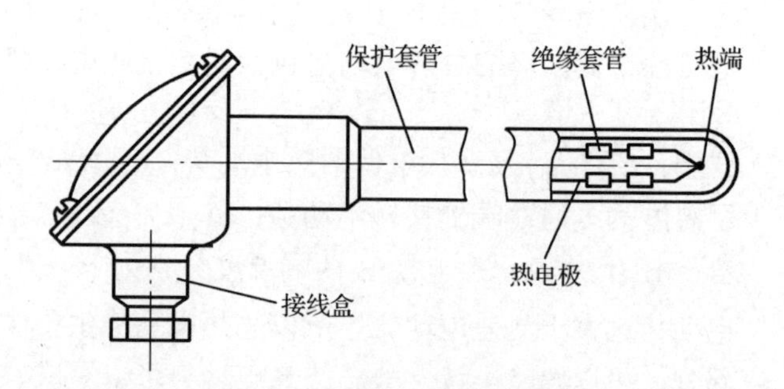


图 3-24　普通型热电偶的结构

绝缘套管是为了防止两根热电极之间，以及热电极与保护套管之间短路而设置的，形状一般为圆形、椭圆形，中间开有单孔、双孔、四孔、六孔，材料视其使用的热电偶类型而定。

保护套管的作用是保护热电偶的感温元件免受被测介质的化学腐蚀、机械损伤，避免火焰和气流直接冲击，以及提高热电偶的强度。保护套管应具有耐高温、耐腐蚀的性能，要求其导热性能好、气密性好，其材料主要有不锈钢、碳钢、铜合金、铝、陶瓷和石英等。

接线盒用来固定接线座和连接热电偶补偿导线，它的出线孔和盖子都用垫圈加以密封，以防污物落入而影响接线的可靠性。根据被测物体及现场环境条件，设计有普通式、防溅式、防水式和接插座式。

这种热电偶主要用于测量气体、蒸气和流体等介质的温度。普通型热电偶按其安装时的连接形式可分为固定螺纹连接、固定法兰连接、活动法兰连接、无固定装置等。

2）铠装型热电偶

铠装型热电偶又称套管热电偶，它是由热电极、绝缘材料和保护套管三者经拉伸加工而成的组合体，如图 3-25 所示。它可以做得很细很长，在使用中能根据需要任意弯曲。铠装型热电偶的种类很多，其长短可根据需要制作，可长达 10 m，也可以制作得很细，外径可以从 0.25 mm 到 12 mm，热端的热容量小、动态响应快，因此在热容量非常小的被测物体上也能准确地测出温度值，其寿命也比一般工业热电偶要长得多，同时具备机械强度高、挠性好的优点，可安装在结构复杂的装置上，被广泛用在许多工业部门中。

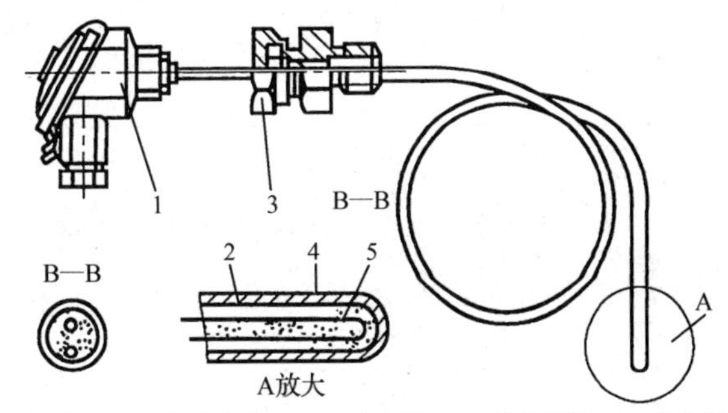

1—接线盒；2—保护套管；3—固定装置；4—绝缘材料；5—热电极。

图 3-25　铠装型热电偶的结构

3）薄膜型热电偶

薄膜型热电偶是由两种薄膜热电极材料，用真空蒸镀、化学涂层等办法蒸镀到绝缘基板上面制成的一种特殊热电偶，如图 3-26 所示。薄膜型热电偶的热结点可以做得很小（可薄到 0.01～0.1 μm），具有热容量小、反应速度快等特点，其热响应时间达到微秒级，适用于微小面积上的表面温度及快速变化的动态温度测量，使用时将薄膜型热电偶用黏合剂紧紧粘贴在被测物体表面，由于受黏合剂和绝缘基底材料的限制，测温范围一般为-200～300 ℃。

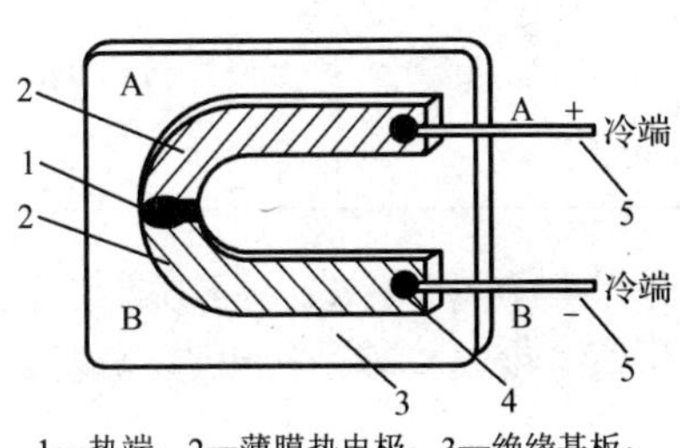

1—热端；2—薄膜热电极；3—绝缘基板；
4—引线接头；5—引线（相同材料的热电极）。

图 3-26　薄膜型热电偶

### 3. 热电偶的种类

热电偶的种类繁多，我国从 1991 年开始采用国际计量委员会规定的“1990 年国际温标”（简称 ITS-90）的新标准。按此标准，共有 8 种标准化了的国际通用热电偶，其特性如表 3-8 所示。在表 3-8 所列的热电偶中，写在前面的热电极为正极，写在后面的为负极。例如，“铂铑$_{30}$-铂铑$_{6}$”指的是分度号为 B 的热电偶，铂铑$_{30}$表示该合金含 70%的铂和 30%的铑，铂铑$_{6}$表示该合金含 94%的铂和 6%的铑。

表 3-8　8 种国际通用热电偶的特性表

| 名称 | 分度号 | 测温范围/℃ | 100 ℃时的热电动势/mV | 1 000 ℃时的热电动势/mV | 特点 |
|---|---|---|---|---|---|
| 铂铑 $_{30}$-铂铑 $_{6}$ | B | 50～1 820 | 0.033 | 4.834 | 熔点高、测温上限高、性能稳定、准确度高，100 ℃以下的热电动势极小，所以可不必考虑冷端温度补偿；价格昂贵、热电动势小、线性差，只适用于高温域的测量 |
| 铂铑 $_{13}$-铂 | R | -50～1 768 | 0.647 | 10.506 | 使用上限较高、准确度高、性能稳定、复现性好；但热电动势较小，不能在金属蒸气和还原性气氛中使用，在高温下连续使用时特性会逐渐变坏，价格昂贵，多用于精密测量 |
| 铂铑 $_{10}$-铂 | S | -50～1 768 | 0.646 | 9.587 | 优点同上，但性能不如 R 型热电偶，曾经长期作为国际温标的法定标准热电偶 |
| 镍铬-镍硅 | K | -270～1 370 | 4.096 | 41.276 | 热电动势大、线性好、稳定性好、价格低廉，但材质较硬，在 1 000 ℃以上长期使用会引起热电动势漂移，多用于工业测量 |
| 镍铬硅-镍硅 | N | -270～1 300 | 2.744 | 36.256 | 一种新型热电偶，各项性能均比 K 型热电偶好，适宜于工业测量 |
| 镍铬-铜镍（康铜） | E | -270～800 | 6.319 | — | 热电动势比 K 型热电偶的大 50%左右，线性好、价格低廉，但不能用在还原性气氛中，多用于工业测量 |
| 铁-铜镍（康铜） | J | -210～760 | 5.269 | — | 价格低廉，在还原性气体中较稳定，但纯铁易被腐蚀和氧化，多用于工业测量 |
| 铜-铜镍（康铜） | T | -270～400 | 4.279 | — | 价格低廉、加工性能好、离散性小、性能稳定、线性好、准确度高；铜在高温时易被氧化，测温上限低，多用于低温域测量，可作为-200～0 ℃温域中的计量标准 |

对于每一种热电偶，还制定了相应的分度表，并且有相应的线性化集成电路与之对应。所谓分度表，就是热电偶冷端温度为 0 ℃时，反映热电偶热端温度与输出热电动势之间对应关系的表格。表 3-9 所示为工业中常用的镍铬-镍硅（K 型）热电偶的分度表。

表 3-9　K 型热电偶的分度表

| 热端温度/℃ | 0 | 10 | 20 | 30 | 40 | 50 | 60 | 70 | 80 | 90 |
|---|---|---|---|---|---|---|---|---|---|---|
| | 热电动势/mV | | | | | | | | | |
| -0 | -0 | -0.392 | -0.777 | -1.156 | -1.527 | -1.889 | -2.243 | -2.586 | -2.92 | 3.242 |
| 0 | 0 | 0.397 | 0.798 | 1.203 | 1.611 | 2.022 | 2.436 | 2.85 | 3.266 | 3.681 |
| 100 | 4.095 | 4.508 | 4.919 | 5.327 | 5.733 | 6.137 | 6.539 | 6.939 | 7.338 | 7.737 |
| 200 | 8.137 | 8.537 | 8.938 | 9.341 | 9.745 | 10.151 | 10.56 | 10.969 | 11.381 | 11.793 |
| 300 | 12.207 | 12.623 | 13.039 | 13.456 | 13.874 | 14.292 | 14.712 | 15.132 | 15.552 | 15.974 |
| 400 | 16.395 | 16.818 | 17.241 | 17.664 | 18.088 | 18.513 | 18.938 | 19.363 | 19.788 | 20.214 |

续表

| 工作端温度/°C | 0 | 10 | 20 | 30 | 40 | 50 | 60 | 70 | 80 | 90 |
|---|---|---|---|---|---|---|---|---|---|---|
| | 热电动势/mV | | | | | | | | | |
| 500 | 20.64 | 21.066 | 21.493 | 21.919 | 22.346 | 22.772 | 23.198 | 23.624 | 24.05 | 24.476 |
| 600 | 24.902 | 25.327 | 25.751 | 26.176 | 26.599 | 27.022 | 27.445 | 27.867 | 28.288 | 28.709 |
| 700 | 29.128 | 29.547 | 29.965 | 30.383 | 30.799 | 31.214 | 31.629 | 32.042 | 32.455 | 32.866 |
| 800 | 33.277 | 33.686 | 34.095 | 34.502 | 34.909 | 35.314 | 35.718 | 36.121 | 36.524 | 36.925 |
| 900 | 37.325 | 37.724 | 38.122 | 38.519 | 38.915 | 39.31 | 39.703 | 40.096 | 40.488 | 40.897 |
| 1 000 | 41.269 | 41.657 | 42.045 | 42.432 | 42.817 | 43.202 | 43.585 | 43.968 | 44.349 | 44.729 |
| 1 100 | 45.108 | 45.486 | 45.863 | 46.238 | 46.612 | 46.985 | 47.356 | 47.726 | 48.095 | 48.462 |
| 1 200 | 48.828 | 49.192 | 49.555 | 49.916 | 50.276 | 50.633 | 50.99 | 51.344 | 51.697 | 52.049 |
| 1 300 | 52.398 | | | | | | | | | |

### 3.4.3　热电偶的基本定律

#### 1. 中间导体定律

中间导体定律：在热电偶的测温回路中接入第 3 种导体，只要第 3 种导体两端的温度相同，则回路中的总热电动势不变。同理，加入第 4、5 种导体后，只要加入导体两端的温度相等，同样不影响回路中的总热电动势。

图 3-27 所示为接入第 3 种导体时热电偶回路的两种形式。如果接入第 3 种导体后，第 3 种导体两端的温度相等，则有

$$E_{ABC}(t,t_0)=E_{AB}(t,t_0) \tag{3-11}$$

利用热电偶进行测温，需要在回路中接入连接导线和仪表，根据中间导体定律，在接入连接导线和仪表后不会影响回路中的热电动势。

(a)　(b)

图 3-27　接入第 3 种导体时热电偶回路的两种形式

#### 2. 均质导体定律

均质导体定律：在一个由均质导体组成的闭合回路中，不论导体的截面和长度如何及各处的温度分布如何，都不能产生热电动势。这条定律说明，热电偶必须由两种不同性质的均质材料构成。

#### 3. 标准电极定律

标准电极定律：如果已知热电极 A、B 分别与热电极 C 组成的热电偶在$(T,T_0)$时的热电动势分别为 $E_{AC}(T,T_0)$和 $E_{BC}(T,T_0)$，如图 3-28 所示，那么在相同的温度下，由 A、B 两种热电极配对后的热电动势 $E_{AB}(T,T_0)$可按下式计算：$E_{AB}(T,T_0)=E_{AC}(T,T_0)-E_{BC}(T,T_0)$，在这里热电极 C 被称为标准电极。由于铂容易提纯，其熔点高、性能稳定，所以标准电极通常采用纯铂丝制成。标准电极定律也被称为参考电极定律或组成定律。

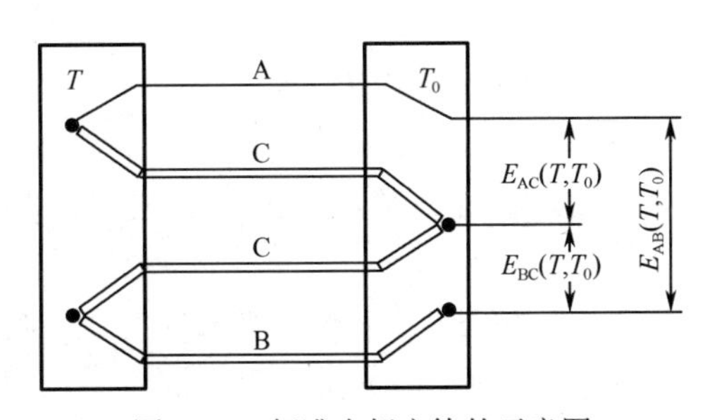


图 3-28　标准电极定律的示意图

### 4. 中间温度定律

中间温度定律：热电偶在两个结点温度分别为 $t$、$t_0$ 时的热电动势等于该热电偶在两个结点温度分别为 $t$、$t_n$ 和 $t_n$、$t_0$ 时的相应热电动势的代数和，即

$$E_{AB}(t, t_0) = E_{AB}(t, t_n) + E_{AB}(t_n, t_0) \tag{3-12}$$

中间温度定律为补偿导线的使用提供了理论基础。它表明热电偶的两个电极被两根导体延长，只要接入的两根导体组成的热电偶的热电特性与被延长的热电偶的热电特性相同，且它们之间连接的两个结点的温度相同，总回路的热电动势就与连接点的温度无关，只与延长以后的热电偶两端的温度有关。另外，当冷端温度 $t$ 不为 0 ℃时，可通过式（3-12）及分度表求得工作温度 $t$。

## 3.4.4 热电偶的冷端延长

由前面介绍的热电偶的工作原理可知，热电偶热电动势的大小，不仅与测量端即热端温度有关，还和冷端温度有关。只有当冷端温度为恒定值时，热电偶的热电动势才是被测温度的单值函数。

实际测温时，由于热电偶的长度有限，冷端温度将直接受到被测温度和周围环境温度的影响。例如，将热电偶安装在电炉上，将冷端放在接线盒内，由于热电极的长度有限，电炉温度势必会影响到接线盒内的冷端温度，造成测量误差。虽然可以将热电偶做得很长，但这将提高测量系统的成本，很不经济。在工业中，一般采用补偿导线来延长热电偶的冷端，使之远离高温区，并降低成本。

补偿导线的测温电路如图 3-29 所示。补偿导线 A′、B′是由两种不同材料制成的相对比较便宜的金属（多为铜与铜的合金）导体。它们的自由电子密度比与所配接的热电偶的自由电子密度比相同，所以补偿导线在一定的环境温度范围内，如 0～100 ℃，与所配接的热电偶的灵敏度相同，即具有相同的温度-热电动势关系：

$$E_{AB}(t, t_0) = E_{A'B'}(t, t_0) \tag{3-13}$$

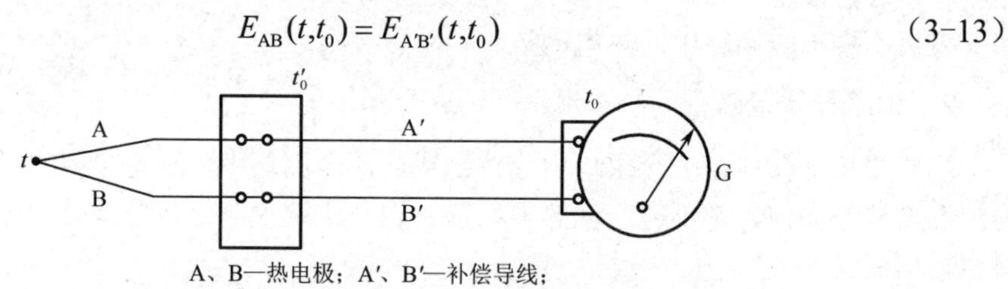


A、B—热电极；A′、B′—补偿导线；

$t_0'$—热电偶原来的冷端温度；$t_0$—热电偶新的冷端温度。

图 3-29 补偿导线的测温电路

使用补偿导线有以下优点。

（1）能将冷端从热端附近延伸到远离热端区域，从而减小测量误差。

（2）购买补偿导线 A′、B′比使用相同长度的热电极 A、B 便宜许多，可节约大量贵金属。

（3）补偿导线多是用铜及铜的合金制作的，所以单位长度的直流电阻比直接使用很长的热电极小得多，也可起到减小测量误差的作用。

（4）由于补偿导线通常用聚氯乙烯或聚四氟乙烯作为绝缘层，其自身又为较柔软的铜合金多股导线，所以易弯曲，便于敷设。

需要强调的是，使用补偿导线仅能延长热电偶的冷端，使冷端远离高温区。将其称为“补偿导线”只是一种习惯用语，真正的冷端补偿将在下面介绍。

### 3.4.5 热电偶的冷端补偿

热电偶的分度表是以冷端温度恒为 0 ℃列出的，如果在测量中能够使冷端温度恒为 0 ℃，就不会在测量中产生误差。但是在实际的测温环境下，热电偶的冷端温度很难保持恒定的 0 ℃，主要原因有如下两点。

（1）热电偶的长度是有限的，由于热辐射、热传导等原因热端会影响冷端的温度。

（2）被测点的环境温度差别很大，在测量中受环境温度影响，很难把冷端温度控制在恒定不变的 0 ℃。

针对这种实际情况，必须采用一些措施进行补偿或修正，消除冷端温度不恒为 0 ℃所带来的影响，通常采用以下几种冷端补偿方法。

#### 1. 冷端恒温法

（1）0 ℃恒温法。将热电偶的冷端置于装有冰水混合物的恒温器内，使冷端温度保持 0 ℃不变，它消除了冷端温度不等于 0 ℃而引入的误差。由于冰融化较快，所以一般只适用于实验室或精密的温度检测。

（2）将热电偶的冷端置于电热恒温器或恒温空调中。需要指出的是，除 0 ℃恒温法能使冷端温度保持 0 ℃外，这种方法只能使冷端维持在某一恒定（或变化较小）的温度上，因此这种方法仍必须采用下述几种方法予以修正。

#### 2. 计算修正法

在实际应用中，冷端温度通常不是我们想要的恒定 0 ℃，测出来的温度不能正确反映实际的温度，所以必须进行温度修正，即利用中间温度定律进行计算修正，修正的原理公式为

$$E_{AB}(t,t_0)=E_{AB}(t,0)+E_{AB}(0,t_0) \tag{3-14}$$

或者

$$E_{AB}(t,0)=E_{AB}(t,t_0)+E_{AB}(t_0,0) \tag{3-15}$$

式中，$t$ 为被测点的温度；$t_0$ 为冷端的实际恒定温度。

例如，用 K 型热电偶测某一温度，冷端温度恒定为 30 ℃，测得热电动势为 38.560 mV，求被测点的实际温度。

设被测点的实际温度为 $t$，则 $E_{AB}(t,30)$=38.560 mV，查 K 型热电偶的分度表得 $E_{AB}(30,0)$= 1.203 mV，则根据中间温度定律有

$$E_{AB}(t,0)=E_{AB}(t,30)+E_{AB}(30,0)=38.560\ \text{mV}+1.203\ \text{mV}=39.763\ \text{mV}$$

再查 K 型热电偶的分度表得 $t\approx 962$ ℃，即被测点的实际温度为 962 ℃。

#### 3. 仪表机械零点调整法

当热电偶与动圈式仪表配套使用时，若热电偶的冷端温度相对比较恒定，对测量精度的要求又不太高时，可将动圈式仪表的机械零点调整至热电偶冷端所在的 $t_0$ 处，这相当于在输入热电偶的热电动势前给动圈式仪表输入一个热电动势 $E_{AB}(t_0,0)$。这样，动圈式仪表在使用时所指示的值约为 $E_{AB}(t,t_0)+E_{AB}(t_0,0)$。当环境温度变化时，应及时修正指针的位置。此法虽

有一定的误差，但非常方便，在动圈式仪表上经常采用。

## 实训 3.1　Pt100 电流型温度变送器与智能仪表的测温应用

【实训目的】

熟悉 Pt100 热电阻和 Pt100 温度变送模块的配合使用，掌握智能仪表的使用及设置方法，能够利用电流型温度变送器配合智能仪表进行温度测量和显示。

【实训器材】

（1）24 V DC 电源；

（2）厦门宇电 AI-501 智能仪表；

（3）Pt100 热电阻；

（4）Pt100 温度变送模块；

（5）导线。

【实训步骤】

通常情况下，热电阻可以和智能仪表直接进行连接并显示测量温度，但 PLC 的模拟量输入接口一般不能直接读取热电阻的电阻变化，为了方便接入 PLC 等控制器，需要将热电阻的电阻变化变送为标准的电流信号（4～20 mA）或电压信号（0～5 V），变送之后的电量更方便控制器及计算机读取。

电流变送器是一种将被测电量转换为按线性比例输出的直流电流的测量仪表。图 3-30 所示为 Pt100 温度变送模块，输入的是 Pt100 热电阻信号，输出的是 4～20 mA 电流信号，将该变送模块安装在装配型热电阻的接线盒内，便可组成一体化的 Pt100 电流型温度变送器。同理，如果将对应型号的变送器和装配型热电偶安装在一起，就组成了一体化的热电偶电流型温度变送器。

图 3-30　Pt100 温度变送模块

打开热电阻的接线盒，将 Pt100 温度变送模块放置在接线盒内，根据温度变送模块上的接线图完成热电阻与温度变送模块之间的接线，然后将组装好的 Pt100 电流型温度变送器按图 3-31 所示的测温接线图完成接线，即可实现将 Pt100 热电阻的电阻值变送为标准的 4～20 mA 电流信号，通过 AI-501 智能仪表的电流输入模块进行读取，最后设置智能仪表的相关参数显示温度。根据智能仪表的使用说明，当输入信号为 4～20 mA 时，将智能仪表的 INP（输入信号选择）设置为 15，其余参数设置可参考表 3-7，由此可完成温度的测量和显示。

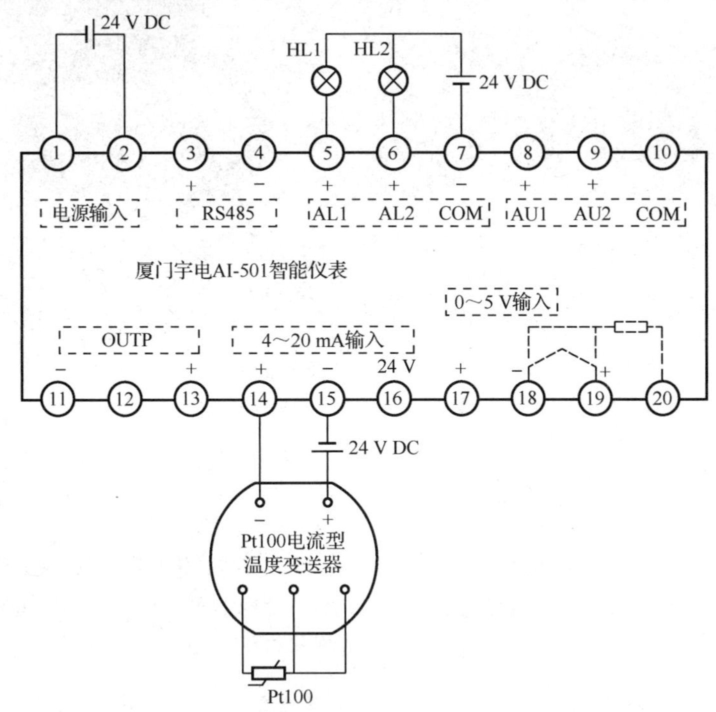


图 3-31 Pt100 电流型温度变送器的测温接线图

## 实训 3.2 Pt100 热电阻与智能仪表的测温及变送输出应用

**【实训目的】**

熟悉 Pt100 热电阻的特性，掌握智能仪表的使用及设置方法，能够利用 Pt100 热电阻和智能仪表进行温度测量和显示。

扫一扫看微课视频：PT100 热电阻的测温应用

**【实训器材】**

（1）24 V DC 电源；
（2）厦门宇电 AI-501 智能仪表；
（3）Pt100 热电阻；
（4）导线。

**【实训原理】**

铂热电阻是利用铂丝的电阻值随着温度的变化而变化这一基本原理设计和制作的，根据 0 ℃时的电阻值 $R$ 的大小将其分为 10 Ω（分度号为 Pt10）和 100 Ω（分度号为 Pt100）等，最大测温范围可达-200～960 ℃，多数情况下测温范围均为-200～850 ℃。

本次使用的工业铂热电阻也叫作装配型铂热电阻，即将铂热电阻的感温元件焊上引线组装在一端封闭的金属管或陶瓷管内，再安装上接线盒而成。铠装型铂热电阻是将铂热电阻的核心元件、过渡引线、绝缘粉组装在不锈钢管内再经模具拉实的整体，具有坚实、抗震、可挠、线径小、使用安装方便等优点。

铂热电阻一般是三线制的，如图 3-32 所示，其中一端接一根引线，另一端接两根引线，主要为远距离测量消除引线电阻对桥臂的影响（近距离可用二线制，导线电阻忽略不计）。

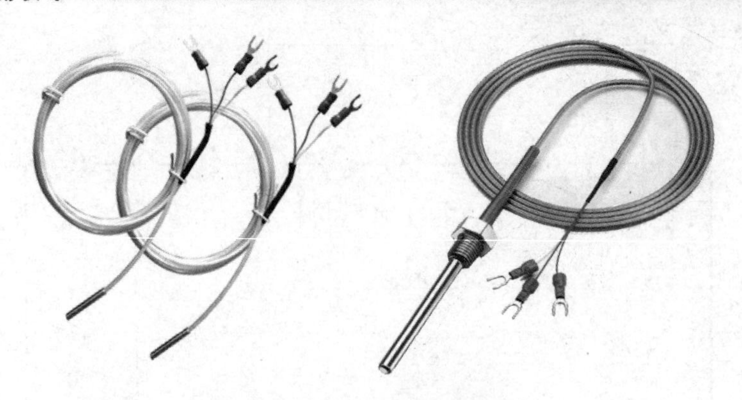

图 3-32　铂热电阻的三线制接头

注：为了避免意外发生，请用户在接通电源前检查接线是否正确，核定电压是否为额定值。

【实训步骤】

在本次实训中，结合本次智能仪表的具体型号和版本，Pt100 热电阻的测温接线图如图 3-33 所示，由于输入的热电阻型号为 Pt100，仪表的 INP 应该设置为 21。为了进行系统参数的设置，Loc 需要设置为 808，AI-501 智能仪表的系统参数表如表 3-10 所示。

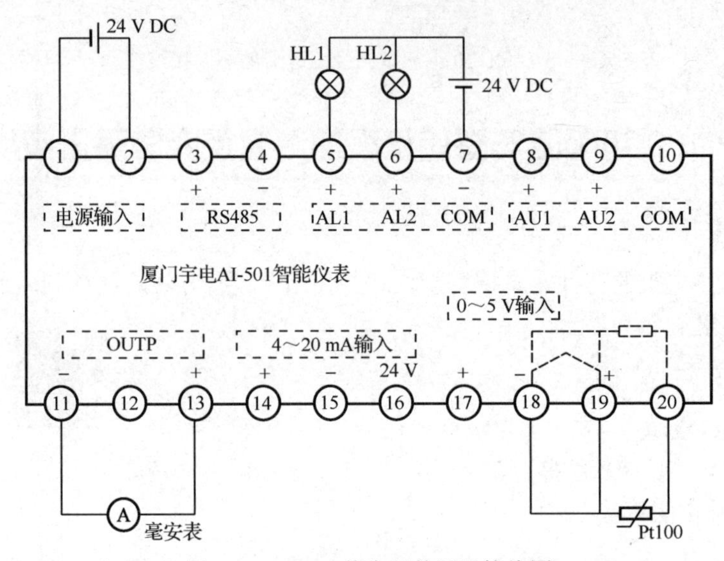


图 3-33　Pt100 热电阻的测温接线图

表 3-10　AI-501 智能仪表的系统参数表

| 参　　数 | 设定值 1 | 设定值 2 |
|---|---|---|
| HIAL（上限报警） | 29 | 30 |
| LOAL（下限报警） | 25 | 26 |
| AHYS（报警回差） | 0 | 0 |
| AOP（报警输出定义） | 0012 | 0012 |
| INP（输入信号选择） | 21 | 21 |
| dPt（小数点位置） | 0.0 | 0.0 |
| SCL（测量量程下限） | 0 | 0 |

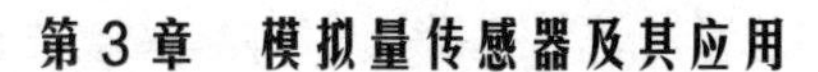


续表

| 参　　数 | 设定值 1 | 设定值 2 |
|---|---|---|
| SCH（测量量程上限） | 200 | 100 |
| CtrL（控制方式） | POP | POP |
| OPT（变送输出） | 4～20 mA | 4～20 mA |
| 记录当前温度 | | |
| 记录当前电流值 | | |

智能仪表的各输入端子根据其功能不同，连接到模拟量仪表模块面板的不同端子上，模拟量仪表模块图如图 3-34 所示。Pt100 测温接线实物图如图 3-35 所示。

图 3-34　模拟量仪表模块图

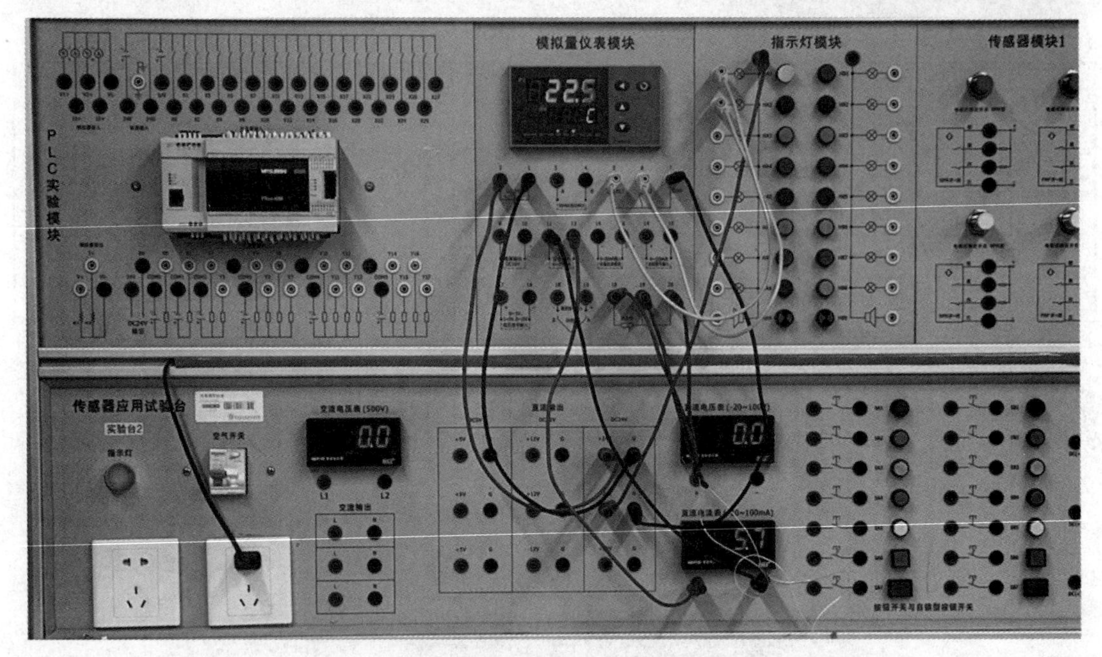


图 3-35　Pt100 测温接线实物图

将 AI-501 智能仪表的输入信号选为 Pt100 热电阻输入，将 OPT 设置为 4～20 mA 电流信号输出，表示此时将 Pt100 热电阻的信号变送输出为 4～20 mA 电流信号，此时可以将智能仪表的输出看成一个电流变送器，将热电阻的电阻值变化变送为 4～20 mA 电流信号，根据所设置的量程关系，可以换算出电流和当前温度之间的关系。接着测量量程下限 SCL 和测量量程上限 SCH 分别按照设定值 1 和设定值 2 进行设置，然后分别记录在设定值 1 和设定值 2 两种情况下测得的温度值和电流值，并请思考以下问题。

（1）根据表 3-8 最后两行的记录值，请问温度测量值和变送输出的电流值之间是什么关系？

（2）通过改变温度，观察上下限报警输出的变化，然后将报警回差的设置值改为 0.5，继续观察上下限报警输出有什么不同。

## 实训 3.3　热电偶与智能仪表连接测温的应用

扫一扫看微课视频：K 型热电偶的测温应用

【实训目的】

熟悉 K 型热电偶的使用方法，掌握智能仪表的使用及设置方法，能够利用 K 型热电偶配合智能仪表进行温度的测量和显示。

【实训器材】

（1）24 V DC 电源；

（2）厦门宇电 AI-501 智能仪表；

（3）K 型热电偶；

（4）导线。

【实训步骤】

热电偶输出的一般为毫伏级的信号，可以直接输送给 AI-501 智能仪表。由于 K 型热电

偶具有线性好、热电动势较大、灵敏度高、稳定性和均匀性较好、抗氧化性能强、价格便宜等优点，因此它在日常生活和工业中得到了较广泛的应用。在这里我们将 K 型热电偶和 AI-501 智能仪表配合进行测温，根据智能仪表使用说明书，只须将 INP 设置为 0，其余参数根据需要设置，可以参考表 3-8 来进行设置。K 型热电偶与智能仪表配合测温的接线图如图 3-36 所示。

扫一扫看微课视频：K 型热电偶输出信号变送为标准电流信号

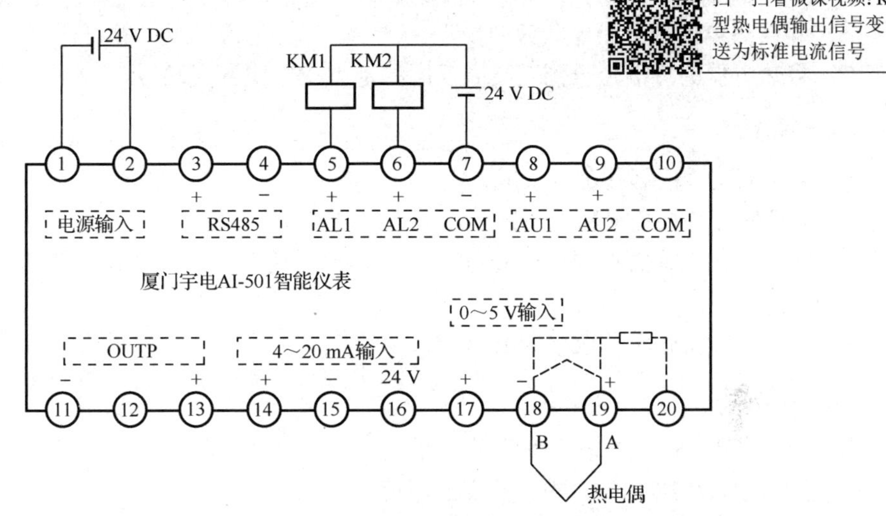


图 3-36　K 型热电偶与智能仪表配合测温的接线图

在图 3-36 中，报警输出部分接了两个接触器，如果下限报警对应的接触器用来驱动加热器，上限报警对应的接触器用来驱动散热装置，那么可以实现简单的温度控制。温度低于下限值时加热器启动加热，用于升温，直至温度高于下限值时停止加热；温度高于上限值时散热装置启动，用于降温，直至温度低于上限值时停止散热。

## 练习题 3

### 一、单选题

1．电子秤中所使用的应变片应为______应变片。

A．金属丝式　　　　B．金属箔式

C．电阻应变仪　　　　D．固态压阻式传感器

2．一次性、几百个应力试验测点应选择______应变片。

A．金属丝式　　　　B．金属箔式

C．电阻应变仪　　　　D．固态压阻式传感器

3．在应变测量中，希望灵敏度高、线性好、有温度自补偿功能，应选择______测量转换电路。

A．单臂电桥　　　　B．双臂电桥　　　　C．四臂全桥

4．正常人的体温为 37 ℃，此时的华氏温度约为______，热力学温度约为______。

A．32 F，100 K　　　　B．99 F，236 K　　　　C．99 F，310 K　　　　D．37 F，310 K

5．______的数值越大，热电偶输出的热电动势就越大。

A．热端直径　　　　B．热端温度和冷端温度

C．热端和冷端的温差　　　　　　　　D．热电极的电导率

6．测量钢水的温度，最好选择______型热电偶；测量钢退火炉的温度，最好选择 K 型热电偶。

A．R　　　　B．B　　　　C．S　　　　D．K　　　　E．E

7．在热电偶测温回路中经常使用补偿导线的主要目的是______。

A．补偿热电偶冷端热电动势的损失　　B．起冷端温度补偿作用

C．将热电偶的冷端延长到远离高温区的地方　D．提高灵敏度

## 二、简答题

1．电阻应变片由哪几部分组成？

2．电阻应变片根据材料的不同可以分为哪几类？

3．根据工作方式的不同，应变电桥可以分为哪几类？哪种灵敏度最高？哪种具备温度补偿功能？

4．Pt100 和 Cu50 的含义各是什么？

## 三、计算题

用镍铬-镍硅（K 型）热电偶测量温度，已知冷端温度为 40 ℃，用高精度毫伏表测得这时的热电动势为 29.188 mV，求被测点的温度。

扫一扫看
本章习题
参考答案

# 第4章 数字式传感器及其应用

本章将介绍几种常用数字式传感器，将重点关注传感器的基本原理、结构及传感器在各种工业场景中的应用情况。本章要介绍的几种传感器包括角编码器、光栅传感器、磁栅传感器和容栅传感器等，这几种传感器均可以发送脉冲信号，所以被称为数字式传感器。

## 4.1 绝对式角编码器

角编码器是一种旋转式位置传感器，它通常与被测旋转轴连接，随被测旋转轴转动。角编码器可以将被测旋转轴的角位移量转换为二进制编码或一串脉冲，这分别对应于绝对式角编码器与增量式角编码器。

绝对式角编码器是一种按照角度进行编码的传感器，它可以将被测角位移量转换为一串二进制编码，其根据检测方式可分为接触式角编码器、光电式角编码器等。绝对式角编码器一般具有断电记忆功能。

扫一扫教学课件：看数字式传感器及其应用

### 4.1.1 接触式角编码器

一个接触式角编码器的 4 位二进制码盘如图 4-1 所示。在一个绝缘的基底上，有许多按规律排列的导电区，图中涂黑的部分表示导电区，用“1”来表示；白色部分为绝缘区，用“0”来表示。码盘具有 4 个码道，每一个码道上都配有一个电刷，电刷连接取样电阻后接地，使码盘上的信号从电阻端输出。码盘最里面的一圈是公用圈，被外圈的 4 个码道共同使用，它的各个部分均导电，它与外圈 4 个码道的所有导电部分相连，并连接于激励电源的正极。

当码盘转动时，电刷的位置固定，电刷和码盘发生相对位置变化，此时，如果电刷接触到的是码盘上的导电区，则形成电流回路，电刷的输出为“1”；相反，如果电刷接触到的是码盘上的绝缘区，则不能形成回路，电刷的输出为“0”。这样，码盘无论转动到哪一个角度，这个角度均由 4 个码道上的“1”信号和“0”信号组成一个 4 位二进制数与之对应。例如，在图 4-1 中的当前位置，码盘输出的二进制数为 0101。

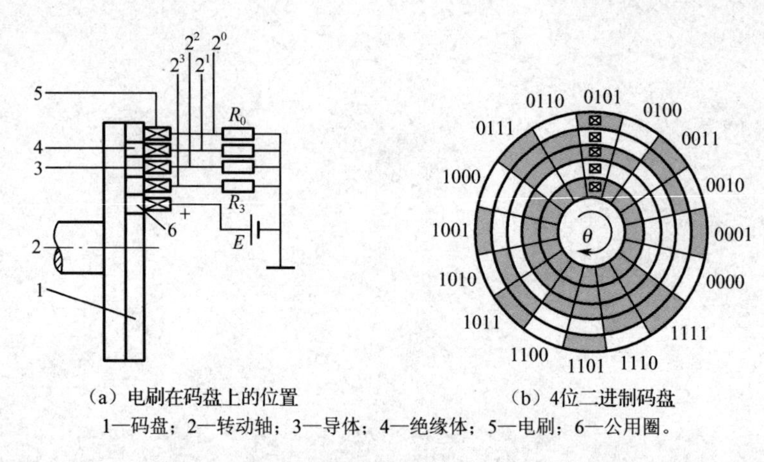


（a）电刷在码盘上的位置　　（b）4位二进制码盘

1—码盘；2—转动轴；3—导体；4—绝缘体；5—电刷；6—公用圈。

图 4-1　一个接触式角编码器的 4 位二进制码盘

经过以上分析可知，角编码器码盘的码道圈数（不含公用圈）与其输出二进制数的位数相等，并且，高位对应靠内码道，低位对应靠外码道。由此可推出，一个 $n$ 位二进制码盘，其码道圈数也为 $n$（不含公用圈），且每圈码道的圆周被等分为 $2^n$ 块区域用来分别表示不同的角度位置，所以，这个码盘的最小分辨角度为

$$\alpha = \frac{360^\circ}{2^n} \tag{4-1}$$

码盘的分辨率为

$$R = \frac{1}{2^n} \tag{4-2}$$

由此可知，角编码器的码道圈数越多，其最小分辨角度就越小，测量精度也就越高。所以，如果想要提高角编码器的测量精度，就必须增加码盘的码道圈数。例如，码道圈数为 10 圈的角编码器可区分的最小分辨角度为

$$\alpha = \frac{360^\circ}{2^n} = \frac{360^\circ}{2^{10}} \approx 21.09'$$

而码道圈数为 12 圈的角编码器可区分的最小分辨角度为

$$\alpha = \frac{360^\circ}{2^n} = \frac{360^\circ}{2^{12}} \approx 5.27'$$

对比可知，码道圈数对最小分辨角度的影响很大。

在实际的应用中，二进制码盘常易产生非单值性误差，例如，当接触式角编码器的 4 位二进制码盘从位置（0111）向位置（1000）过渡时，如果电刷的安装位置不准确或电刷有接触不良的情况，可能会导致接触式角编码器输出 8 个完全不同的数。为了在一定程度上消除类似的非单值性误差，在工程制作中常采用循环码盘，这种码盘被称为格雷码盘。接触式角编码器的两种码盘对比如图 4-2 所示，格雷码盘的特点在于，当码盘旋转时，码盘内部任意两个相邻数码间仅有一位发生变化，所以，相邻两个位置的二进制数每次仅切换一位数就可以实现误差控制。

表 4-1 所示为接触式角编码器的二进制码与格雷码的对照表，同时列出每个二进制码对应的角度范围情况。

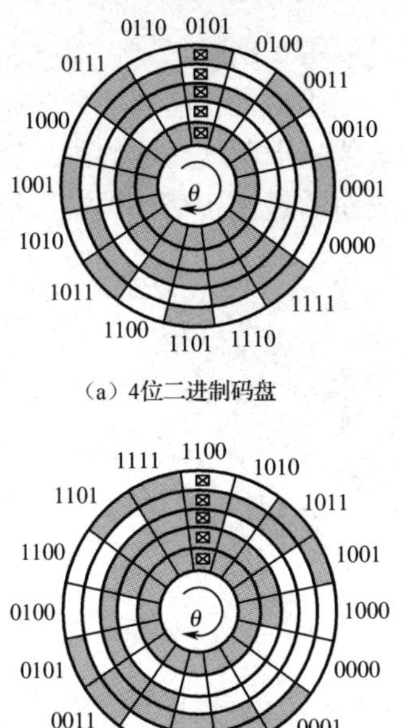


（a）4位二进制码盘

（b）4位格雷码码盘

图 4-2　接触式角编码器的两种码盘对比

表 4-1　接触式角编码器的二进制码与格雷码的对照表

| 二进制码 | 格　雷　码 | 角度范围（α=22.5°） |
|---|---|---|
| 0000 | 0000 | 0°～α |
| 0001 | 0001 | α～2α |
| 0010 | 0011 | 2α～3α |
| 0011 | 0010 | 3α～4α |
| 0100 | 0110 | 4α～5α |
| 0101 | 0111 | 5α～6α |
| 0110 | 0101 | 6α～7α |
| 0111 | 0100 | 7α～8α |
| 1000 | 1100 | 8α～9α |
| 1001 | 1101 | 9α～10α |
| 1010 | 1111 | 10α～11α |
| 1011 | 1110 | 11α～12α |
| 1100 | 1010 | 12α～13α |
| 1101 | 1101 | 13α～14α |
| 1110 | 1110 | 14α～15α |
| 1111 | 1111 | 15α～0° |

### 4.1.2　绝对式光电角编码器

绝对式光电角编码器的光电码盘如图 4-3 所示，绝对式光电角编码器与接触式角编码器的工作原理类似，只是将接触式角编码器中的导电区换为透光区，将接触式角编码器中的绝缘区换为遮光区，透光区用“1”表示，遮光区用“0”表示，这样，任意角度均对应一串二进制编码。与接触式角编码器不同的是，绝对式光电角编码器的每组码道上设有对应的光电器件，取代了接触式角编码器中的电刷，并且绝对式光电角编码器不用设置最内圈公用码道。

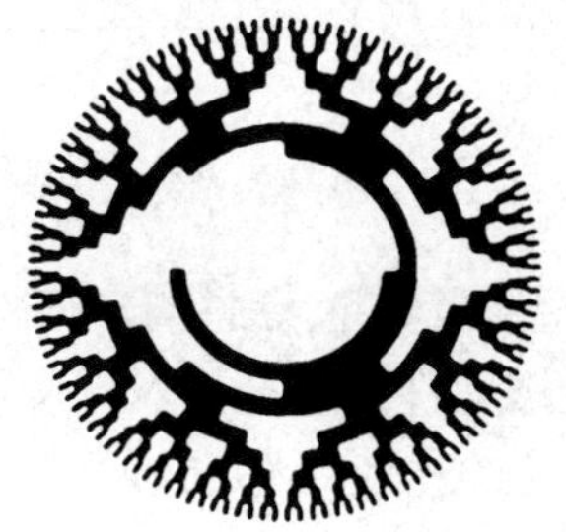

（a）12圈码道光电码盘的结构

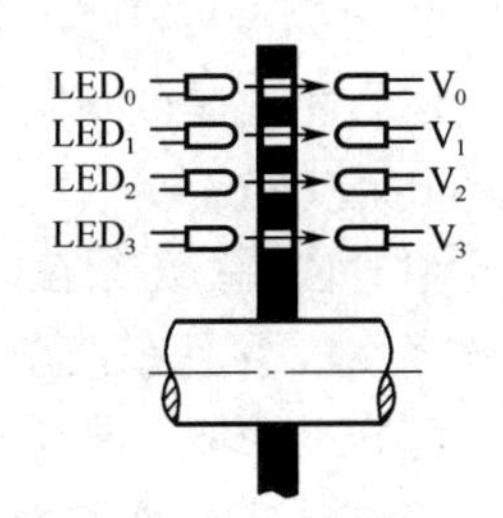


（b）4圈码道光电码盘的光源、光敏元件的位置关系

图 4-3　绝对式光电角编码器的光电码盘

绝对式光电角编码器的优势在于，它可以实现非接触采样，这样避免磨损，使用寿命长，也可以高转速运行。但其也存在结构较复杂、价格较高、光源寿命较短的问题。

## 4.2　增量式角编码器

### 4.2.1　增量式角编码器的结构及工作原理

增量式光电角编码器的结构示意图如图 4-4 所示，其光电码盘和转轴是固定连接的，工

作时，码盘随转轴一起转动。增量式光电角编码器的码盘可以用玻璃材料制作，表面镀以不透光的金属，在码盘边缘制作一圈向心透光条缝，透光条缝在码盘上呈圆周等分分布，按测量要求设置透光条缝的数量，数量为几百到几千不等。增量式光电角编码器的码盘也可以用金属薄板制作，制作时，须在码盘边缘切割出呈圆周等分分布的透光条缝，供测量使用。

（a）外观形状图　　（b）结构示意图

1—转轴；2—LED；3—光栏板；4—零位标志槽；5—光敏元件；6—码盘；7—电源及信号线接口。

图 4-4　增量式光电角编码器的结构示意图

增量式光电角编码器配有 LED（带有聚光效果），当码盘转动时，LED 的光透过光栏板及码盘上的透光条缝，形成时明时暗的光信号，位于码盘另一端的光敏元件将此明暗情况转换成电信号，电信号经过处理后，形成电脉冲，输送到控制系统中。

为了判断转动方向，增量式光电角编码器必须在光栏板上设置两个透光条缝，且两个透光条缝相隔的距离必须是码盘上任意两个相邻透光条缝间距离的 $a \pm 1/4$ 倍，其中 $a$ 为非零自然数，而且码盘另一端也应对应设置两组光敏元件，即图 4-4（b）中的 A 和 B。当码盘转动时，光敏元件 A 和 B 得到两组近似于正弦波和余弦波的电信号，如图 4-5 所示。将两组电信号的相位做差，结果为 90°或-90°，因此根据光敏元件 A 和 B 的电信号相位差的正负情况，判断增量式光电角编码器的转动方向。

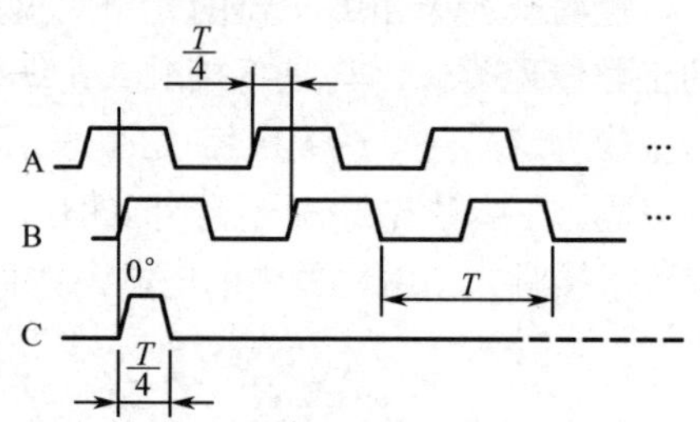


图 4-5　增量式光电角编码器的输出波形

另外，为了确定码盘的绝对位置，还须在码盘上设置一个零位标志槽，同时在光栏板中，也须设置零位标志槽的透光条缝，并且在码盘另一端光敏元件放置处的对应位置，设置接收该信号的光敏元件 C。码盘每转动一圈，零位标志槽对应的光敏元件 C 接收一次电信号，此电信号经调制处理后以脉冲形式输出，被称为“一转脉冲”。

增量式光电角编码器的测量准确度取决于码盘圆周上的透光条纹数量 $n$，其最小分辨角度 $\alpha$ 的计算公式为

$$\alpha = \frac{360^\circ}{n} \tag{4-3}$$

其分辨率 $R$ 的计算公式为

$$R = \frac{1}{n} \tag{4-4}$$

例如，某个增量式光电角编码器的技术说明里给出，增量式光电角编码器每转一圈发送 2 048 个脉冲给控制器，那么，由此可知，这个角编码器的码盘圆周上透光条缝的数量为 2 048

个，那么其最小分辨角度的计算公式为

$$\alpha = \frac{360^\circ}{n} = \frac{360^\circ}{2\,048} \approx 0.18^\circ$$

为了提高增量式光电角编码器的最小分辨角度和抗干扰能力，可对其脉冲信号进行细分电路处理，大多数增量式光电角编码器采用 4 倍频回路进行细分。角编码器输出 A 和 B 两组脉冲信号的相位差为±90°，在一个周期内，共产生 4 个升降边沿，利用调制电路对获得的 4 个边沿信号做信号调制，将每个边沿信号转化成新的脉冲信号，这样，增量式光电角编码器每转计量的脉冲量扩大为原来的 4 倍，达到倍频的目的，从而提高最小分辨角度和抗干扰能力。关于细分和倍频技术，将在本章 4.3 节中做更详细的介绍。

增量式光电角编码器的优点在于其精度高（可以使用倍频电路进一步提高精度）、构造简单、制造成本也相对较低；其缺点在于没有断电记忆功能，一旦设备中途断电，控制器就无法确定运动器件的绝对位置，需要重新寻找零位。

增量式角编码器，除光电式外，市场相继开发出光纤式增量角编码器、霍尔式增量角编码器等产品，它们基于的计数原理与光电式的相似，目前也渐渐开始得到广泛应用。

### 4.2.2　角编码器的应用

扫一扫看微课视频：增量式编码器的角位移测量应用

#### 1. 角编码器用于转速测量

除直接测量角位移，或者通过与机械机构连接，间接测量直线位移外，角编码器还可应用于数字测速中。

增量式角编码器的输出信号是脉冲信号，而脉冲信号的周期或频率参数是与时间关联的，可以使用与这些参数的关联计算来实现转速测量，将角编码器作为一种数字化测速装置使用。转速测量是工控系统中最基本的需求之一，最常用的做法是用数字脉冲测量某根轴的转速。脉冲测速最典型的方法有测频率（M 法测速）和测周期（T 法测速）两种方式。M 法测速将测量单位时间内的脉冲数换算成频率，即在固定时间 $t_0$ 内，统计角编码器产生的脉冲数量 $m_0$，然后使用技术说明里给出的角编码器每转产生的脉冲数 $N_0$，进行转速 $n_0$ 的计算，具体计算公式为

$$n_0 = 60 \times \frac{m_0}{N_0 t_0} \tag{4-5}$$

例如，某个角编码器的技术说明里给出，角编码器每转一圈产生 3 072 个脉冲，即 $N_0$=3 072 P/r，该角编码器在 0.2 s 内产生 5 000 个脉冲，即 $t_0$=0.2 s，$m_0$=5 000 P，那么转速的具体计算公式为

$$n_0 = 60 \times \frac{m_0}{N_0 t_0} = \frac{60\ \text{s}}{\text{min}} \times \frac{5\,000\ \text{P}}{3\,072\ \text{P/r} \times 0.2\ \text{s}} \approx 488.28\ \text{r/min}$$

M 法测速适用于转速较快的工作场景，当转速较快时，产生的测量误差较小；反之，当转速较慢时，易产生较大的测量误差。另外，选取的脉冲计量固定时间 $t_0$ 的大小，对测量精度也有较大影响。当 $t_0$ 取值较大时，精度较好；反之，当 $t_0$ 取值较小时，精度较差，这主要是因为当 $t_0$ 取值较小时，在 $t_0$ 时间内统计到的脉冲数太少，不足以充分体现转速情况。但是，也应当注意，采用 M 法测速时，如果 $t_0$ 取值较大，此时测量结果仅反映转动的平均速度，不能很好地反映转动的瞬时速度。

T 法测速也是一种经常被使用的测量转速方法。这种方法为，通过统计码盘转动时两个相邻脉冲上升沿的时间间隔内，周期为 $t_s$ 的标准时钟脉冲的发生个数 $m_1$，结合角编码器每转

产生的脉冲数 $N_1$，测算出角编码器的转速 $n_1$，具体的计算公式为

$$n_1 = 60 \times \frac{1}{m_1 t_s N_1} \tag{4-6}$$

例如，某个角编码器的技术说明里给出，角编码器每转一圈产生 2 056 个脉冲，即 $N_1$=2 056 P/r，标准时钟脉冲的周期为 $t_s$=1 μs，角编码器两个相邻的上升沿间填充的标准时钟脉冲数 $m_1$=400，那么转速 $n_1$ 的具体计算公式为

$$n_1 = 60 \times \frac{1}{m_1 t_s N_1} = \frac{60\ \text{s}}{\text{min}} \times \frac{1\ \text{P}}{400 \times 10^{-6}\ \text{s} \times 2\ 056\ \text{P/r}} \approx 72.96\ \text{r/min}$$

标准时钟脉冲测量法适用于转速较慢的工作场景，因为如果转速较快，相邻两个脉冲上升沿间的时间间隔较短，可以填充的标准时钟脉冲数较少，易造成测量误差。

#### 2. 角编码器用于交流伺服电动机的控制

交流伺服电动机是一种应用非常广泛的自动化器件，它的运行需要准确的角度位置，以实现对电动机的精准控制。

图 4-6 所示为交流伺服电动机的控制系统图，从图 4-6 中可以看出，光电式角编码器在电动机运行时起到如下作用：①提供电动机定、转子的位置数据；②提供电动机的速度数据；③提供电动机转动的角位移数据。角编码器的信号既需要传送到驱动装置中进行速度等参数反馈，又需要传送到控制计算机中进行运动数据的监视和调控，是应用于伺服驱动系统的一个重要传感器。

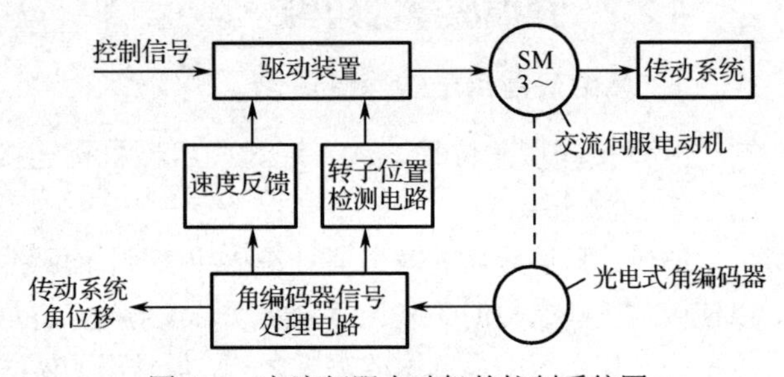


图 4-6　交流伺服电动机的控制系统图

## 4.3　光栅传感器

### 4.3.1　光栅传感器的结构及工作原理

#### 1. 光栅的分类与结构

光栅传感器一般被分为物理光栅和计量光栅两大类，物理光栅主要基于光线衍射现象，常用在波长测定和光谱分析技术中。计量光栅常用在工业检测过程中的位移量测量上，其主要基于的物理原理为光线透射及反射现象，此外，莫尔条纹现象也是被用到的主要原理之一。

计量光栅根据其元件的结构可以分为透射式光栅和反射式光栅两类，这两类光栅的主要组成元件基本相同，如图 4-7 所示，它们都是由光源、指示光栅、主光栅和光敏元件等部分组成的。其中，透射式光栅主要基于光线透射原理，一般用玻璃作为主光栅的基体，在其上刻画连续、均匀分布的条纹，形成一组相互间隔的透光与不透光区域，并且连续分布。反射式光栅主要用不锈钢作为主光栅的基体，在其上制造出反光与不反光的相互间隔的区域，并且连续分布。

根据测量用途及构造形状，计量光栅可以分为长光栅和圆光栅，长光栅常被用在直线位移的测量中，所以也被称为直线光栅，而圆光栅常被用在角位移的测量中。长光栅和圆光栅的工作原理基本一致。

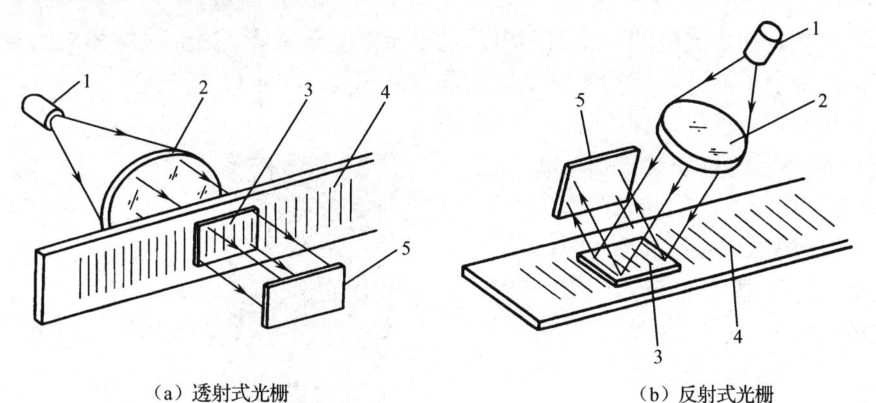


（a）透射式光栅　　（b）反射式光栅

1—光源；2—透镜；3—指示光栅；4—主光栅；5—光敏元件。

图 4-7　透射式光栅与反射式光栅的工作原理图

透射式直线光栅的工作原理示意图如图 4-8 所示，透射式直线光栅由光源、透镜、指示光栅、主光栅、零位光栅、具有细分及辨向功能的光敏元件、零位光敏元件等部分组成。其中，主光栅和指示光栅一起组成光栅副，两者刻线的宽度及相隔间距相同。在直线光栅中，常常保持主光栅固定不动，将指示光栅与运动件相连，当运动件运动时，带动指示光栅移动；而在圆光栅中，常常采用相反的设置，保持指示光栅固定不动，将主光栅与旋转件相连，主光栅随旋转件一起转动。

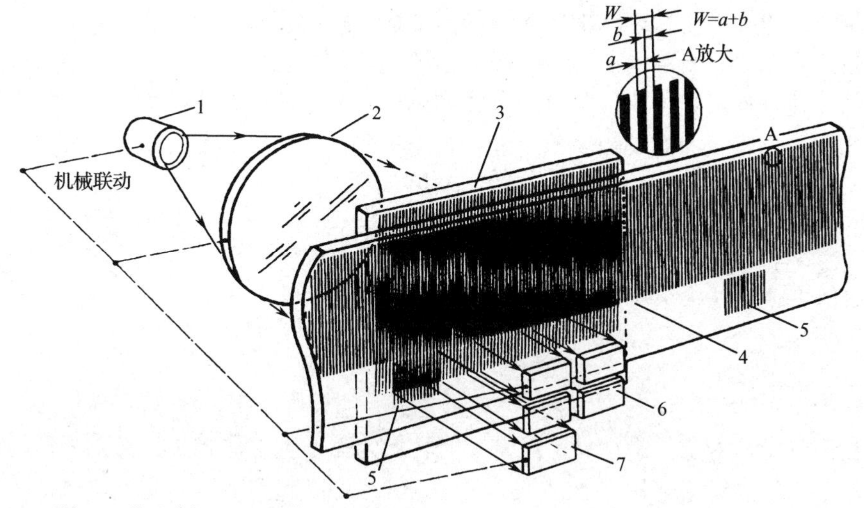


1—光源；2—透镜；3—指示光栅；4—主光栅；5—零位光栅；6—具有细分及辨向功能的光敏元件；7—零位光敏元件。

图 4-8　透射式直线光栅的工作原理示意图

在直线光栅中，两块相邻的透光和不透光区域组成一组栅格，而一组栅格的总宽度，也就是相邻的一组透光区域的宽度 $a$ 和不透光区域的宽度 $b$ 之和被称为栅距 $W$ 。在计量光栅中，主光栅上栅距的设计值往往很小，需要使用莫尔条纹对栅距进行放大，从而增强传输给光敏元件的光电信号。

### 2. 莫尔条纹

将透射式直线光栅中的主光栅与指示光栅的刻线面叠合，同时使两者的光栅刻线形成极小的夹角 $\theta$ ，这时会在主光栅和指示光栅间形成亮暗相间的条纹，如图 4-9 所示。从光栅刻

线方向查看可知，在主光栅的一个栅距内，亮暗条纹明暗交替，透光区域形成的条纹与遮光区域形成的条纹上下相邻。这种亮暗交替的条纹被称为莫尔条纹。

为了利用莫尔条纹的原理，常常在光栅的合适位置安装光敏元件，接收莫尔条纹产生的光电信号，所安装的光敏元件数量一般为两只，为了提高分辨力，也可安装四只。

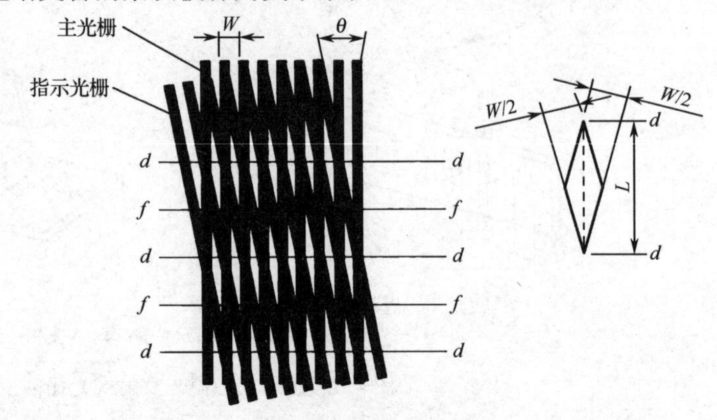


图 4-9　光栅传感器中的莫尔条纹示意图

莫尔条纹具有辨向功能。当光栅副相对运动时，若指示光栅从左向右移动，条纹亮带将从下向上掠过接收信号的光敏元件；反之，若指示光栅从右向左移动，条纹亮带将从上向下掠过接收信号的光敏元件。由此可知，分析设置的两只光敏元件光电信号的相位关系，可利用莫尔条纹实现光栅辨向功能。

莫尔条纹的脉冲信号可用于计算指示光栅的实际运动距离。在光栅副的运动过程中，莫尔条纹移动经过的条纹数，与指示光栅在主光栅上掠过的刻线数是一致的。例如，如果指示光栅向左移动了 300 条主光栅上刻线的距离，那么经过的莫尔条纹数也是 300 条，这样，可以使用莫尔条纹的脉冲信号计算指示光栅的实际运动距离。

莫尔条纹具有放大栅距的作用。一般光栅的刻线都很细微，导致指示光栅移动经过主光栅上栅距的个数分辨困难，莫尔条纹的条纹间距比主光栅的栅距大很多，莫尔条纹的条纹间距 $B$ 随主光栅与指示光栅的夹角 $\theta$ 改变，并且受主光栅栅距 $W$ 的影响，具体计算公式为

$$L=\frac{W}{2\sin\frac{\theta}{2}} \tag{4-7}$$

由于 $\theta$ 的取值往往极小，所以

$$L=\frac{W}{2\sin\frac{\theta}{2}}\approx\frac{W}{\theta} \tag{4-8}$$

需要指出的是，为了便于计算，可将 $\theta$ 值转换为弧度制。从式（4-8）中可以看出，$L$ 与 $\theta$ 成反比，莫尔条纹对栅距 $W$ 的放大倍数为 $1/\theta$ 倍，可以起到明显的光电信号放大作用。

例如，一直线光栅的刻线数为 15/mm，其主光栅与指示光栅的夹角 $\theta$=1.2°，那么其栅距 $W$ 的计算公式为

$$W=\frac{1\,\text{mm}}{15}\approx 0.067\,\text{mm}$$

将 $\theta$ 进行弧度制转化

$$\theta=\frac{\pi}{180^\circ}\times 1.2^\circ\approx 0.021\,\text{rad}$$

$$L=\frac{W}{\theta}=\frac{0.067\,\text{mm}}{0.021}\approx 3.190\,\text{mm}$$

从计算结果来看，$L$ 的值约为 $W$ 值的 47.612 倍，其中莫尔条纹起到了明显的光学放大作用。

### 3. 辨向、细分及零位光栅

光栅的辨向方法与增量式角编码器的辨向方法类似。在光栅中，通常沿光栅刻线方向设置两只光敏元件接收光电信号，两只光敏元件在光栅刻线方向上相距$(m\pm 1/4)L$，$m$为非零自然数，$L$为莫尔条纹间距。当光敏元件与指示光栅同步运动时，可以得到两组相位差为±90°的脉冲信号，控制元件可根据相位差的正负情况判断指示光栅的移动方向。

细分技术又称倍频技术，在不进行细分处理的情况下，指示光栅每移动一个栅距产生一组脉冲信号，以这组脉冲信号计数，分辨力仅为栅距$W$。采用细分技术，可以在不改变刻线数的情况下提高计量光栅的分辨力，例如，上述光栅采用4倍频细分技术后，分辨力可变为$W/4$。脉冲细分如图4-10所示，在一个周期内，光电信号共产生4个升降边沿，利用调制电路对获得的4个边沿信号做信号调制，将每个边沿信号转换成新的脉冲信号，这样，计量的脉冲量扩大为原来的4倍，达到倍频的目的，从而提高最小分辨力。通过电路设计，也可实现16倍频、32倍频等脉冲细分。

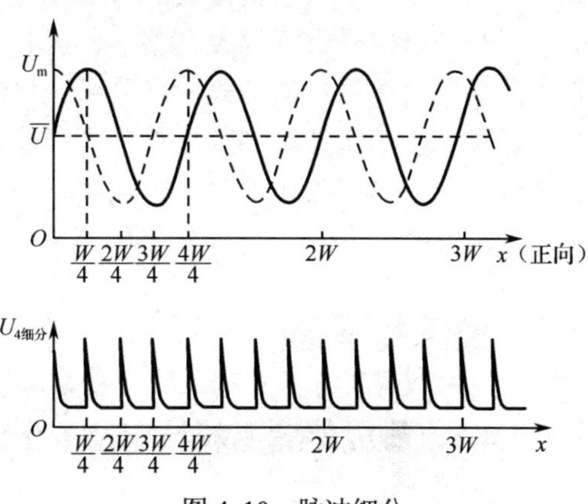


图4-10　脉冲细分

光栅尺须设有零位光栅，并且须设置接收对应信号的光敏元件，以实现光栅寻零。零位光栅通常设在主光栅刻线以外，形成的脉冲被称为零位脉冲，将零位脉冲记为脉冲计数的开始条件，可以起到消除累计误差的作用。

## 4.3.2　光栅传感器的应用

光栅传感器具有测量精度高、可测量距离长等优点，目前在检测领域有着非常广泛的应用，在长度测量上，应用在三坐标测量机、测长仪等中；在角度测量上，应用在分度头、圆转台等中。同时，随着防尘、防震技术的发展，其渐渐成为数控加工控制系统的重要组成部分。

### 1. 数显光栅尺

数显光栅尺由直线光栅及光栅数显表两大部分组成，光栅数显表内部设有微型计算机，可对直线光栅的光电信号进行放大、整形、辨向及细分等操作，并将结果以数据形式输出显示。目前，数显光栅尺逐渐成为高精度数控车床中的重要组成部分，例如，图4-11所示为光栅传感器在机床进给中的应用，其用数显方式替代了传统的标尺读数，使加工效率和精度都得到很大提高。并且，随着工厂日益推进数字化，光栅尺的数字化读数

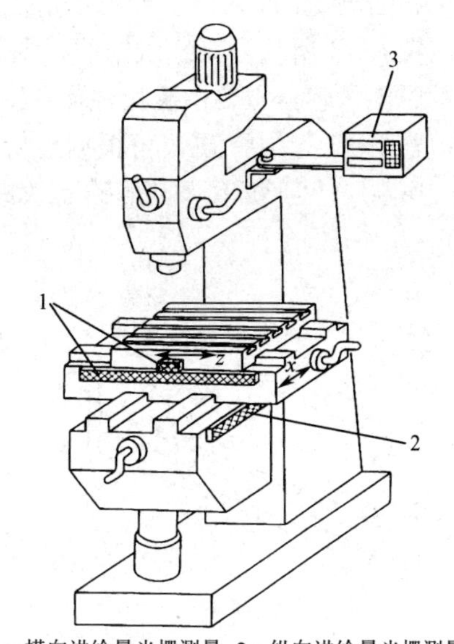


1—横向进给量光栅测量；2—纵向进给量光栅测量；3—光栅数显表。

图4-11　光栅传感器在机床进给中的应用

更多地被 MES 等生产信息化管理控制系统抓取，成为数字化工厂的重要组成部分。

2. 环形光栅数显表

环形光栅数显表的示意图如图 4-12 所示，环形光栅数显表主要基于圆光栅的测量原理，并配有数显表。光栅传感器所用数显表的内部设有微型计算机，可对光电信号进行放大、整形、辨向及细分等操作，并将结果以数据形式输出显示。将环形光栅数显表安装在车床进给刻度位置，可直接读出车床的进给尺寸，提高工作效率。因其体积小、安装方便，所以适用于传统车床的改造项目。

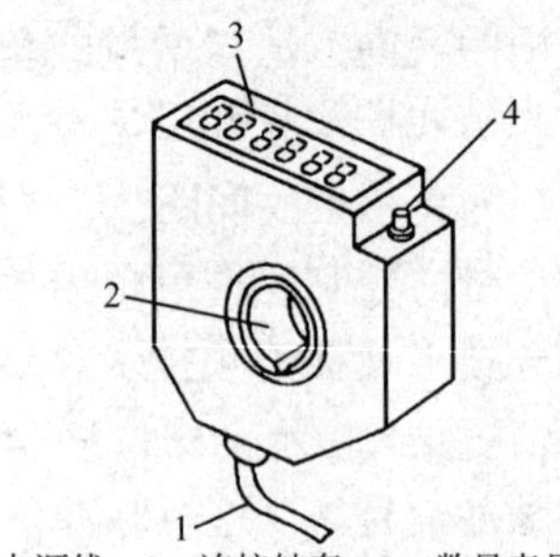

1—电源线；2—连接轴套；3—数显表显示器；4—复位开关。

图 4-12　环形光栅数显表的示意图

## 4.4　磁栅传感器

### 4.4.1　磁栅传感器的结构及工作原理

磁栅传感器具有测量距离长、制作工艺简单、成本较低、抗干扰能力强等优点，并且磁栅传感器的磁头支持重复录制，有较高的重复利用率。同时，磁栅传感器也存在分辨力较低、易磨损、须定期防退磁等问题。同光栅传感器一样，磁栅传感器也可分为直线磁栅和圆磁栅两类，直线磁栅多被用于直线位移的测量，圆磁栅多被用于角位移的测量。图 4-13 所示为直线磁栅的外观图。

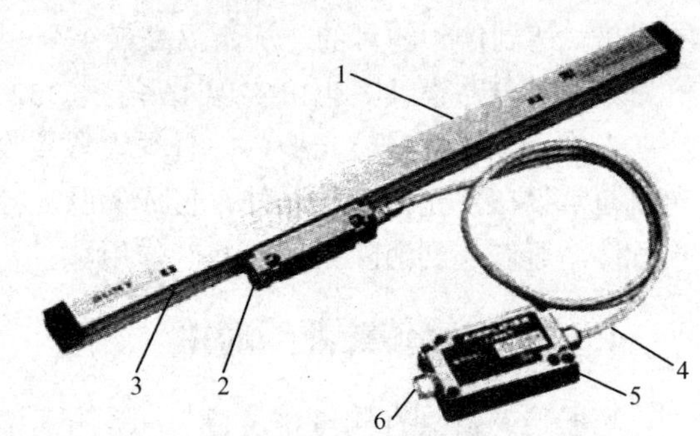

1—尺身；2—读数头；3—密封唇；4—缆线；5—信号处理盒；6—连接口。

图 4-13　直线磁栅的外观图

磁栅传感器主要由磁尺、磁头及信号处理电路组成。其中，磁尺可根据形状不同分为带形磁尺、线形磁尺及圆形磁尺，如图 4-14 所示。

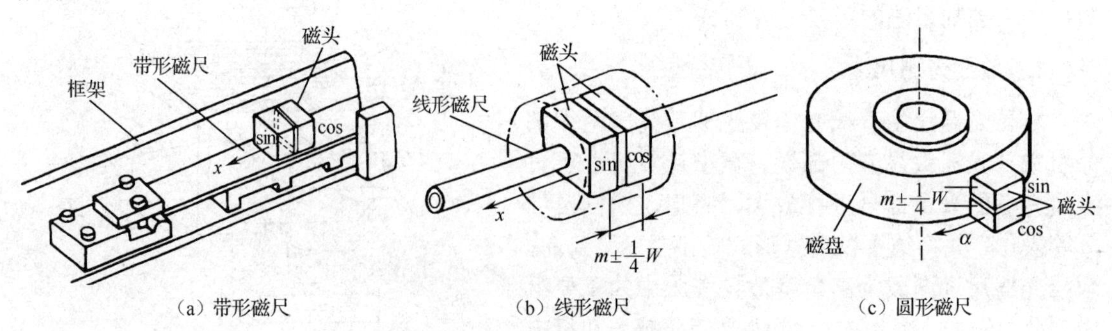

（a）带形磁尺　（b）线形磁尺　（c）圆形磁尺

图 4-14　磁尺的分类和结构

带形磁尺通常固定在屏蔽壳体内，与框架一同固定在设备上，磁头置于磁尺上方，磁尺可与设备一同受热膨胀或受冷收缩，使温度对测量准确度的影响较低。线形磁尺常以圆形线

材为尺基，将磁头套在线材上，其抗干扰能力较强，安装使用方便。圆形磁尺常被做成圆鼓状，磁头置于鼓身侧面，多用于测量角位移。

在磁栅制作过程中，须在磁尺上进行录磁，录磁要求节距严格一致，其原理与录音方法相似；在磁栅使用过程中，将所录磁信号作为计数电信号，利用脉冲信号量与节距长度，对磁头的移动距离进行测算，如图 4-15 所示。

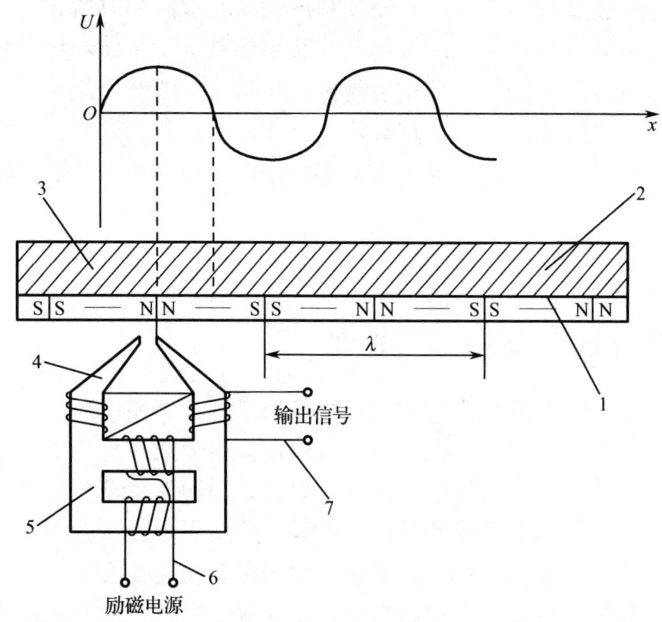


1—磁性膜；2—基体；3—磁尺；4—磁头；5—铁芯；6—励磁绕组；7—拾磁绕组。

图 4-15　磁栅工作原理示意图

磁栅的磁头可以分为动态磁头和静态磁头两类，其中动态磁头仅在磁头、磁尺有相对运动的情况下产生电信号；静态磁头则在磁头、磁尺没有相对运动的情况下产生电信号。辨向磁头的配置示意图如图 4-16 所示，为了辨别方向，磁栅中一般采用双磁头，两者相距 $(m\pm1/4)W$，$W$ 为录磁节距，$m$ 为正整数。

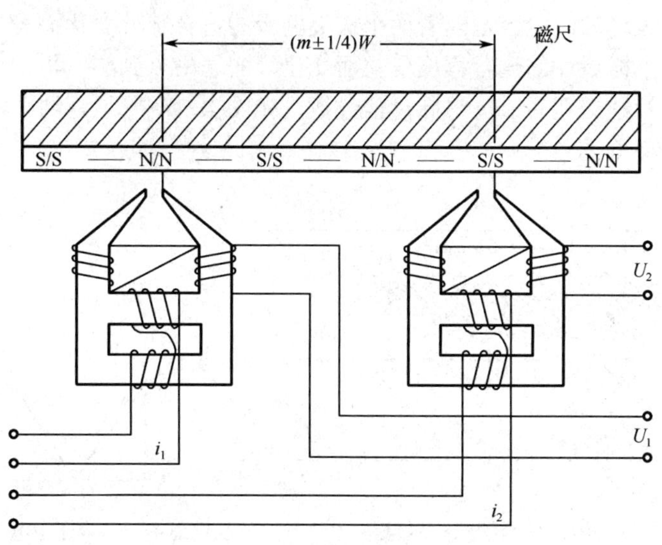


图 4-16　辨向磁头的配置示意图

### 4.4.2 磁栅传感器的应用

目前，磁栅传感器被广泛应用于各种数控机床、测量仪器和运动控制系统中。例如，在数控铣床、数控加工中心、数控车床等设备中，磁栅传感器对运动器件的高精度位置和运动控制起到重要作用。它也被广泛应用在机械制造、航空航天、汽车制造、数码产品制造等领域的精密产品测量中，主要针对产品尺寸精度和形状误差检测等方面。

磁栅传感器多配有数显表，实现测量结果的数字化显示。目前，数显表多配有微型计算机，具有信号调制处理及计算功能，可实现硬件精简化、功能多样化。例如，上海机床研究所生产的 WCB 系列的数显表，具备位移显示、尺寸显示、公制转换、断电记忆及超差报警等功能，可以同时测量空间三维坐标系中 3 个不同方向上的位移，经数据处理后分别显示。

## 4.5 容栅传感器

### 4.5.1 容栅传感器的结构及工作原理

容栅传感器主要是基于变面积工作原理的一种电容式传感器，它具有体积小、造价成本低、耗能少等优点，被广泛应用于各类测量工具中，如电子数显百分表、电子数显卡尺等。

根据结构不同，容栅传感器可以分为直线形容栅、圆筒形容栅和圆容栅三类，直线形容栅与圆筒形容栅主要用于直线位移的测量，圆容栅主要用于角位移的测量。

直线形容栅的结构示意图如图 4-17 所示，直线形容栅主要由定栅尺和动栅尺两大部分组成，在定栅尺上制作出反射电极和屏蔽电极；在动栅尺上制作出发射电极和接收电极。两个栅尺的尺面相对放置，平行安装，并在尺面间留有间隙。这样，两个栅尺尺面间的电极形成一对对并联电容。根据物理原理，在忽略边缘效应的情况下，容栅中的最大电容量为

$$C_{\max} = n\frac{\varepsilon lw}{\delta} \tag{4-9}$$

式中，$n$ 为动栅尺的栅极片数量；$\varepsilon$ 为介质常数；$\delta$ 为两个极板的间隙；$l$、$w$ 为栅极片长和宽的值。

当动栅尺左右运动时，电容量随着两个极板栅极的重合部分变化而变化。每对栅极组成的电容量将随着两个栅极片的重合程度变化而变化，实现由大到小，再由小到大的交替性周期变化。电容量信号经处理后，可得脉冲信号数，如图 4-18 所示，结合栅极片的宽度 $w$，可计算线性移动位移量。

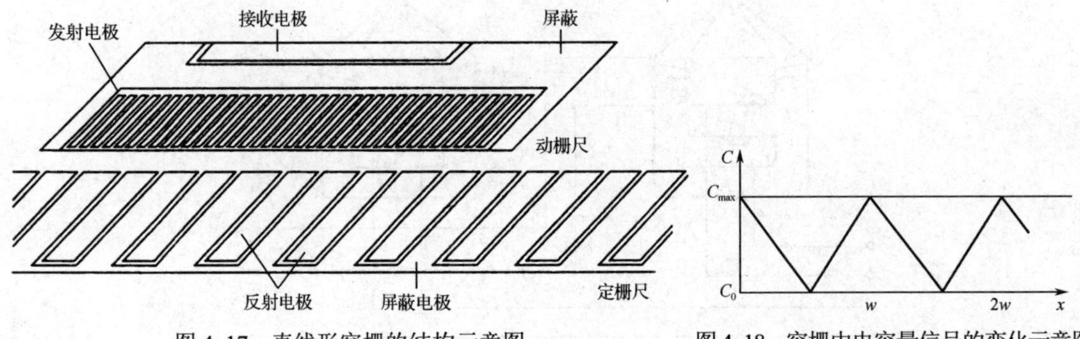


图 4-17 直线形容栅的结构示意图　　图 4-18 容栅中电容量信号的变化示意图

### 4.5.2　容栅传感器的应用

容栅传感器常被用在数显量具中，如数显游标卡尺、数显千分尺等。随着对测量数字化的要求不断提高，使用容栅传感器制作的数显量具越来越多地替代了传统量具。数显游标卡尺如图 4-19 所示，其具有许多传统游标卡尺所不具备的功能。例如，数显游标卡尺可配合无线射频技术或蓝牙传输技术，将数据自动发送到用于数据接收的计算机中，避免人工记录误差，便于数字化生产管理。数显游标卡尺也可通过复位按键，在任意测量位置设置零位，从而消除由过长测量距离形成的累计误差。数显游标卡尺还可根据需求随意切换计数公制，实现数据的多种公制显示，便于不同人群使用。以上功能均是基于容栅传感器使量具数显化，由此带来了测量便利。随着测量技术的发展，数显式容栅传感器的测量准确度将会越来越高，其具备的数据处理功能将会越来越多。

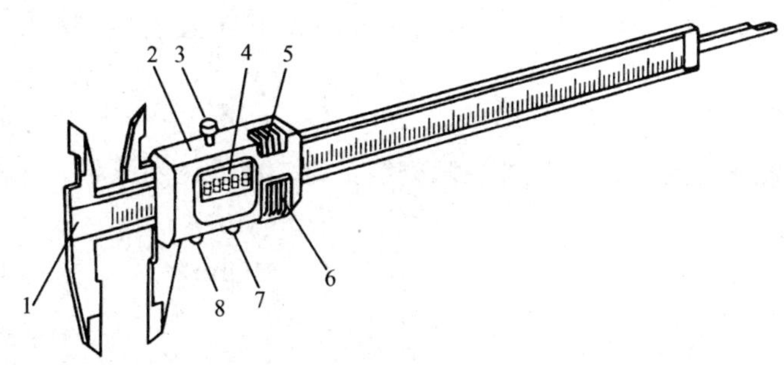


1—尺身；2—游标；3—紧固螺钉；4—显示器；5—串口通信接口；6—电池盒；7—复位；8—计数公制转换。

图 4-19　数显游标卡尺

## 练习题 4

### 一、单选题

1．______不可直接用于直线位移测量。

A．角编码器　　B．长光栅　　C．直线磁栅

2．有一个 1 000 P/r 的增量式角编码器，经过零位脉冲之后，连续输出了 10 000 个脉冲，该角编码器的转轴转过了______。

A．1 000 圈　　B．1/1 000 圈

C．1 000+1/1 000 圈　　D．10 圈

3．在断电位置的数据保存功能上，绝对式角编码器______实现断电位置的数据保存，增量式角编码器______实现断电位置的数据保存。

A．可以，不可以　　B．不可以，不可以

C．不可以，可以　　D．可以，可以

4．莫尔条纹被用在光栅传感器中以达到______目的。

A．辨向　　B．倍频　　C．细分　　D．提高分辨力

5．一个光栅尺，如果其主光栅与指示光栅的夹角为 $\theta$（单位为 rad），主光栅与指示光栅的横向栅距均为 $W$，那么其莫尔条纹的间距 $B$ 为______。

A．$B=\frac{W}{\theta}$　　B．$B=\frac{\theta}{W}$　　C．与 $W$ 相等　　D．与 $\theta$ 相等

6．有一个 5 000 P/r 的增量式角编码器，在 30 s 内输出了 50 000 个脉冲，该角编码器转轴的转速为______。

A．10 r/min　　B．20 r/min　　C．50 r/min　　D．100 r/min

7．容栅传感器主要是基于______的一种电容式传感器。

A．变面积工作原理　　B．变极距工作原理

C．变介电常数工作原理　　D．以上均有

8．容栅传感器具有______等优点，被广泛应用在各类测量工具中。

A．体积小、造价成本低、耗能少　　B．体积大、造价成本低、耗能少

C．体积小、造价成本高、耗能少　　D．体积小、造价成本低、耗能多

9．为了辨别方向，磁栅中一般采用双磁头，两者相距______，$W$ 为录磁节距，$m$ 为正整数。

A．$(m\pm1/4)W$　　B．$(m\pm1/2)W$　　C．$mW$　　D．$2mW$

10．若有一直线光栅传感器，其每毫米刻线数为 100 线，对其信号采用 4 细分技术，该光栅的分辨力为______。

A．2.5 μm　　B．5 μm　　C．10 μm　　D．20 μm

## 二、简答题

1．绝对式角编码器主要由哪几部分组成？其基本工作原理是什么？

2．增量式角编码器主要由哪几部分组成？其基本工作原理是什么？

3．光栅传感器主要由哪几部分组成？各有何作用？光栅传感器的基本工作原理是什么？

4．什么是莫尔条纹原理？它在光栅传感器中的应用特点有哪些？

5．辨向与细分的作用是什么？其实现途径有哪些？

6．磁栅传感器主要由哪几部分组成？其主要特点有哪些？

7．举例说明容栅传感器在实际生产中的应用场景有哪些。

# 第5章 常用传感器与PLC的综合应用

传感器采集到的信号通过仪表显示出来只是其应用的一个方面，更多的时候，需要将传感器检测到的信息输送给控制器。在本章，我们将分别以开关量传感器、模拟量传感器和数字式传感器为例，分别说明不同的传感器信号如何连接到 PLC 中。

## 实训 5.1　NPN 型开关量传感器与 PLC 的接线及应用

**【实训目的】**

掌握 NPN 型开关量传感器（开关量传感器在这里又称接近开关）与 PLC 的接线及应用。

**【实训器材】**

（1）24 V DC 电源；

（2）FX3GE-40M 型 PLC；

（3）NPN 型电感式开关量传感器、两线制磁性开关；

（4）导线。

扫一扫看教学课件：常用传感器与PLC 的综合应用

**【实训原理】**

开关量传感器根据输出信号的不同，分为 NPN 型开关量传感器和 PNP 型开关量传感器。开关量传感器根据接口形式的不同又分为两线制开关量传感器、三线制开关量传感器和四线制开关量传感器。其中，两线制开关量传感器有两根导线，这两根导线既是电源线，又是信号线；三线制开关量传感器有三根导线，两根导线为电源线，另外一根导线为信号线，具备 NPN 和 PNP 之分；四线制开关量传感器有两种不同的输出形式，一种为常开输出，另一种为常闭输出，根据需要接常开还是常闭触点，同样具备 NPN 和 PNP 之分。图 5-1 所示为常见 NPN 型开关量传感器的接线图。

对于 NPN 型开关量传感器，当检测到被测工件时，传感器的输出端输出低电平。

对于 PNP 型开关量传感器，当检测到被测工件时，传感器的输出端输出高电平。

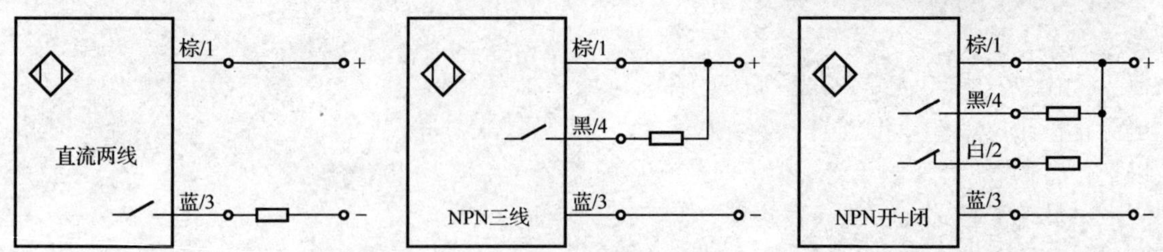


图 5-1　常见 NPN 型开关量传感器的接线图

对于较早时期型号的老款 PLC，一般日本系列品牌 PLC 的 COM 端采用共正极接法的居多，适合接 NPN 型开关量传感器，欧美系列品牌 PLC 的 COM 端采用共负极接法的居多，适合接 PNP 型开关量传感器。

对 COM 端（S 端）采用共正极接法的 PLC 来说，它适合接 NPN 型开关量传感器。

对 COM 端（S 端）采用共负极接法的 PLC 来说，它适合接 PNP 型开关量传感器。

这种两类开关量传感器只能二选一的情况给用户带来了诸多不便，现阶段生产的 PLC 都做了改进，不管是日本系列品牌还是欧美系列品牌，COM 端都既可以采用共正极接法，又可以采用共负极接法，好处就是这样的设计使 PLC 既可以接 NPN 型开关量传感器，又可以接 PNP 型开关量传感器。

**【实训步骤】**

本次实训我们选用 FX3GE-40M 型 PLC。通常除开关量传感器接到 PLC 中外，还会伴随按钮开关量信号送到 PLC 中，这里选择两个按钮开关，一个是两线制开关量传感器，另一个是三线制 NPN 型开关量传感器。

（1）首先完成 PLC、NPN 型开关量传感器和按钮开关之间接线图的绘制，如图 5-2 所示。

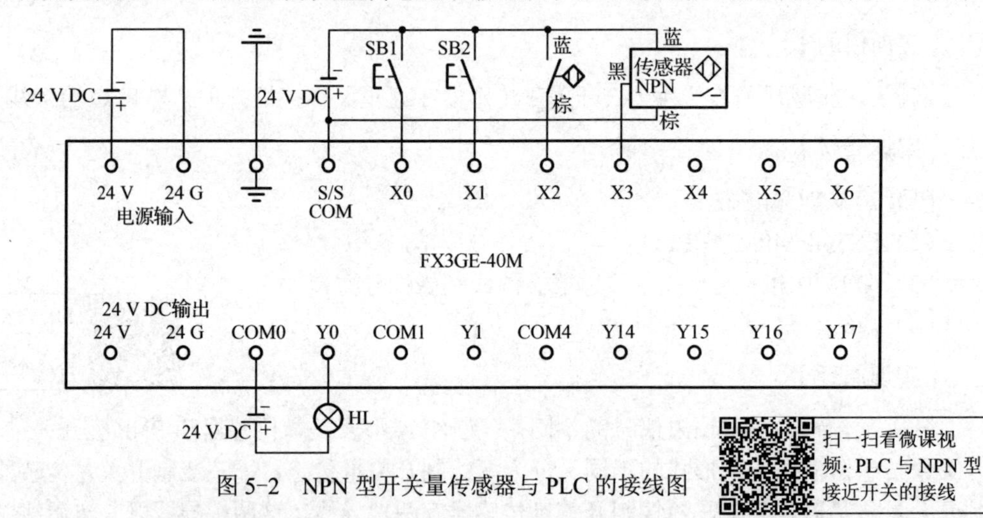


图 5-2　NPN 型开关量传感器与 PLC 的接线图

扫一扫看微课视频：PLC 与 NPN 型接近开关的接线

（2）完成 PLC 的电源接线。由于 FX3GE-40M 型 PLC 需要接 24 V DC 电源，将 L+接至 24 V DC 电源正极，将 M 接至 24 V DC 电源负极，将 PLC 的接地端可靠接地。

（3）完成 PLC 的输入端接线。将按钮开关量信号接至 PLC 的输入端：PLC 的 S 端接 24 V DC 电源正极，SB1 常开的一侧接 24 V DC 电源负极，常开的另一侧接 PLC 的 X0 端。采用同样的接法完成 SB2 的接线。

（4）接入 NPN 型开关量传感器。在这里我们采用最常见的三线制 NPN 型电感式开关量

传感器，这种传感器有 3 根导线，通常情况下分别为棕色导线、蓝色导线和黑色导线。其中，棕色、蓝色导线接电源，黑色导线为信号线。根据绘制的接线图，我们将棕色导线接至 24 V DC 电源正极，将蓝色导线接至 24 V DC 电源负极，将黑色信号线接至 PLC 的 X3 端，这样就可以把传感器的状态送至 PLC 的输入继电器 X3 了。

（5）接下来完成两线制磁性开关的接线。有棕色和蓝色两根导线，由于此时接入 PLC 的是 NPN 型开关量传感器，COM 端采用共正极接法，所以此时该两线制磁性开关的蓝色导线接 24 V DC 电源负极，棕色导线直接接入 PLC 的 X2 端即可。

（6）最后完成 PLC 输出端部分的接线。由于该 PLC 为晶体管输出类型，所以 24 V DC 电源负极连接 COM0 端，指示灯 HL 的一端连接 24 V DC 电源正极，另一端连接 Y0 输出端。

接线完成后，检查接线是否正确，确保接线无误后，整理好导线，接通电源。将金属工件靠近电感式开关量传感器时会发现 PLC 对应输入端的指示灯会亮起。

## 实训 5.2 PNP 型开关量传感器与 PLC 的接线及应用

**【实训目的】**

掌握 PNP 型开关量传感器与 PLC 的接线及应用。

**【实训器材】**

（1）24 V DC 电源；

（2）FX3GE-40M 型 PLC；

（3）PNP 型电容式开关量传感器、两线制磁性开关；

（4）导线。

**【实训原理】**

对 PNP 型开关量传感器来说，由于检测到对应工件时传感器的输出端输出高电平，所以在接 PLC 时需要 PLC 输入部分的 S 端（COM 端）接电源负极，也就是我们通常所说的接 PNP 型开关量传感器时，PLC 的 COM 端采用共负极接法。图 5-3 所示为常见 PNP 型开关量传感器的接线图。

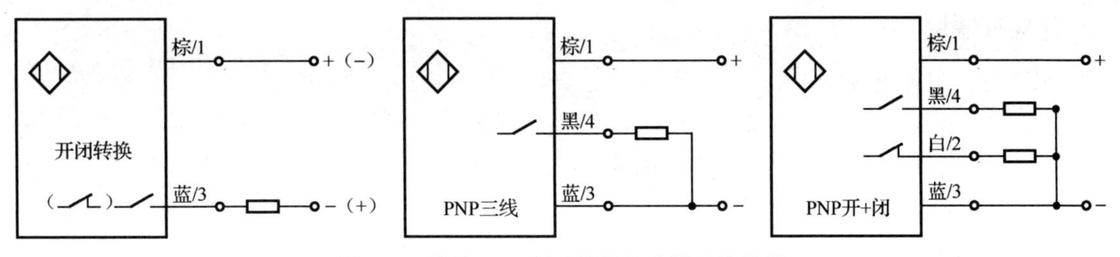


图 5-3 常见 PNP 型开关量传感器的接线图

**【实训步骤】**

下面我们以三线制 PNP 型电容式开关量传感器和两线制磁性开关为例，一起学习如何将三线制 PNP 型开关量传感器信号送到 PLC 的输入端中，并在 PLC 的 COM 端采用共负极接法的情况下如何接入两线制开关量传感器信号。

（1）根据 PLC 和传感器的型号，绘制 PLC 和传感器之间的接线图（见图 5-4），此处有 3 类输入信号，分别是按钮开关、PNP 型开关量传感器和两线制磁性开关。需要注意的是，此时 PLC 的 S 端（COM 端）应该采用共负极接法。

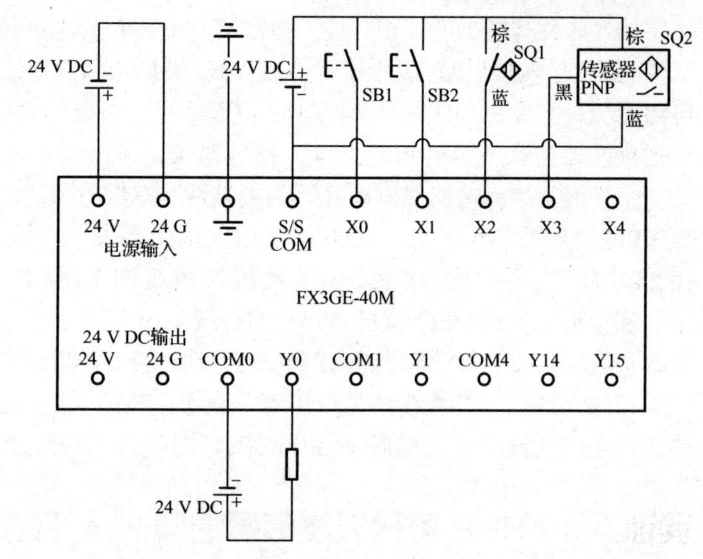


图 5-4　PNP 型开关量传感器与 PLC 的接线图

（2）根据接线图，完成实物接线。与 NPN 型开关量传感器的接线相比，其主要区别在于，PNP 型开关量传感器的 PLC 输入部分的 COM 端采用共负极接法。PNP 型开关量传感器仍然是棕色导线接电源正极，蓝色导线接电源负极。

（3）接线完成后，检查接线是否正确，确保接线无误后，整理好导线，接通电源。

现在，我们将塑料工件靠近 PNP 型开关量传感器，PLC 上 X3 对应的 LED 灯亮起，表示 PNP 型开关量传感器的信号已经送到 PLC 的输入继电器 X3 中。

关于两线制磁性开关的信号，现在我们有一块磁铁靠近磁性开关，会发现磁性开关上的红色指示灯变亮，同时 PLC 的 X2 指示灯也变亮，这说明此时磁性开关的信号已经成功传送到 PLC 的输入继电器 X2 中了。

扫一扫看微课视频：PLC 与 PNP 型接近开关的接线

## 实训 5.3　电流型变送器与 PLC 的接线及应用

**【实训目的】**

掌握电流型变送器与 PLC 的接线及应用。

**【实训器材】**

（1）24 V DC 电源；
（2）FX3GE-40M 型 PLC；
（3）电流型温度变送器（4～20 mA 的输出）；
（4）导线。

**【实训原理】**

关于模拟量传感器，比较常见的是以下 4 类：电流型变送器、电压型变送器、热电阻传感器、热电偶传感器。

比较常见的测量温度的热电阻传感器有 Pt100 铂热电阻传感器，性价比较高的有 Cu50 铜热电阻传感器。热电阻传感器将温度变化转换为电阻变化，输出的是电阻的变化值，如果没有专门的热电阻输入模块，热电阻信号是无法进入 PLC 的。

国际电工委员会推荐了 8 种标准化的热电偶，热电偶传感器输出的是毫伏级的温度信号，通常可以直接接入到一些温控仪表中，但热电偶的信号如果不经过变换想直接接入 PLC，需要 PLC 具备对应的热电偶输入模块。

热电阻也好，热电偶也好，对大多数的 PLC 来说，具备对应型号热电阻或热电偶输入模块的并不多，经济性也不好。通常将热电阻或热电偶接上变送器变送成标准的电压信号或电流信号，然后直接接入到 PLC 的模拟量输入模块中，这种方式的经济性和通用性更好。因此，能直接将信号送到 PLC 等控制器中的模拟量传感器用得比较多的就是电流型变送器和电压型变送器。

在这里大家会发现有的叫作变送器，有的叫作传感器，那么变送器和传感器有什么不一样呢？传感器，是由敏感元件和转换元件组成的。从它的名称来看，有传与感二字，传是指传输，感是指感知。实际上先有感知，再有转换和传输。传感器先利用敏感元件将被测变量（温度、压力、液位、流量）感知出来，再通过转换元件将其变换成非标准电信号。这个非标准电信号可能是电阻、电容、电感或频率等信号，控制器或相关电路直接处理起来不一定方便，传感器输出的信号也比较弱。

变送器，从它的名称来看，有变与送二字，变是指变换，送是指输送。实际上先有变换再有输送，那么输送是目的，变换是基础。变换部分是将传感器传输过来的非标准电信号或其他形式的信号变换成标准电信号，如 4～20 mA、1～5 V，然后再将标准电信号输送到二次仪表或 PLC 中。变送器输出的是标准电信号，输出信号强，远距离以标准电流信号传输，近距离则以标准电压信号传输。

电流型变送器输出的是标准电流信号，以 4～20 mA 的电流居多，也有输出 0～20 mA 电流的。电流型变送器不受导线电阻对信号的影响，可以传输更远的距离，一般变送器采用电流型的居多。

电压型变送器输出的是标准电压信号，以 1～5 V 的电压居多，也可以输出 0～5 V、0～10 V、2～10 V 的电压。

FX3GE-40M 型 PLC 一共有两路模拟量输入，一路模拟量输出。其中，两路模拟量输入，既可以接电流型变送器，又可以接电压型变送器；一路模拟量输出，既可以输出电流，又可以输出电压。

该 PLC 的数据寄存器 D8280、D8281 分别对应模拟量输入通道一、输入通道二所接变送器的数据，如表 5-1 所示。当 M8280=ON 时，模拟量输入通道一可接入电流型变送器，输入 4～20 mA 电流时 D8280 对应的数据为 0～3 200，它们之间是线性关系。当 M8280=OFF 时，模拟量输入通道一可接入电压型变送器，输入 0～10 V 电压时 D8280 对应的数据为 0～4 000，它们之间同样是线性关系。

表 5-1 FX3GE-40M 型 PLC 的模拟量输入通道参数

| 模拟量通道 | 通道设置 | 变送器 | 输入范围 | 数据寄存器 | 数据寄存器对应的数据 |
|---|---|---|---|---|---|
| 输入通道一 | M8280=ON | 电流输入 | 4～20 mA | D8280 | 0～3 200 |
| | M8280=OFF | 电压输入 | 0～10 V | D8280 | 0～4 000 |
| 输入通道二 | M8281=ON | 电流输入 | 4～20 mA | D8281 | 0～3 200 |
| | M8281=OFF | 电压输入 | 0～10 V | D8281 | 0～4 000 |

当 M8281=ON 时，模拟量输入通道二可接入电流型变送器，输入 4～20 mA 电流时 D8281 对应的数据为 0～3 200。当 M8281=OFF 时，模拟量输入通道二可接入电压型变送器，输入 0～10 V 电压时 D8281 对应的数据为 0～4 000。与模拟量输入通道一的情况一样，输入电流或电压与 D8281 中的数据之间是线性关系。

模拟量输出通道只有一个通道，设置参数如表 5-2 所示，当 M8282=ON 时，模拟量输出通道可变送出电流，D8282 的值为 0～3 200 时对应 4～20 mA 的电流输出。当 M8282=OFF 时，模拟量输出通道可变送出电压，D8282 的值为 0～4 000 时对应 0～10 V 的电压输出。

表 5-2　FX3GE-40M 型 PLC 的模拟量输出通道参数

| 通道设置 | 数据寄存器 | 数据寄存器对应的数据 | 变送器 | 输出范围 |
| --- | --- | --- | --- | --- |
| M8282=ON | D8282 | 0～3 200 | 电流输出 | 4～20 mA |
| M8282=OFF | D8282 | 0～4 000 | 电压输出 | 0～10 V |

那么两线制 4～20 mA 的变送器如何接到 PLC 中呢？

**【实训步骤】**

现在，我们取一个电流型温度变送器，该温度变送器输出 4～20 mA 的电流，量程为 0～200 ℃，将该信号送到 PLC 的模拟量输入通道一中。

（1）首先完成接线图的绘制，电流型温度变送器与 PLC 的接线图如图 5-5 所示。

（2）根据接线图，完成接线，注意变送器中电流流过的方向。对于 PLC 的模拟量输入通道一，当接入的是电流型变送器时，M8280 的值应该设为 ON，那么 4～20 mA 和 D8280 中的数据是什么样的对应关系呢？

当 M8280=ON 时，模拟量输入通道一为电流输入，变送器中的电流为 4 mA 时，D8280=OFF；变送器中的电流为 20 mA 时，D8280=3 200。输入电流与 D8280 中输出数据的关系如图 5-6 所示，它们为线性关系。

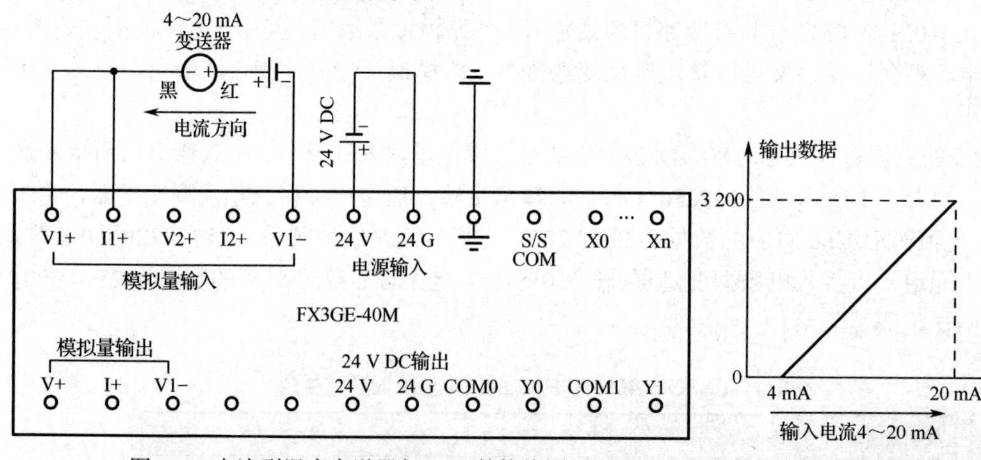


图 5-5　电流型温度变送器与 PLC 的接线图

图 5-6　输入电流与 D8280 中输出数据的关系

（3）我们可以输入图 5-7 所示的程序并将其下载到 PLC 中运行，注意观察 D8280 中数据的值，当温度发生变化时，D8280 中的数据也会随着变化，且变化范围为 0～3 200。此时并不能显示温度值的大小，如果要显示温度值的大小，需要进一步进行数据处理和转换。

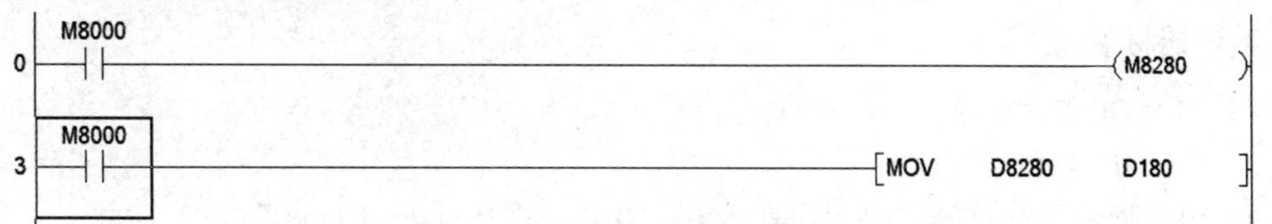


图 5-7　模拟量输入数据的读取程序

（4）数据的转换与程序的编写。温度变送器的输出电流为 4～20 mA，温度范围为 0～200 ℃，送到 D8280 中的数据范围为 0～3 200。要想换算成实际的温度值，需要将 D8280 中的数据进行处理，根据温度变送器的量程与 D8280 中数据的关系，如果将最终输出的数据传送给 D100，可得出温度对应关系的转换公式：

$$D100=\frac{(D8280-0)\times(200-0)}{3\,200-0}+0=\frac{D8280\times 200}{3\,200}$$

我们可以根据上边的公式进行数据处理，先标准化成 0～1 之间的数据，然后乘以量程之差 200，缩放成我们需要的温度范围，就可以显示实际温度了。

根据公式，我们写出电流型温度变送器的温度变换程序，如图 5-8 所示。

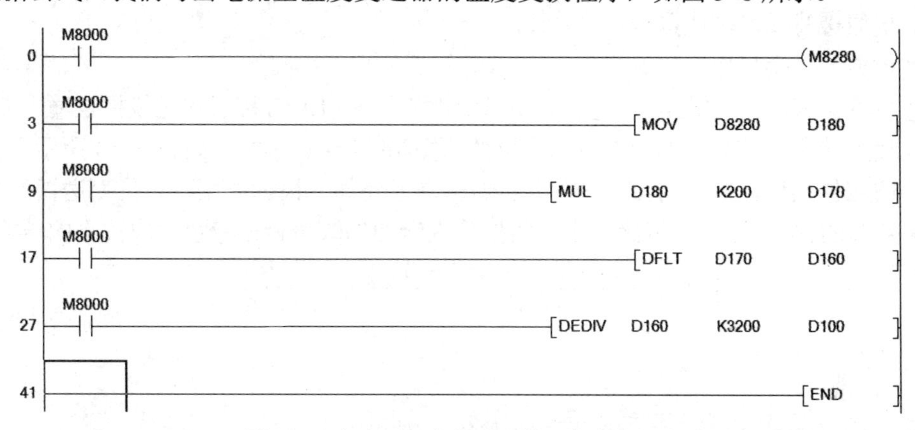


图 5-8　电流型温度变送器的温度变换程序

第 1 行程序将 M8280 设为 ON，从而保障模拟量输入通道一为电流型输入，第 2 行程序将 D8280 中的数据传送给 D180，第 3～5 行程序将 D180 中的数据进行运算处理转换成实际需要显示的温度值，具体来说就是第 3 行程序将 D180 的值乘以 200 送到 D170 中，第 4 行程序的作用是将 D170 的值转换成浮点数，并存储到 D160 中，第 5 行程序利用浮点数除法，用 D160 的值除以常数 3 200，将结果保存在 D100 里面，从而在 D100 中就可以显示对应的温度值了。

**思考：**如果我们将电流型温度变送器换一种型号，输出 4～20 mA 的电流，量程为-50～200 ℃，该如何处理呢？可按下列公式进行数据变换，请读者完成 PLC 程序的编写。

$$D100=\frac{(D8280-0)\times[200-(-50)]}{3\,200-0}+(-50)=\frac{D8280\times 250}{3\,200}-50$$

## 实训 5.4　电压型液位变送器与 PLC 的接线及应用

**【实训目的】**

掌握电压型液位变送器与 PLC 的接线及应用。

【实训器材】

（1）24 V DC 电源；

（2）FX3GE-40M 型 PLC；

（3）电压型液位变送器（输出电压为 0～10 V，量程为 0～10 m）；

（4）导线。

【实训原理】

FX3GE-40M 型 PLC 既可以接电流型变送器，又可以接电压型变送器，对于模拟量输入通道一，当 M8280=OFF 时，模拟量输入通道一可接入电压型变送器，模拟量输入为 0～10 V 时 D8280 对应的数据为 0～4 000，它们是线性关系。

现在有一个电压型液位变送器，其输出电压为 0～10 V，液位测量范围为 0～10 m，应该如何将其信号送到 PLC 中并正确地显示液位呢？

【实训步骤】

（1）完成电压型液位变送器与 PLC 接线图的设计，如图 5-9 所示。

（2）根据接线图，完成接线。

（3）数据的转换与程序的编写。

电压型液位变送器的输出电压为 0～10 V，量程为 0～10 m，接入的是模拟量输入通道一，M8280 的值应该设为 OFF，D8280 采集到的数据范围为 0～4 000，如图 5-10 所示。要想换算成实际的液位数值，需要将 D8280 中的数据进行处理，根据电压型液位变送器的量程与 D8280 中数据的关系，如果将最终输出的数据传送给 D100，可得出液位对应关系的转换公式。

$$D100=\frac{(D8280-0)\times(10-0)}{4\,000-0}+0=\frac{D8280\times10}{4\,000}$$

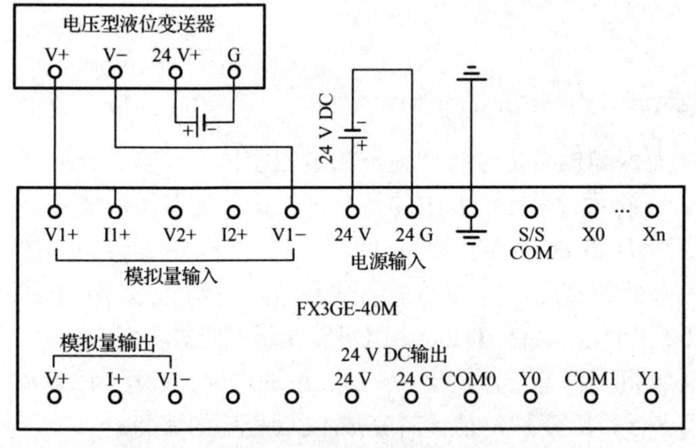


图 5-9　电压型液位变送器与 PLC 的接线图

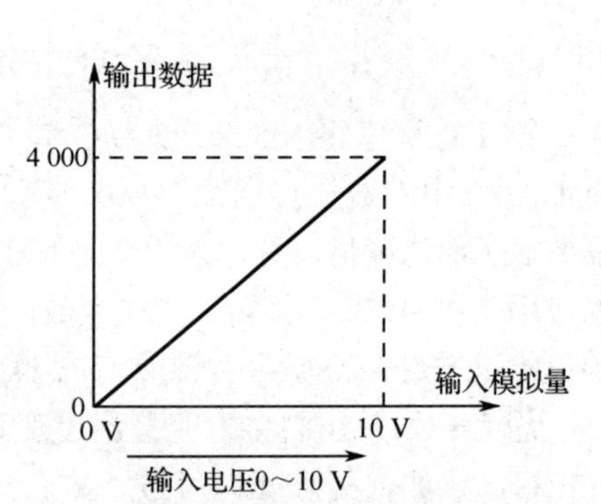


图 5-10　输入电压与 D8280 中输出数据的关系

（4）编写 PLC 程序，电压型液位变送器的液位变换程序如图 5-11 所示。

**思考**：如果我们将电压型液位变送器换成一种电压型温度变送器，输出电压为 2～10 V，量程为 0～200 ℃，该如何处理呢？由图 5-10 可知，输入电压为 2～10 V 时，D8280 对应的值应该是 800～4 000，由此可得下列数据变换公式，请读者完成 PLC 程序的编写。

$$D100=\frac{(D8280-800)\times(200-0)}{4\,000-800}+0=\frac{(D8280-800)\times200}{3\,200}$$

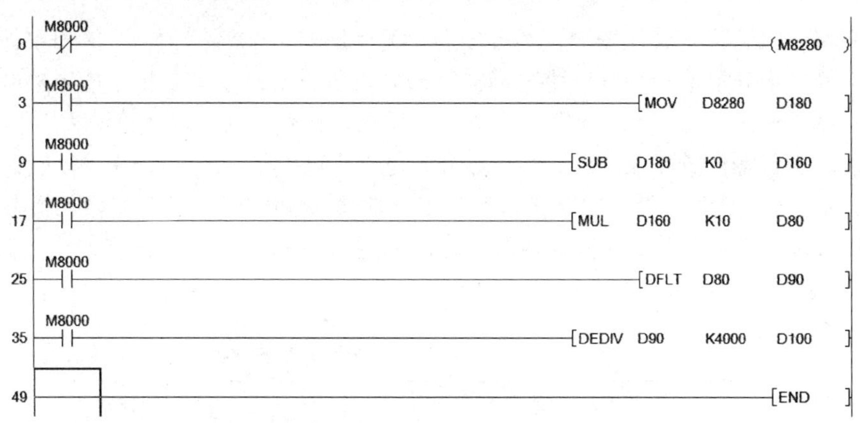


图 5-11　电压型液位变送器的液位变换程序

## 实训 5.5　增量式编码器与 PLC 的接线及应用

**【实训任务】**

现在有一光电式增量编码器安装在电动机上（见图 5-12），该编码器旋转一周输出 360 个脉冲，可输出 A、B、Z 三相脉冲。请用该编码器结合 PLC 对某电动机的转速进行测量。

图 5-12　光电式增量编码器安装在电动机上

**【实训目的】**

掌握增量式编码器与 PLC 的接线及应用。

**【实训器材】**

（1）24 V DC 电源；

（2）FX3GE-40M 型 PLC；

（3）光电式增量编码器；

（4）导线。

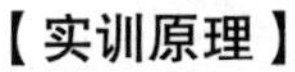

**【实训原理】**

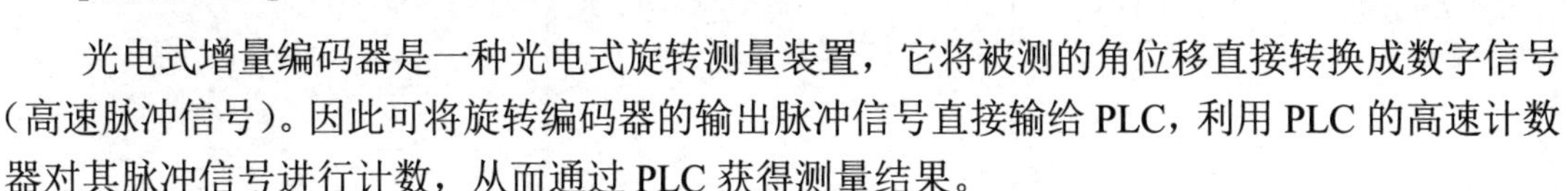

光电式增量编码器是一种光电式旋转测量装置，它将被测的角位移直接转换成数字信号（高速脉冲信号）。因此可将旋转编码器的输出脉冲信号直接输给 PLC，利用 PLC 的高速计数器对其脉冲信号进行计数，从而通过 PLC 获得测量结果。

不同型号的旋转编码器，其输出脉冲的相数也不同，有的旋转编码器输出 A、B、Z 三相脉冲，有的只输出 A、B 两相脉冲，最简单的只输出 A 相脉冲。本次实训采用的是具有 A、B、Z 三相脉冲的增量式编码器，其中 A 相和 B 相脉冲的相位相差 90°，可用于辨向，Z 相脉冲为整转脉冲。这种编码器有 6 根导线，除 A、B、Z 三相接线外，还有两根电源线、一根屏蔽线，使用时一般需要将屏蔽线接地。

对 FX3G 系列 PLC 来说，高速计数器的输入使用基本单元的输入端 X000～X007，可以进行最大响应频率为 60 kHz（单相）的计数。此外，不作为高速计数器使用的输入端可以作为通用输入使用。

FX3G 系列 PLC 高速计数器的种类可分为 3 类（见表 5-3）。第 1 类，单相单计数输入，利用输入信号的上升沿进行触发，通过 M8235～M8245 的 ON/OFF 来指定增计数或减计数。其中，ON 为减计数，OFF 为增计数。第 2 类，单相双计数输入，双计数均利用输入信号的上升沿触发，进行增计数或减计数，其计数方向可以通过 M8246～M8250 进行确认。其中，ON 为减计数，OFF 为增计数。第 3 类，双相双计数输入，根据 A 相/B 相输入状态的变化，会自动地执行增计数或减计数，其计数方向可以通过 M8251～M8255 进行确认。其中，ON 为减计数，OFF 为增计数。

表 5-3　FX3GE 系列 PLC 高速计数器的种类

| 高速计数器的种类 | 输入信号的形式 | 计数方向 |
|---|---|---|
| 单相单计数输入 | UP/DOWN | 通过 M8235～M8245 的 ON/OFF 来指定增计数或减计数。ON：减计数，OFF：增计数 |
| 单相双计数输入 | UP +1 +1<br>DOWN −1 −1 | 进行增计数或减计数，其计数方向可以通过 M8246～M8250 进行确认。ON：减计数，OFF：增计数 |
| 双相双计数输入 | A相 B相 +1 +1 −1 −1<br>增计数　减计数 | 根据 A 相/B 相输入状态的变化，会自动地执行增计数或减计数，其计数方向可以通过 M8251～M8255 进行确认。ON：减计数，OFF：增计数 |

3 种高速计数器对应的编号如表 5-4 所示。

表 5-4　3 种高速计数器对应的编号

| 高速计数器的种类 | 高速计数器的编号 | 响应频率/kHz | 数据长度 | 外部复位的输入端 | 外部启动的输入端 |
|---|---|---|---|---|---|
| 单相单计数输入 | C235 | 60 | 32 位增减计数器 | 无 | 无 |
| | C236 | | | | |
| | C237 | 10 | | | |
| | C238 | 60 | | | |
| | C239 | | | | |
| | C240 | 10 | | 有 | 无 |
| | C241 | 60 | | | |
| | C242 | 10 | | 有 | 有 |
| | C243 | | | | |
| | C244 | | | | |
| | C245 | | | | |
| 单相双计数输入 | C246<br>C248(0P) | 60 | 32 位增减计数器 | 无 | 无 |
| | C247 C248 | 10 | | 有 | 无 |
| | C249 C250 | | | 有 | 有 |
| 双相双计数输入 | C251<br>C253(OP) | 30 | 32 位增减计数器 | 无 | 无 |

续表

| 高速计数器的种类 | 高速计数器的编号 | 响应频率/kHz | 数据长度 | 外部复位的输入端 | 外部启动的输入端 |
|---|---|---|---|---|---|
| 双相双计数输入 | C254(OP) | 5 | 32 位增减计数器 | 有 | 无 |
| | C252 | | | 有 | 有 |
| | C253 | | | | |
| | C254 | | | | |
| | C255 | | | | |

其中，单相单计数输入对应 C235～C245，单相双计数输入对应 C246～C250，双相双计数输入对应 C251～C255，其数据长度均为 32 位的增减计数器，其响应频率、外部复位、启动的输入端各有区别，具体可参看表 5-4 中的参数。

关于响应频率，如果高速计数器的响应频率为 10 kHz，那么对应的 X 输入端 1 s 能接收导通 10 000 次。

针对各个高速计数器的编号，输入地址 X000～X007 如表 5-5 所示进行分配。输入地址 X000～X007 没有被分配为高速计数器使用的输入端时，可以作为一般的输入使用。表 5-5 中各字母表示的含义如下。

表 5-5　高速计数器的编号对应输入地址的分配

| 高速计数器的种类 | 高速计数器的编号 | 输入地址的分配 | | | | | | | |
|---|---|---|---|---|---|---|---|---|---|
| | | X000 | X001 | X002 | X003 | X004 | X005 | X006 | X007 |
| 单相单计数输入 | C235 | U/D | | | | | | | |
| | C236 | | U/D | | | | | | |
| | C237 | | | U/D | | | | | |
| | C238 | | | | U/D | | | | |
| | C239 | | | | | U/D | | | |
| | C240 | | | | | | U/D | | |
| | C241 | U/D | R | | | | | | |
| | C242 | | | U/D | R | | | | |
| | C243 | | | | | U/D | R | | |
| | C244 | U/D | R | | | | | S | |
| | C245 | | | U/D | R | | | | S |
| 单相双计数输入 | C246 | U | D | | | | | | |
| | C247 | U | D | R | | | | | |
| | C248 | | | | U | D | R | | |
| | C248(0P) | | | | U | D | | | |
| | C249 | U | D | R | | | | S | |
| | C250 | | | | U | D | R | | S |
| 双相双计数输入 | C251 | A | B | | | | | | |
| | C252 | A | B | R | | | | | |
| | C253 | | | | A | B | R | | |
| | C253(0P) | | | | A | B | | | |
| | C254 | A | B | R | | | | S | |
| | C254(OP) | | | | | | | A | B |
| | C255 | | | | A | B | R | | S |

U 表示增计数输入；D 表示减计数输入；A 表示 A 相输入；B 表示 B 相输入；R 表示外部复位输入；S 表示外部启动输入。

输入地址 X000～X007 可用在高速计数器、输入中断、脉冲捕捉和 SPD、ZRN、DSZR 指令及通用输入中，因此请勿重复使用输入编号。

例如，使用 C251 的时候 X000、X001 被占用了，所以［C235、C236、C241、C244、C246、C247、C249、C252、C254］，［输入中断指针 I000、I101］，［脉冲捕捉用触点 M8170、M8171］，以及［使用该输入的 SPD、ZRN、DSZR 指令］都不可以被使用。

**单相单计数输入：**

单相单计数输入的接线，首先给编码器接上 24 V DC 电源，将 A 相接至 X0 端，24 V DC 电源正极接 PLC 的 S/S 端，再将编码器的屏蔽线和 PLC 的接地端可靠连接。单相单计数输入的接线图如图 5-13 所示。

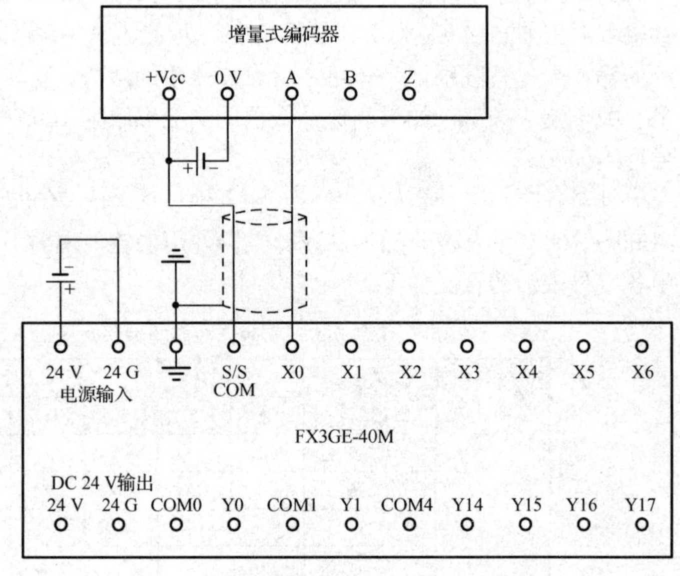


图 5-13　单相单计数输入的接线图

高速计数器 C235 的动作如图 5-14 所示。

第 1 种情况，使用 C235 计数（见图 5-14 左图程序），C235 不具备复位、启动功能。

C235 在 X012 为 ON 时，对输入 X000 的脉冲进行计数，在 X011 为 ON 时，执行 RST 指令，此时被复位。根据 M8235 的值为 ON 或 OFF，C235 的值在减计数或增计数之间变化。

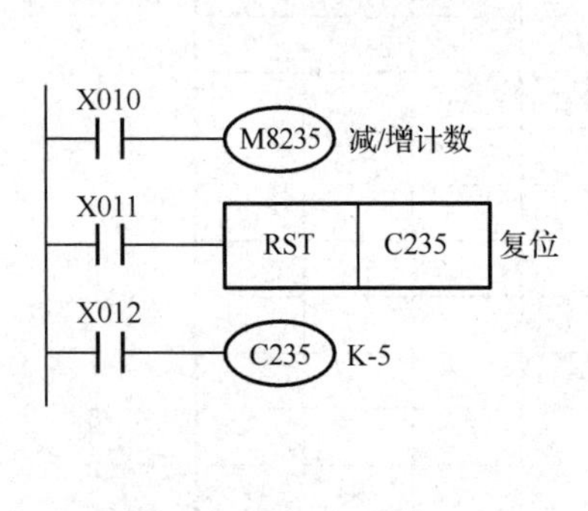


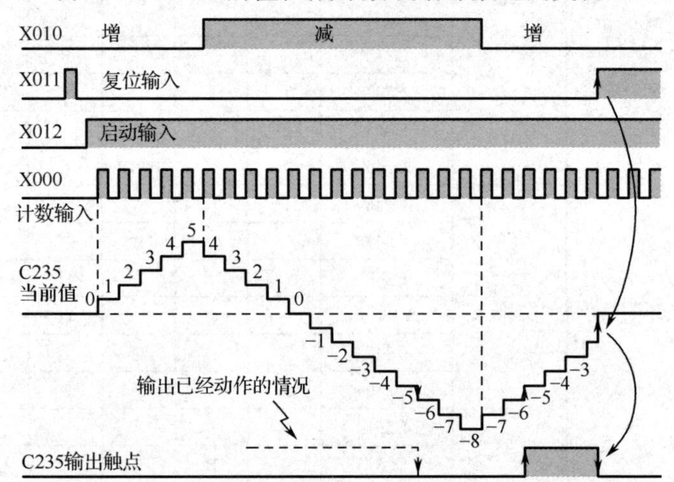


图 5-14　高速计数器 C235 的动作

当 X10 为 0 时增计数，当 X10 为 1 时减计数，X11 先接通一次，使 C235 复位，X12 启动输入后，C235 的计数值开始与设定值-5 进行比较，当 C235 的当前值低于设定值-5 时，C235 的输出触点为 0，反之为 1。

第 2 种情况，使用 C244 计数（见图 5-15），C244 具备复位、启动功能。

其中，C244 的输入信号为 X0，外部复位输入为 X1，外部计数启动信号为 X6。对于该程序，使 X10 为 0 时，M8244 为 0，此时为增计数；先让 X11 或 X1 为 1，C244 立即被复位。当 X12 为 1、X6 也为 1 时，立即启动增计数并与设定值进行比较。

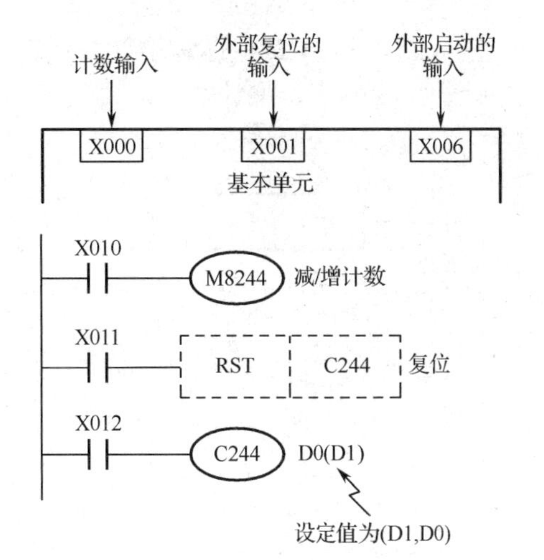


图 5-15　使用 C244 计数的示例程序

**单相双计数输入：**

单相双计数输入，我们将两个编码器的 A 相分别输入到 X0 和 X1 中，可进行两个旋转编码器角位移之差的计数。单相双计数输入的程序示例和接线图如图 5-16 所示。

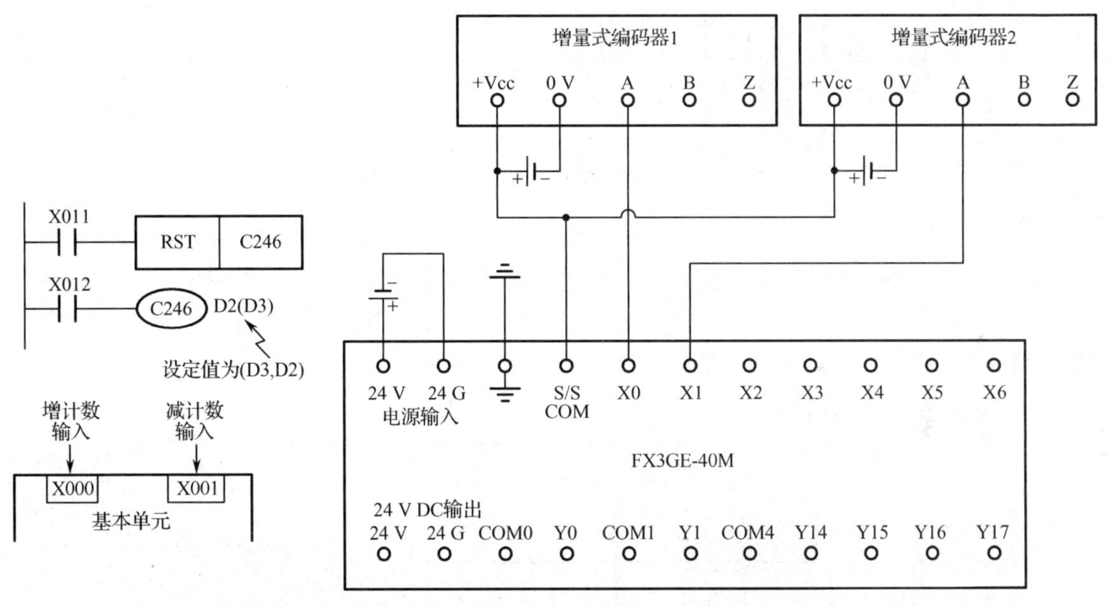


图 5-16　单相双计数输入的程序示例和接线图

C246 在 X012 为 ON 时，对输入 X000 的脉冲进行增计数，如果 X1 收到脉冲就进行减计数。

C246 的减/增计数动作可以通过 M8246 的 ON/OFF 动作进行监控。

**双相双计数输入：**

双相双计数输入，首先是编码器双相双计数输入的接线，其程序示例和接线图如图 5-17 所示。

对于该程序，当 X011 为 ON 时，执行 RST 指令，此时 C251 被复位。当 X012 为 ON 时，C251 通过中断对输入 X000（A 相）、X001（B 相）的动作进行计数并与 1234 进行比较。当 C251 的当前值超出设定值时，Y002 为 0N；当 C251 在设定值以下范围内变化时，Y002 为 OFF。Y003 的值取决于计数的方向，增计数时为 OFF，减计数时为 ON。编码器输出具有 90° 相位差的 A 相和 B 相脉冲。比如，如果编码器正转时 C251 的值是增加的，那么反转时 C251

的值就会减小。C251 的减/增计数状态可以通过 M8251 的 ON/OFF 动作进行监控。ON 表示减计数，OFF 表示增计数。

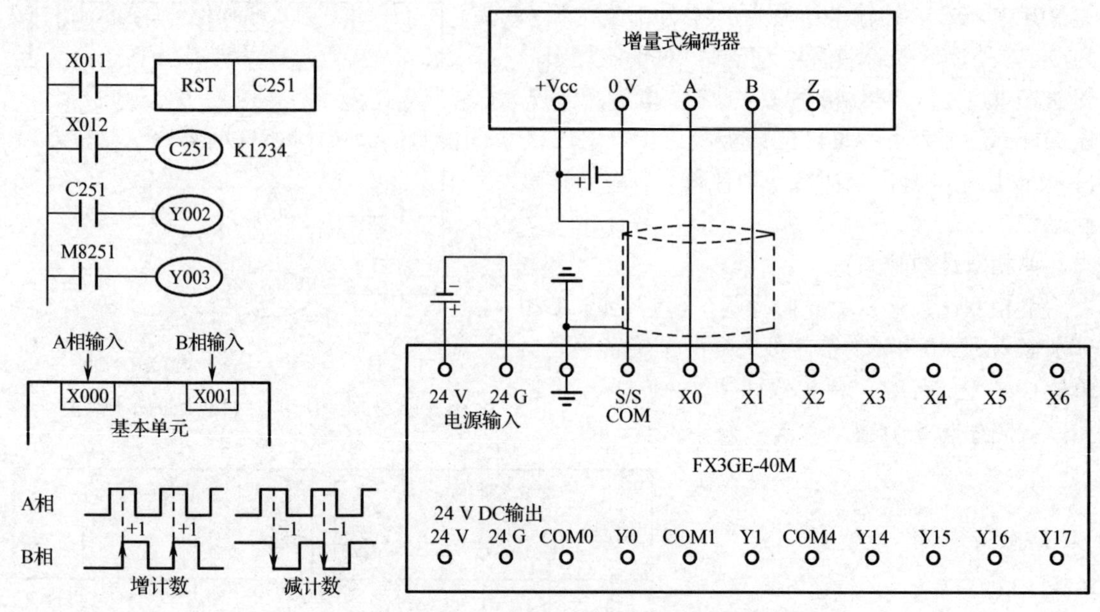


图 5-17　双相双计数输入的程序示例和接线图

**【实训步骤】**

我们一起来看这个利用编码器对电动机进行转速测量的案例：将光电式增量编码器安装在电动机上，编码器的 A、B 相端口和 PLC 的 X0、X1 接口相连，该编码器每旋转一周输出 360 个脉冲，请利用 PLC 和编码器完成电动机转速的测量。

（1）编码器的测速接线图，如图 5-18 所示。

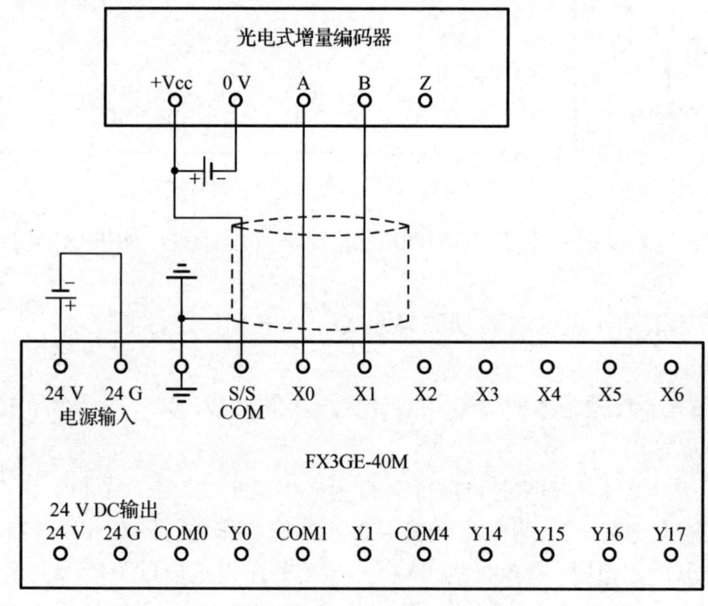


图 5-18　编码器的测速接线图

（2）根据接线图完成编码器和 PLC 之间的接线。

（3）测速的实现思路：对于测速，主要用 PLC 的 SPD 指令（测速），该指令的应用格式是 SPD D1 D2 D3，它的含义是将 D1 在 D2 时间内输入的脉冲数送入 D3，其中 D1 指输入口 X0 或 X1，此处指 X1；D2 设定采集脉冲数的时间（如 K1000 指 1 000 ms，也就是 1 s）；D3 设定在 D2 时间内输入的脉冲数（也就是在刚刚过去的 D2 时间内输入的脉冲数）。

电动机旋转一周旋转编码器输出 360 个脉冲，我们通过 SPD 指令得到每秒输出的脉冲数 D3，将其乘以每分钟 60 s，得到每分钟输出的脉冲数，最后除以每圈脉冲数 360 个，就得到电动机的转速了。

$$转速=\frac{D3\times 60}{360}=\frac{D3}{6}$$

（4）利用 PLC 和编码器测速的程序如图 5-19 所示。

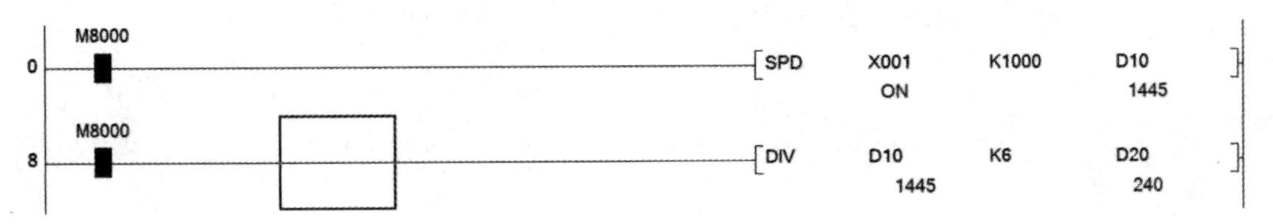


图 5-19　利用 PLC 和编码器测速的程序

## 练习题 5

1．一种电压型温度变送器，其输入电压为 2～10 V，量程为-50～200 ℃，如何将电压值通过 PLC 变换为温度值呢？由图 5-10 可知，2～10 V 的输入电压，D8280 对应的值应该是 800～4 000，由此可得下列数据变换，请读者完成 PLC 程序的编写。

$$D100=\frac{(D8280-800)\times[200-(-50)]}{4\,000-800}+(-50)=\frac{(D8280-800)\times 250}{3\,200}-50$$

2．一种电压型温度变送器，其输入电压为 1～5 V，量程为 0～200 ℃，如何将电压值通过 PLC 变换为温度值呢？由图 5-10 可知，1～5 V 的输入电压，D8280 对应的值应该是 400～2 000，由此可得下列数据变换，请读者完成 PLC 程序的编写。

$$D100=\frac{(D8280-400)\times(200-0)}{2\,000-400}+0=\frac{(D8280-400)\times 200}{1600}$$

扫一扫看
本章习题
参考答案

# 第6章 机器视觉硬件的认识

## 6.1 光源系统的认识与选择

光源是机器视觉系统中重要的组成部分。合适的光源照明设计，可以使图像中的背景信息与目标信息得以区分，从而降低图像处理的难度，同时提高系统的定位、测量精度；反之，若光源设计不当，会影响图像处理的效率。因此，光源及光学系统的设计是影响机器视觉系统效果的首要因素。

由于不同任务对机器视觉系统照明的效果要求不同，因此针对每个特定的应用实例，须设计相应的照明装置，以达到最佳的效果。

### 6.1.1 光源的基础知识

光源是能够产生光辐射的辐射源，一般分为自然光源和人造光源。自然光源是自然界中存在的辐射源，如太阳等。人造光源是将各种形式的能量（热能、电能、化学能）转换成光辐射的器件，其中利用电能产生光辐射的器件被称为电光源。光源的基本参数如下。

#### 1. 辐射效率和发光效率

在给定波长范围内，某一光源发出的辐射通量与产生这些辐射通量所需的电功率之比，被称为该光源在规定光谱范围内的辐射效率。

在机器视觉系统的设计中，在光源的光谱分布满足要求的前提下，应尽可能地选用辐射效率较高的光源。某一光源所发射的光通量与产生这些光通量所需的电功率之比，被称为该光源的发光效率。在照明领域或光度测量系统中，一般应选用发光效率较高的光源。

#### 2. 光谱功率分布

自然光源和人造光源一般是由单色光组成的复色光。不同光源在不同光谱上辐射出的光谱功率不同，通常用光谱功率分布来进行描述。如果令其最大值为 1，对光谱功率分布进行

归一化处理，则称经过归一化处理后的光谱功率分布为相对光谱功率分布。

### 3. 空间光强分布

对于各向异性的光源，其发光强度在空间的各方向不同。如果在空间的某一截面上，自原点向各径向取矢量，那么矢量的长度与该方向的发光强度成正比。将各矢量的断点连接起来，可得到光源在该截面上的发光强度曲线，即配光曲线。

扫一扫看教学课件：机器视觉硬件的认识

### 4. 光源的色温

黑体的温度决定了它的光辐射特性。对非黑体辐射来说，常用黑体辐射的特性近似地表示其某些特性。针对一般光源，经常用分布温度、色温或相关色温表示其特性。

辐射源在某一波长范围内辐射的相对光谱功率分布，与黑体在某一温度下辐射的相对光谱功率分布一致，那么黑体的这一温度就被称为该辐射源的分布温度。辐射源辐射光的颜色与黑体在某一温度下辐射光的颜色相同，那么黑体的这一温度被称为该辐射源的色温。由于某种颜色可以由多种光谱分布产生，因此色温相同的光源，其相对光谱功率分布不一定相同。对于一般光源，若它的颜色与任何温度下的黑体辐射的颜色都不相同，则用相关色温表示该光源。在均匀色度图中，如果光源的色坐标点与某一温度下的黑体辐射的色坐标点最接近，那么黑体的这一温度被称为该光源的相关色温。

### 5. 光源的颜色

光源的颜色主要体现在色表和显色性两方面。用眼睛直接观察光源所看到的颜色被称为光源的色表。当用一种光源照射物体时，物体呈现的颜色（物体反射光在人眼内产生的颜色感觉）与该物体在完全辐射体照射下所呈现的颜色的一致性，被称为该光源的显色性。

### 6. 光源的寿命

机器视觉系统多用于工业现场，系统与器件的维护是用户关心的重要问题。采用长寿命的光源可降低后期维护费用。常用的几种可见光源包括荧光灯、白炽灯、汞灯和钠灯等，这些光源的缺点是光能衰减较快。例如，荧光灯在使用的第一个 100 h 内，光能将下降 15%，随着使用时间的增加，光能还将进一步下降。因此，如何使光能在一定程度上保持稳定，是光源在实用化过程中亟须解决的问题。

发光二极管（LED）作为一种新型的半导体发光材料，在寿命方面具有非常明显的优势，其发光时间长达 50 000 h。随着新材料和制作工艺的进一步发展，LED 的性能在大幅度提高，应用范围越来越大，是机器视觉系统中使用最广泛的光源。

## 6.1.2 光源的类型

经过大量的研究和实验可发现，对于不同的检测物体，须采用不同的照明方式才能突出被测物体的特征，有时可能需要采取几种方式的组合。常见光源的种类如图 6-1 所示，常用的光源有如下几种。

### 1. 背光源

背光源选用高密度 LED 阵列面提供高强度背光源，可突出物体的形状和概括特征，特别适用于显微镜的载物台。红色和白色的背光源，如图 6-2 所示。红色和蓝色的多功能背光源能够分配不同的色彩，以满足不同被测物体的多色要求。

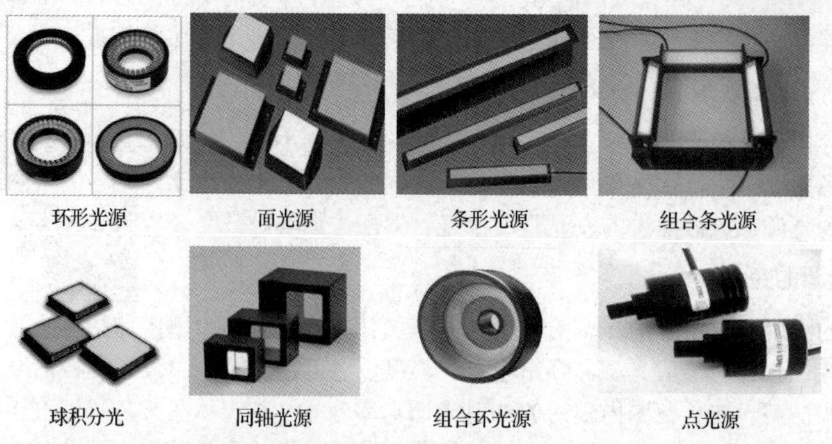


图 6-1　常见光源的种类

由于背光源能充分突出被测物体的轮廓信息，因此，它主要用于机械零件的尺寸测量，电子元件、芯片的外观检测，胶片的污渍测验，透明物体的划痕测验等。图 6-3 所示为背光源照射下齿轮的图片，齿轮的圆孔与轮廓十分清晰，可用于齿轮不良品的判定检测。

图 6-2　红色和白色的背光源

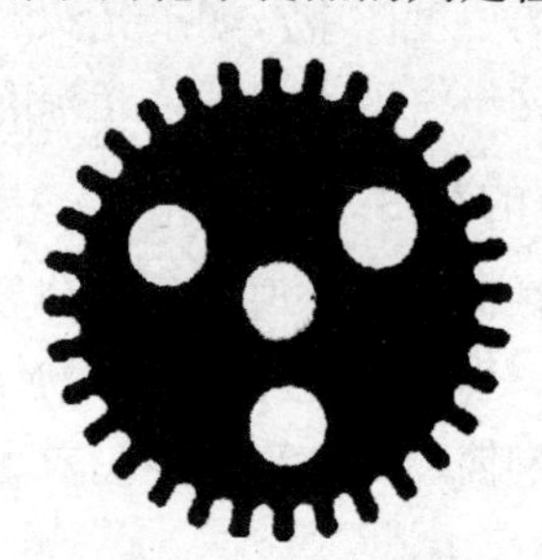

图 6-3　背光源照射下齿轮的图片

**2. 环形光源**

环形光源的实物图如图 6-4（a）所示，它可提供大面积均衡的照明，将不同照射角度、不同颜色的光源组合，从而突出物体的三维信息。环形光源可直接安装在镜头上，如图 6-4（b）所示。环形光源与被测物体保持合适的距离时，可解决对角照射的阴影问题，减少阴影，提高对比度，实现大面积的荧光照明，但距离不合适时会造成环形反光现象。环形光源适用于检测具有高反射率材料表面的缺陷，如电路板和球栅阵列封装缺陷的检测。它广泛应用于有纹理表面的物体检测，如塑料容器检查、电子元件检查、集成电路特性检查等。

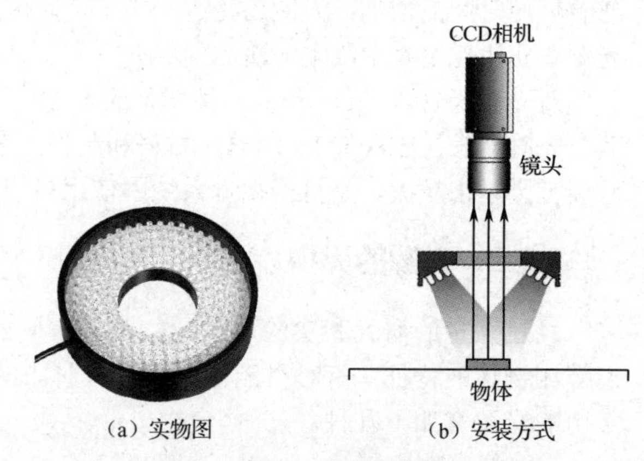


（a）实物图　　（b）安装方式

图 6-4　环形光源

**3. 点光源**

点光源的实物图如图 6-5 所示，它的结构紧凑，能够使光线集中照射在一个特定距离的小视场范围内。在点光源高亮度、均匀强光的照射下，其采集到的图像对比度高，可作为光纤卤素灯的替代品，适用于芯片检测、Mark 点定位、晶片和液晶玻璃底基校正等。

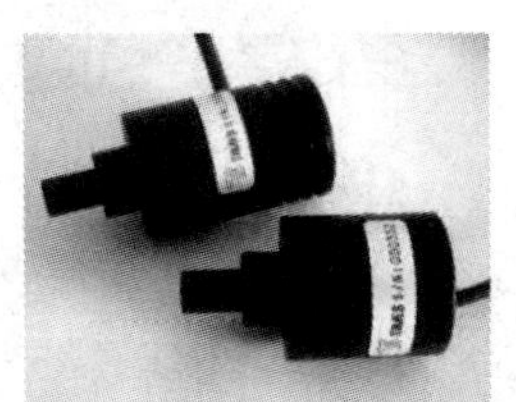

图 6-5　点光源的实物图

#### 4. 同轴光源

同轴光源可以消除因物体表面不平整而引起的阴影，从而减少干扰。其采用分光镜设计，可减少光损失，提高成像的清晰度，均匀照射物体表面。其可应用于反射度极高的物体（如金属、玻璃、胶片、晶片等）表面的划伤检测、芯片和硅晶片的破损检测、Mark 点定位、条码识别等。

### 6.1.3　光源的照射方式

目前，机器视觉领域主要的照射光种类如下。

（1）平行光：照射角整齐的光被称为平行光。发光角度越小的 LED，其直射光越接近平行光。

（2）直射光：LED 直接照射物体的光。

（3）漫射光：各种角度的光源进行混合的光。在日常生活中用的光几乎都是漫射光。

（4）偏光：光的传递方向在特定的垂直平面上，使波动受到限制的光。通常利用偏光板来防止特定方向的反射。

### 6.1.4　光源的分类

目前，光源和照明是否优良是决定机器视觉系统成败的关键，优良的光源系统应当具有以下特征：①尽可能地突出目标的特征，在物体需要检测的部分与不需要检测的部分之间尽可能地产生明显区别，增加对比度；②保证足够的亮度和稳定性；③物体位置的变化不应影响成像的质量。

常见的光源包括高频荧光灯、光纤卤素灯、LED 等。选择光源时，需要考虑光源的照明亮度、均匀度、发光的光谱特性是否符合实际要求，同时还要考虑光源的发光效率和使用寿命。

表 6-1 所示为几种主要光源的特性。其中，LED 具有显色性好、光谱范围大（可覆盖整个可见光范围）、发光强度高、稳定时间长等优点，而且随着制造技术的成熟，其价格越来越低，必将在现代机器视觉领域得到越来越广泛的应用。

表 6-1　几种主要光源的特性

| 光　源 | 颜　色 | 寿命/h | 发光亮度 | 特　点 |
|---|---|---|---|---|
| 荧光灯 | 白色、偏绿 | 5 000～7 000 | 亮 | 较便宜 |
| 卤素灯 | 白色、偏黄 | 5 000～7 000 | 很亮 | 发热多，较便宜 |
| 氙灯 | 白色、偏蓝 | 3 000～7 000 | 亮 | 发热多，持续发光 |
| LED | 白色、红色、黄色、蓝色、绿色 | 6 000～100 000 | 较亮 | 固体，多种形状 |
| 电致发光管 | 由发光频率决定 | 5 000～7 000 | 较亮 | 发热少，较便宜 |

### 6.1.5 光源的应用

对小型元器件的尺寸进行测量时，一般选取背光源，它可以充分突出被测物体的轮廓和边缘信息。其中，平行面光源具有更好的方向性，LED经结构优化均匀分布于光源底部，常用于物体外形轮廓和尺寸的测量。因此，选择比实际拍摄视野略大的平行面光源、相机、镜头等搭建在小齿轮缺陷检测中选择光源时的图像采集系统。环形光与背光的区别如图 6-6 所示，其中背光可以较好地显示物体的边缘。

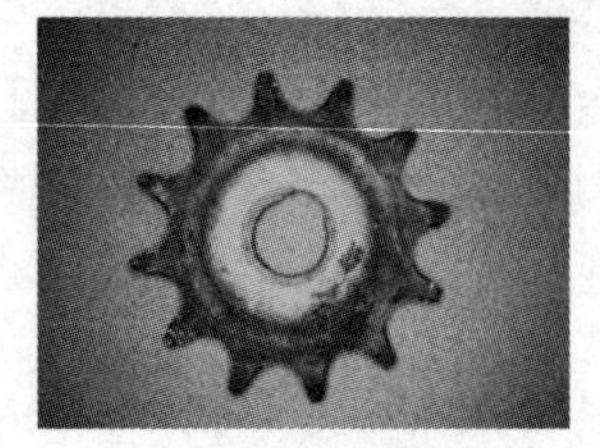

（a）环形光的效果图

（b）背光的效果图

图 6-6 环形光与背光的区别

## 6.2 工业镜头的认识

### 6.2.1 透镜成像的原理

#### 1. 透镜成像的规律

透镜分为凸透镜和凹透镜。凸透镜的成像规律：物体放在焦点之外，在凸透镜另一侧成倒立的实像，实像有缩小、等大、放大 3 种。物距越小，像距越大，实像越大；物体放在焦点之内，在凸透镜同一侧成正立放大的虚像。物距越大，像距越大，虚像越大。凹透镜对光线起发散作用，它的成像规律更加复杂。

在光学中，由实际光线汇聚成的像，被称为实像，能在光屏上显示；反之被称为虚像，只能由眼睛感受。相对于原物体来说，实像一般都是倒立的，而虚像一般都是正立的。

平面镜、凸面镜和凹透镜所形成的虚像，都是正立的；而凸透镜和凹面镜所形成的实像，都是倒立的。凹面镜和凸透镜可以形成虚像，同样是正立的。在工业镜头中一般采用凸透镜。

#### 2. 凸透镜

凸透镜是根据光的折射原理制成的。凸透镜是中央较厚、边缘较薄的透镜，有双凸、平凸和凹凸等形式。较厚的凸透镜有汇聚、望远等作用，故又称其为汇聚透镜。

凸透镜的特性主要涉及主轴、光心、焦点、焦距、物距和像距等。通过凸透镜两个球面球心的直线被称为主光轴，简称主轴。凸透镜的中心 $O$ 被称为光心。平行于主轴的光线经过凸透镜后汇聚于主光轴上一点 $F$，该点被称为凸透镜的焦点。焦点 $F$ 到凸透镜光心 $O$ 的距离被称为焦距，用 $f$ 表示。物体到凸透镜光心的距离被称为物距，用 $u$ 表示。物体经凸透镜所成的像到凸透镜光心的距离被称为像距，用 $v$ 表示。

将平行光线平行于主光轴射入凸透镜，光在凸透镜的两面经过两次折射后，集中在焦点 $F$ 上。凸透镜的两侧各有一个实焦点，如果是薄透镜，那么这两个焦点到凸透镜中心的距离大致相等。凸透镜的成像示意图如图 6-7 所示。凸透镜主要用在放大镜、显微镜、望远镜、老花眼、摄像机、电影放映机、幻灯机等中。

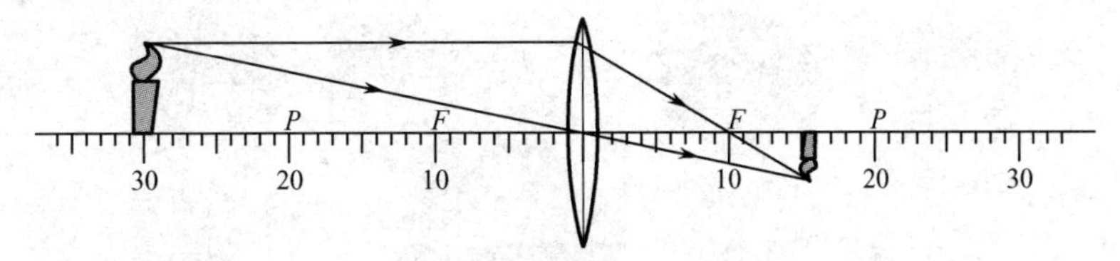


图 6-7　凸透镜的成像示意图
（图中数字代表单位距离）

凸透镜的成像规律可总结为：1 倍焦距以内，成正立放大的虚像；1 倍焦距到 2 倍焦距之间，成倒立放大的实像；2 倍焦距以外，成倒立缩小的实像。成实像时，物和像在凸透镜的异侧；成虚像时，物和像在凸透镜的同侧。以 1 倍焦距分虚实，以 2 倍焦距分大小，“物近像远像变大，物远像近像变小”，凸透镜的成像原理如图 6-8 所示。

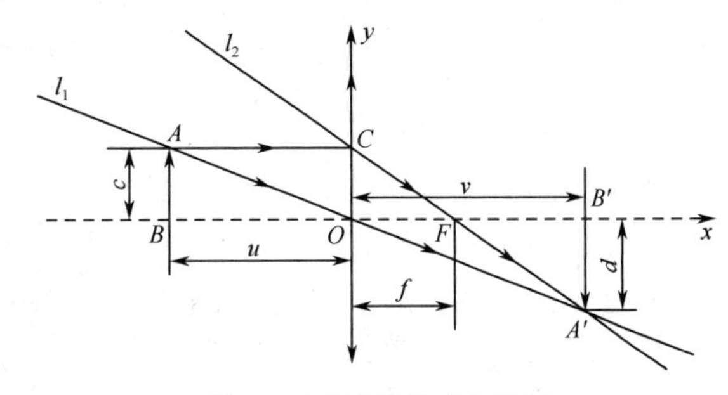


图 6-8　凸透镜的成像原理

凸透镜的成像满足 $1/v+1/u=1/f$ 。其中，物距 $u$ 取正值，像距 $v$ 的正负根据像的实虚确定，实像时为正，虚像时为负。凸透镜的 $f$ 为正值，凹透镜的 $f$ 为负值。

相机利用的是凸透镜的成像规律，镜头的成像原理如图 6-9 所示。镜头是一个凸透镜，需要拍摄的景物就是物体，胶片就是屏幕。照射在物体上的光经过漫反射通过凸透镜将物体的像呈现在胶片上。

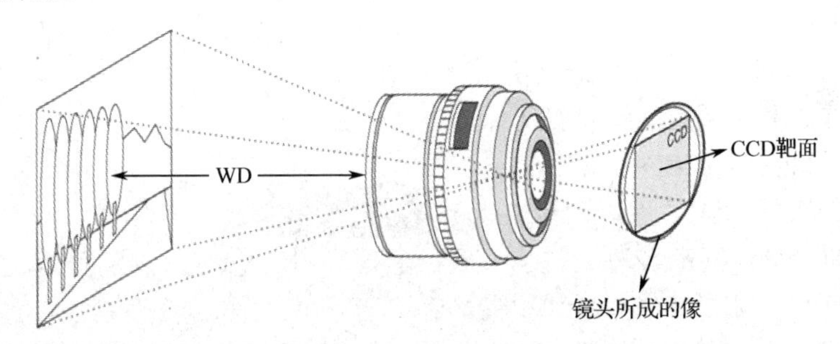


图 6-9　镜头的成像原理

## 6.2.2　工业镜头的基本参数

工业镜头利用凸透镜小孔成像，和常用的单反相机、数码相机等光学成像装置一样，主要不同之处在于镜头接口和应用场合。下面将对镜头的物理接口、光学尺寸、视场角、焦距及景深等概念进行介绍。

### 1. 物理接口

镜头的物理接口就是镜头和相机连接的物理接口形式。工业镜头的常用接口形式有 C 接口、CS 接口、F 接口等，其中 C/CS 接口是专门用于工业领域的国际标准接口。镜头的物理接口主要根据相机的物理接口选择。不同物理接口的镜头如图 6-10 所示。

图 6-10　不同物理接口的镜头

### 2. 光学尺寸

镜头的光学尺寸是指镜头最大能兼容的 CCD 芯片的尺寸。相机成像的原因是镜头把物体反射的光线打到了 CCD 芯片的上面。因此，镜头的镜片直径（相面尺寸）应大于 CCD 芯片的尺寸。常见镜头的相面尺寸有 1/3 in、1/2 in、2/3 in、1 in 等。图 6-11 所示为各种相面尺寸对应的实际尺寸（单位：mm）。

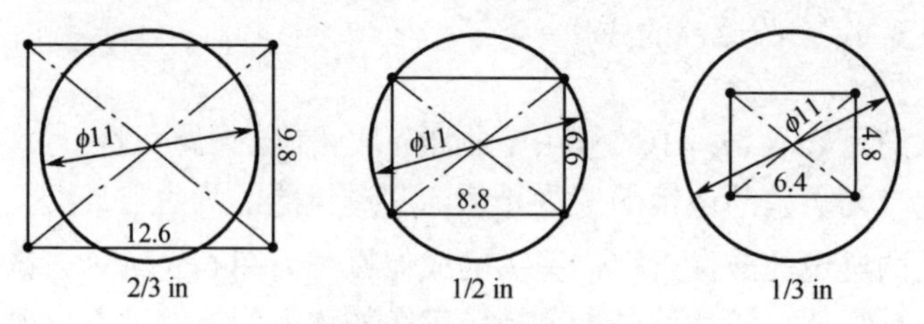


图 6-11　各种相面尺寸对应的实际尺寸

### 3. 视场角

如图 6-12 所示，视场（Field Of View，FOV）是指整个系统能够观察到的物体尺寸范围，也就是 CCD 芯片上的最大成像对应的实际物体大小，可分为水平视场和垂直视场，其定义为

$$\mathrm{FOV} = L/M \tag{6-1}$$

式中，$L$ 为 CCD 芯片的高度或宽度；$M$ 为放大率，定义为

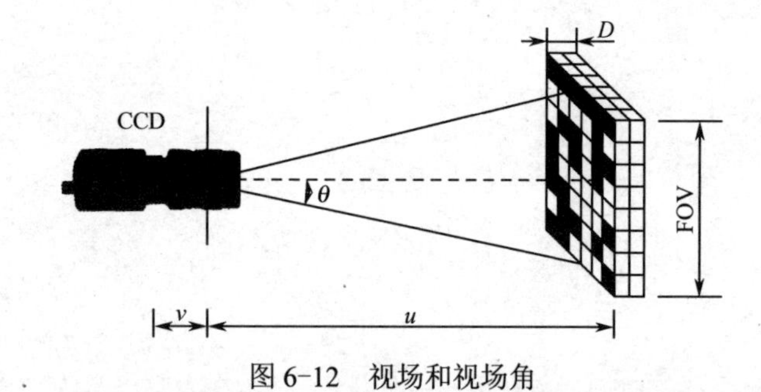


图 6-12　视场和视场角

$$M = h/H = v/u \tag{6-2}$$

式中，$h$ 为像高；$H$ 为物高；$u$ 为物距；$v$ 为像距。FOV 也可指镜头对视野的高度和宽度的张角，即视场角 $\alpha$，定义为

$$\alpha = 2\theta = 2\arctan[L/(2v)] \tag{6-3}$$

通常用视场角来表示视场的大小，根据视场的大小，可以将镜头分为鱼眼镜头、超广角镜头、广角镜头和标准镜头。

### 4. 焦距

焦距是光学系统中用来衡量光的聚集或发散程度的参数，是从透镜中心到光聚集焦点的距离，也是相机中从镜片中心到底片或 CCD 芯片等成像平面的距离，总体概括为焦距是焦

点与面镜顶点之间的距离。

镜头焦距的长短决定视场角的大小，焦距越短，视场角越大，观察范围也越大，但无法看清远处的物体；焦距越长，视场角越小，观察范围也越小，但能看清远处的物体。短焦距的光学系统比长焦距的光学系统具有更好的集聚光能力。因此，选择焦距时应该充分考虑是要观察细节还是要有较大的观测范围。若需要观测大范围，则选择小焦距的广角镜头；若需要观察细节，则应选择焦距较大的长焦镜头。以 CCD 为例，焦距的参考公式为

$$\alpha = 2\arctan\frac{\mathrm{SR}}{2\mathrm{WD}} \tag{6-4}$$

$$f = \frac{d}{2\tan(\alpha/2)} \tag{6-5}$$

式中，SR 为景物范围；WD 为工作距离；$d$ 为 CCD 尺寸。其中，SR 和 $d$ 要保持一致性，即同为高或同为宽。实际选用时应选择比计算值略小的焦距。

**5. 景深**

景深（Depth Of Field，DOF）是指在摄像机镜头或其他成像器前沿，能够取得清晰图像的成像所需测定的被摄物体的前后距离范围。在聚焦完成后，焦点前后范围内所呈现的是清晰的图像，这一前后距离范围就是景深。光圈、镜头及至被摄物体的距离是影响景深的重要因素。

与主光轴平行的光线射入凸透镜时，理想的镜头应该是将所有的光线聚集在一点后，再以锥状扩散开来，焦点就是聚集所有光线的点。在焦点前后，光线开始聚集和扩散，点的影像变得模糊，形成一个扩大的圆，这个圆被称为弥散圆。

在现实中，人们是以某种方式（如投影、放大成照片等）来观察所拍摄影像的，人眼所感受到的影像与放大倍率、投影距离及观看距离等有很大的关系，若弥散圆的直径大于人眼的鉴别能力，则在一定范围内无法辨认模糊的影像。这个无法被人眼辨认的影像的弥散圆被称为容许弥散圆，在焦点的前后各有一个容许弥散圆。

以持相机拍摄者为基准，从焦点到近点容许弥散圆的距离被称为前景深，从焦点到远点容许弥散圆的距离被称为后景深，如图 6-13 所示。

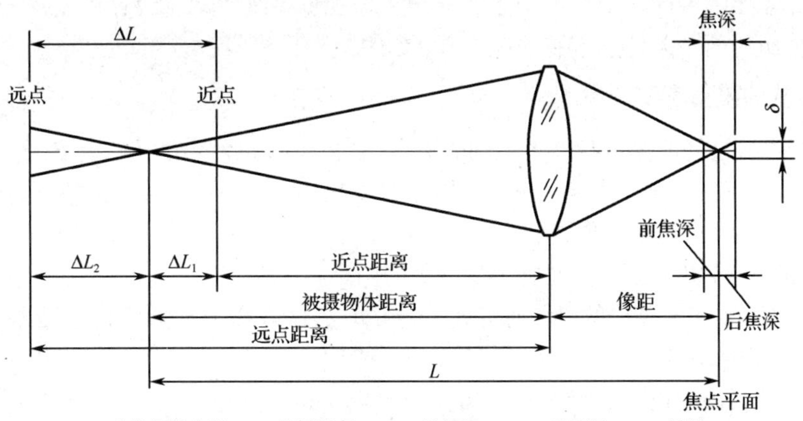


$\delta$—弥散圆的直径；$L$—拍摄距离；$\Delta L_1$—前景深；$\Delta L_2$—后景深；$\Delta L$—景深。

图 6-13　景深

前景深：

$$\Delta L_1 = \frac{F\delta L^2}{f^2 + F\delta L} \tag{6-6}$$

后景深：

$$\Delta L_2 = \frac{F\delta L^2}{f^2 - F\delta L} \tag{6-7}$$

景深：

$$\Delta L = \Delta L_1 + \Delta L_2 = \frac{2f^2 F\delta L^2}{f^4 - F^2\delta^2 L^2} \tag{6-8}$$

影响景深的重要因素如下。

（1）镜头光圈：光圈越大，景深越浅；光圈越小，景深越深。

（2）镜头焦距：焦距越长，景深越浅；焦距越短，景深越深。

（3）物体与背景之间的距离：距离越远，景深越深；距离越近，景深越浅。

（4）物体与镜头之间的距离：距离越远，景深越浅；距离越近（不能小于最小拍摄距离），景深越深。

### 6.2.3 工业镜头的分类

镜头的结构复杂多样，所以分类的方法也很多，常见的分类方法有以下 3 种。

#### 1. 按镜头的焦距分类

根据焦距能否调节，镜头可分为定焦镜头和变焦镜头。根据焦距的长短，镜头又可分为短焦距镜头、中焦距镜头、长焦距镜头。焦距范围的划定随着画幅尺寸的不同而改变。变焦镜头可分为手动变焦镜头和电动变焦镜头两大类。变焦镜头上都有变焦环，调节该环可以使镜头的焦距值在预定范围内灵活改变。变焦镜头的最长焦距值和最短焦距值的比值被称为该镜头的变焦倍率。变焦镜头由于具有可连续改变焦距值的特点，在需要经常改变摄影视场的情况下使用非常方便，所以在摄影领域应用非常广泛。

实际中常用的镜头焦距在 4～20 mm 有很多等级，如何选择焦距合适的镜头是进行机器视觉系统设计需要考虑的一个主要问题。对于机器视觉系统的常见设计模型，一般根据成像的放大率和物距这两个条件来选择焦距合适的镜头。

#### 2. 按镜头的接口类型分类

镜头和摄像机之间的接口有许多不同的类型，工业摄像机常用的接口有 C 接口、CS 接口、F 接口、V 接口、T2 接口、徕卡接口、M42 接口、M50 接口等。接口的类型与镜头的性能及质量并无直接关系，只是接口形式的不同，一般也可以找到各种常用接口之间的转换接口。

C 接口和 CS 接口是工业摄像机中最常见的国际标准接口，两者均为 1 in−32UN 英制螺纹连接口，C 接口和 CS 接口的螺纹连接是一样的，其区别在于 C 接口的后截距为 17.5 mm，而 CS 接口的后截距为 12.5 mm。所以 CS 接口的摄像机可以与 C 接口和 CS 接口的镜头连接使用，只是与 C 接口的镜头连接使用时需要加一个 5 mm 的接圈，而 C 接口的摄像机则不能与 CS 接口的镜头连接使用。

F 接口是尼康镜头的标准接口，所以又称尼康接口，也是工业摄像机中常用的接口类型，一般摄像机的靶面大于 1 in 时须用 F 接口的镜头。

V 接口是施耐德镜头主要使用的标准接口，一般用于摄像机靶面较大或具有特殊用途的镜头中。

#### 3. 按镜头的用途分类

（1）移轴镜头：在使用常规镜头拍摄时，由于成像圈不足，拍摄物体的全貌，会有一定的变形，而移轴镜头就可以通过偏移来增加成像圈以拍摄全貌。

（2）微距镜头：微距镜头是一种用于微距摄影的特殊镜头，较移轴镜头更加常见。微距镜头的分辨率相当高，图像中心与边缘都具有一样的质量，且反差较高，色彩还原效果佳。微距镜头的清晰焦点范围很小，因此在拍摄时，需要注意精确对焦。

（3）鱼眼镜头：焦距在 16 mm 以下的镜头被称为鱼眼镜头。在外形上，鱼眼镜头的最外层镜片类似鱼的眼睛，是向前凸出的，镜头视野包容的视域达 180°以上，画面四边的景物线条变成弧形甚至圆形，有类似鱼眼观看的效果，所以被称为鱼眼镜头。鱼眼镜头也是一种广角镜头，其视角比超广角还要大，拍摄时几乎不用调焦，近大远小的透视关系明显，空间感极强，但影像失真现象明显。

## 6.3　工业相机的认识

工业相机是机器视觉系统中的关键组件，其功能就是将光信号转换为有序的电信号。选择合适的相机关系到所采集图像的分辨率、质量等因素。

### 6.3.1　工业相机成像的原理

用一个带有小孔的板遮挡在屏幕与物体之间，屏幕上就会形成物体的倒像，这样的现象被称为小孔成像，如图 6-14 所示。

图 6-15 所示为相机成像示意图，相机的成像原理来源于小孔成像，其镜头相当于智能化的小孔，通过复杂的镜头组件实现不同的成像距离。

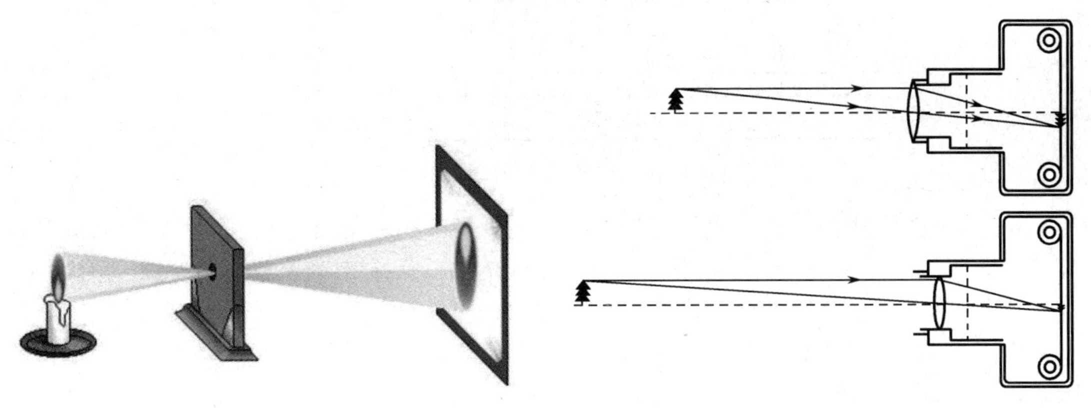

图 6-14　小孔成像

图 6-15　相机成像示意图

对胶片相机而言，景物的反射光线经过镜头的汇聚，首先在胶片上形成潜影，这个潜影是光和胶片上的乳剂发生化学反应的结果，然后经过显影和定影处理形成影像。数码相机通过光学系统将影像聚焦在成像元件 CCD/CMOS 上，先通过 VD 转换器将每个像素上的光电信号转换为数码信号，再经过数字信号处理器（DSP）处理成数码图像，存储在存储介质中。

下面以 CCD 为例简单描述相机的成像原理与过程。

（1）当使用数码相机拍摄景物时，景物反射的光线通过数码相机的镜头透射到 CCD 上。

（2）当 CCD 曝光后，光敏二极管受到光线的激发而释放出电荷，生成感光元件的电信号。

（3）CCD 芯片利用感光元件中的控制信号电路对 LED 产生的电流进行控制，由电流传输电路输出，CCD 会将一次成像产生的电信号收集起来，统一输出给放大器。

（4）经过放大和滤波后的电信号被传送到模数转换器（ADC）中，由模/数转换器将电信号（模拟信号）转换为数字信号，其数值的大小和电信号的强度与电压的高低成正比，这些数值其实也是图像的数据。

（5）这些图像数据还不能直接生成图像，还要输出到 DSP 中，首先 DSP 对这些图像数据进行色彩校正、白平衡处理，并编码为数码相机所支持的图像格式、分辨率，然后这些图像数据才会被存储为图像文件。

### 6.3.2　CCD 传感器与 CMOS 传感器的成像过程

#### 1. CCD 传感器

（1）电荷耦合器件（CCD）是固态图像传感器的敏感器件，CCD 具有光电转换、信号存储、转移、输出、处理及电子快门等独特功能。以图 6-16 所示的线阵 CCD 传感器为例来描述 CCD 传感器的结构。CCD 传感器由一行对光线敏感的光电式传感器组成，光电式传感器一般为光栅晶体管或光敏二极管。每种光电式传感器存储的电子数量的上限，通常取决于光电式传感器的大小。曝光时光电式传感器累积电荷，通过转移门电路，电荷被移至串行读出寄存器而被读出。每个光电式传感器对应一个串行读出寄存器。串行读出寄存器也是光敏的，必须由金属护罩遮挡，以避免读出期间接收到其他光子。读出的过程是将电荷转移到电荷转换单元，电荷转换单元将电荷转换为电压，并将电压放大。每个 CCD 传感器最多由 4 个门组成，这些门在一定方向上传输电荷。电荷转换为电压并放大后，就可以转换为模拟或数字视频信号。数字视频信号是由模拟电压通过模数转换器转换为数字电压的。

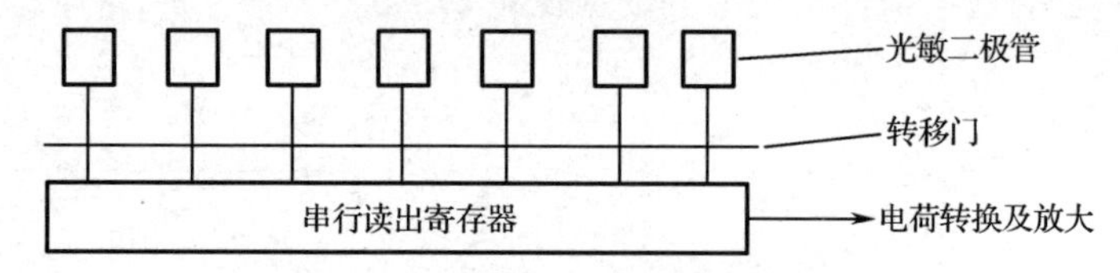


图 6-16　线阵 CCD 传感器的结构

线阵 CCD 传感器只能生成高度为 1 行的图像，在实际中用途有限，因此常通过多行组成二维图像。为了得到有效图像，线阵 CCD 传感器必须相对于被测物体做某种运动。第一种方法是将线阵 CCD 传感器安置在运动的被测物体（传送带）上方；第二种方法是被测物体不动，线阵 CCD 传感器相对被测物体运动，如印制电路板成像和平板扫描仪的原理。

使用线阵 CCD 传感器采集图像时，线阵 CCD 传感器本身必须与被测物体的平面平行并与其运动方向垂直以保证得到矩形像素。同时，根据线阵 CCD 传感器的分辨率，空间采样频率必须与摄像机、被测物体间的相对运动速度相匹配以得到矩形像素。如果相对运动速度是恒定的，那么可以保证所有采集到的图像具有一致性；如果相对运动速度是变化的，那么需要由编码器来触发线阵 CCD 传感器采集每行图像。相对运动可以由步进电动机驱动产生。

由于很难做到使线阵 CCD 传感器非常好地与被测物体的运动方向相匹配，所以在某些应用中，必须采用摄像机标定方法来确保测量精度达到要求。

（2）面阵 CCD 传感器。图 6-17 所示为全帧转移型面阵 CCD 传感器的结构。首先光在光电式传感器中转换为电荷，电荷按照行的顺序转移到串行读出寄存器中，然后按照与在线阵 CCD 传感器中相同的方式转换为视频信号。

在读出过程中，光电式传感器还在曝光，仍有电荷在积累。由于上面的像素要经过下面的像素移位移出，因此，像素积累的全部场景信息就会出现拖影现象。为了避免出现拖影现象，必须加上机械快门或利用闪光灯，这是全帧转移型面阵 CCD 传感器最大的缺点。其最大的优点是填充因子（像素光敏感区域与整个靶面之比）可达 100%，这可使像素的光敏度最大化及图像失真最小化。

为了解决全帧转移型面阵 CCD 传感器的拖影问题，可在全帧转移型面阵 CCD 传感器的基础上加上用于存储的传感器，在这个传感器上覆盖金属光屏蔽层，构成帧转移型面阵 CCD 传感器，其结构如图 6-18 所示。对于这种类型的传感器，图像产生于光敏传感器，然后转移至光屏蔽存储阵列，在空闲时从光屏蔽存储阵列中读出。

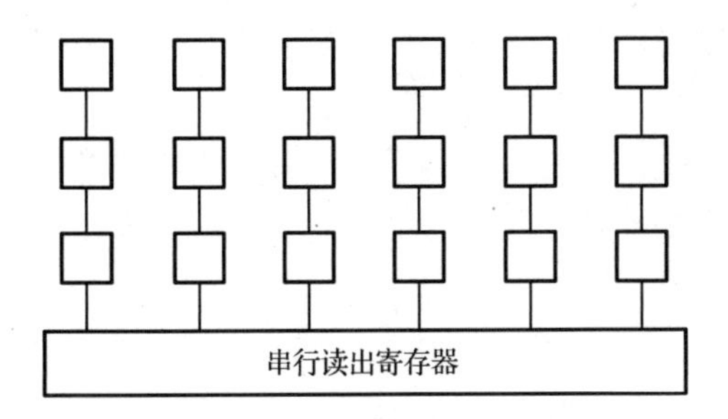


图 6-17　全帧转移型面阵 CCD 传感器的结构

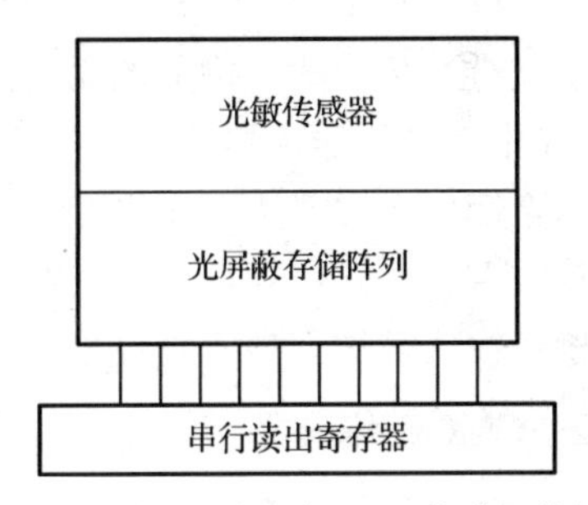


图 6-18　帧转移型面阵 CCD 传感器的结构

由于两个传感器间的转移速度很快，因此拖影现象可以大大减少。帧转移型面阵 CCD 传感器的最大优点是其填充因子可达 100%，而且不需要使用机械快门或闪光灯。但是，在两个传感器间传输数据的短暂时间内图像还在曝光，因此还有残留的拖影存在。帧转移型面阵 CCD 传感器的缺点是其通常由两个传感器组成，成本高。

由于高灵敏度和拖影等特征，全帧转移型面阵 CCD 传感器和帧转移型面阵 CCD 传感器通常用于曝光时间比读出时间长的科学研究等应用领域。

（3）隔列转移型 CCD 传感器。图 6-19 所示为隔列转移型 CCD 传感器的结构。除光电式传感器（通常情况下为光敏二极管）外，这种传感器还包含一个带有不透明金属屏蔽层的屏蔽垂直转移寄存器。图像曝光后，积累到的电荷通过传输门电路转移到屏蔽垂直转移寄存器中，这一过程通常在 1 μs 内完成。电荷通过屏蔽垂直转移寄存器移至串行读出寄存器，然后被读出并形成视频信号。

由于电荷从光敏二极管传输至屏蔽垂直转移寄存器的速度很快，因此图像没有拖影，所以不需要使用机械快门或闪光灯。隔列转移型 CCD 传感器的最大缺点是由于其传输寄存器需要占用空间，因此其填充因子可能低至 20%，图像失真严重。为了增加填充因子，通常在隔列转移型 CCD 传感器上加上微镜头来使光聚焦至光敏二极管，如图 6-20 所示。

CCD 传感器会产生高光溢出现象，就是当积累的电荷超过光电式传感器的容量时，电荷将溢出到相邻的光电式传感器中，图像中亮的区域就会显著放大。为了解决这个问题，可在

CCD 传感器上增加溢流沟道。加在溢流沟道上的电势差使得光电式传感器中多余的电荷通过溢流沟道流向衬底。溢流沟道可位于 CCD 传感器平面中每个像素的侧边（侧溢流沟道），也可埋于设备的底部（垂直溢流沟道）。侧溢流沟道通常位于屏蔽垂直转移寄存器的相反侧。图 6-19 中为垂直溢流沟道，该溢流沟道在屏蔽垂直转移寄存器的下面。

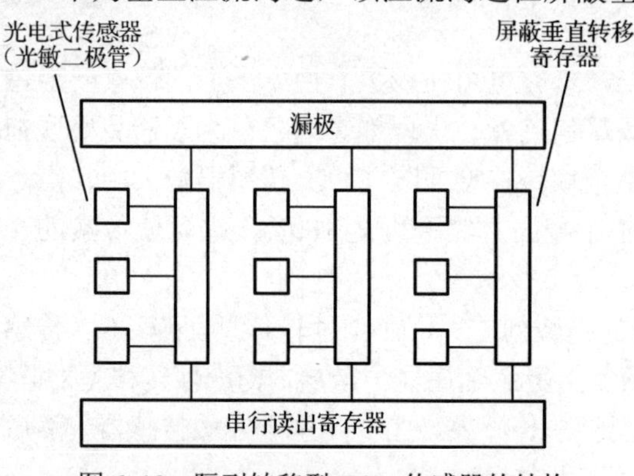


图 6-19　隔列转移型 CCD 传感器的结构

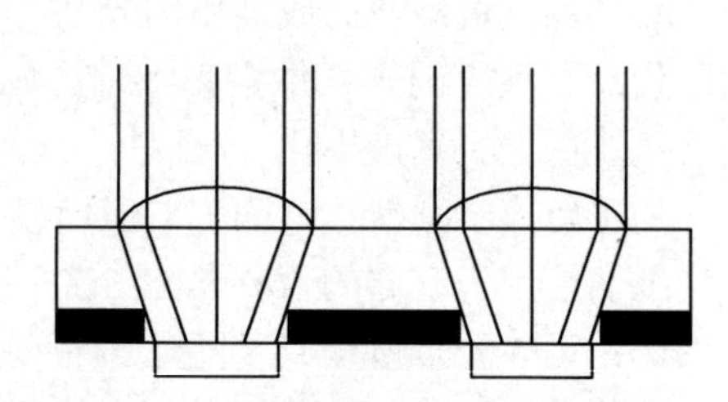

图 6-20　增加微镜头来增加填充因子

在 CCD 传感器上增加的溢流沟道可以用作摄像机的电子快门。将溢流沟道的电位置为“0”，光电式传感器不再充电，然后将溢流沟道的电位在曝光时间内置为“高”，即可以积累电荷直至读出。溢流沟道还可使 CCD 传感器在接收到外触发信号后立刻开始采集图像，也就是接收到外触发信号后整个 CCD 传感器可以立刻复位，图像开始曝光，然后正常读出。这种操作模式被称为异步复位。

### 2. CMOS 传感器

CMOS 传感器又称互补金属氧化物半导体。CMOS 传感器的结构如图 6-21 所示，CMOS 传感器通常用光敏二极管作为光电式传感器。与在 CCD 传感器中不同，光敏二极管中的电荷没有按顺序转移到串行读出寄存器中，CMOS 传感器的每一行都可以通过行、列选择电路直接被选择并被读出。CMOS 传感器的每个像素都有一个自己的独立放大器。这种类型的传感器也被称为主动像素传感器（APS）。CMOS 传感器常用数字视频信号作为输出。因此，图像每行中的像素通过模/数转换器阵列并行地转换为数字视频信号。

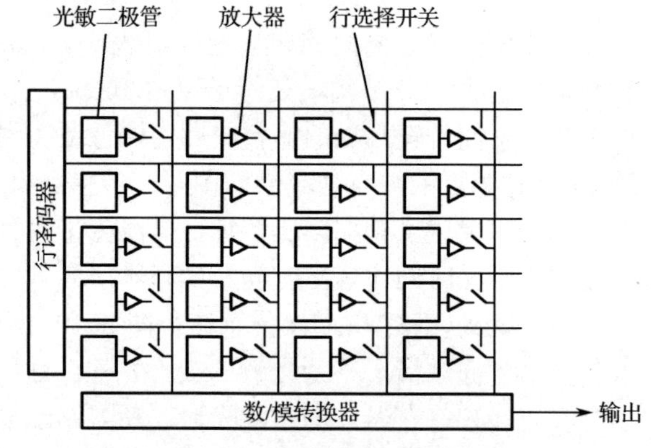


图 6-21　CMOS 传感器的结构

因为放大器及行、列选择电路常会用到每个像素的大部分面积，因此与隔列转移型 CCD 传感器一样，CMOS 传感器的填充因子很低，所以通常使用微镜头来增加填充因子和减少图像失真。

CMOS 传感器的随机读取特性使其很容易实现图像的矩形感兴趣区域（AOI）读出方式。与 CCD 传感器相比，CMOS 传感器在较小的 AOI 下可以得到更高的帧率。CCD 传感器虽然也可以实现 AOI 读出方式，但其读出方式决定了 CCD 传感器必须将 AOI 上方和下方所有行的数据转移出去再丢掉。由于丢掉行的速度比读出速度要快，因此这种方法也可以提高 CCD 传感器的帧率。

由于 CMOS 传感器的每一行都可以独立读出，因此得到一幅图像最简单的方式就是一行一行曝光并读出。对于连续的行，曝光时间和读出时间可以重叠，这被称为行曝光。这种读出方式使图像的第一行和最后一行有很大的采集时差，如图 6-22（a）所示，得到的运动物体图像将产生明显的变形。对于运动物体，必须使用全局曝光的传感器。全局曝光的传感器对应的每个像素都需要一个存储区，从而降低了填充因子。图 6-22（b）所示为对运动物体使用全局曝光得到的正确图像。

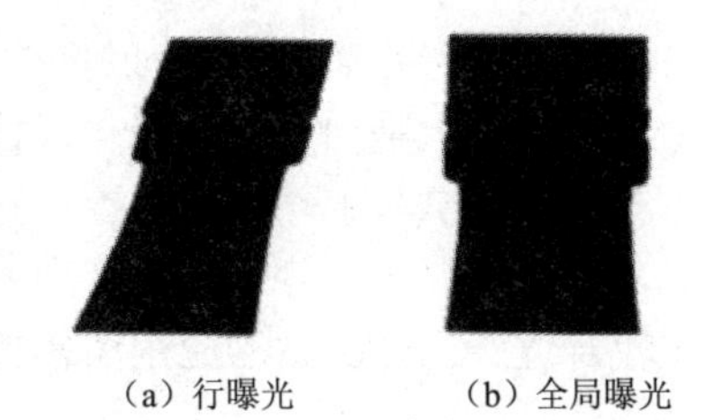
（a）行曝光　（b）全局曝光

图 6-22　对运动物体使用行曝光和全局曝光得到图像的比较

### 6.3.3　工业相机的基本参数

#### 1. 传感器的尺寸

CCD 传感器和 CMOS 传感器有多种生产尺寸，最常见的是传感器的长度、宽度及对角线的长度，多以英寸（in）为单位。在 CCD 传感器出现之前，摄像机利用一种被称为“光导摄像管”的成像器件感光成像，这种电子管的直径大小决定了成像的面积大小。因此，人们用光导摄像管的直径尺寸来表示具有不同感光面积的产品的型号。CCD 传感器出现之后，最早被大量应用在摄像机上，因此自然而然地沿用了光导摄像管的尺寸表示方法，进而扩展到所有类型的图像传感器的尺寸表示方法上。光导摄像管的直径与 CCD、CMOS 传感器成像靶面面积之间没有固定的换算公式，从实际情况来看，CCD、CMOS 传感器成像靶面的对角线长度大约相当于光导摄像管直径的 2/3。因此，表 6-2 中传感器的对角线长度大约是传感器标称尺寸的 2/3，传感器的宽度大约是传感器标称尺寸的一半。

表 6-2　典型传感器的尺寸及其分辨率为 640 像素×480 像素时对应的像素间距

| 尺寸/in | 宽度/mm | 高度/mm | 对角线长度/mm | 像素间距/μm |
|---|---|---|---|---|
| 1 | 12.8 | 9.6 | 16 | 20 |
| 2/3 | 8.8 | 6.6 | 11 | 13.8 |
| 1/2 | 6.4 | 4.8 | 8 | 10 |
| 1/3 | 4.8 | 3.6 | 6 | 7.5 |
| 1/4 | 3.2 | 2.4 | 4 | 5 |

为传感器选择镜头时，必须使镜头尺寸大于或等于传感器的实际大小。例如，1/2 in 镜头不可以用在 2/3 in 的传感器中。表 6-2 中还列出了分辨率为 640 像素×480 像素时的像素间距。当传感器的分辨率提高时，像素间距将相应地减小。例如，当分辨率为 1 280 像素×960 像素时，像素间距减小一半。

CCD 传感器和 CMOS 传感器可产生不同的分辨率，从 640 像素×480 像素至 4 008 像素×2 672 像素，甚至更高，分辨率通常符合模拟视频信号标准，如 RS-170（640 像素×480 像素）、CCIR（768 像素×576 像素）；或者符合计算机显卡的分辨率，如 VGA（640 像素×480 像素）、XGA（1 024 像素×768 像素）、SXGA（1 280 像素×1 024 像素）、UXGA（1 600 像素×1 200 像素）、QXGA（2 048 像素×1 536 像素）等。一般来说，传感器的分辨率越高，帧率越低。

### 2. 帧速

帧速是指视频画面每秒钟传播的帧数，用于衡量视频信号的传输速度，单位为帧/s。动态画面实际上是由一帧帧静止画面连续播放而成的，机器视觉系统必须快速采集这些画面并将其显示在屏幕上才能获得连续运动的效果。采集处理时间越长，帧速就越低，如果帧速过低，画面就会产生停顿、跳跃现象。一般对机器视觉系统来说，30 帧/s 是最低限值，60 帧/s 比较合适。不同类型的应用所需的帧速各不相同，帧速的选择需要和实际的需求相匹配。

### 3. 分辨率

分辨率主要分为显示分辨率与图像分辨率两个方向。显示分辨率（屏幕分辨率）表示屏幕图像的精密度，是指显示器所能显示的像素有多少。显示器可显示的像素越多，画面就越精细，屏幕区域内能显示的信息也就越多。在显示分辨率一定的情况下，显示屏越小，图像越清晰；当显示屏大小固定时，显示分辨率越高，图像越清晰。图像分辨率是指每英寸中所包含的像素点数，其定义更接近分辨率本身的定义。

相机分辨率是指每次采集图像的像素点数：对于工业数码相机，相机分辨率一般直接对应于光电式传感器的像素点数；对于工业数字模拟相机，则取决于视频制式，PAL 制的分辨率为 768 分辨率×576 分辨率，NTSC 制的分辨率为 640 分辨率×480 分辨率。

### 4. 像素深度

像素深度是指存储每个像素所用的位数，它也可用来度量图像的分辨率。像素深度决定了彩色图像中每个像素可能有的颜色数，或者灰度图像中每个像素可能有的灰度级数。例如，一幅彩色图像的每个像素用 R、G、B 3 个分量表示，若每个分量用 8 bit 表示，那么一个像素共用 24 bit 表示，即像素深度为 24，每个像素可以是 $2^{24}$ 种颜色中的一种。一个像素的位数越多，它能表达的颜色数目就越多，它的深度就越深。一般情况下常用的像素深度为 8 bit，工业数码相机还会用到 10 bit、12 bit 等。

### 5. 曝光方式和快门速度

工业线阵相机采用逐行曝光的方式，可以选择固定行频和外触发同步的采集方式，曝光时间可以与行周期一致，也可设定一个固定的时间；工业面阵相机有帧曝光、场曝光和滚动行曝光等方式。工业数码相机一般都具有外触发采图功能，快门速度一般可达到 10 μs（快门速度一般通过几分之一秒来表示时间的长短），高速相机还可以更快。

### 6. 光谱响应特性

光谱响应特性是指图像传感器对不同光波的敏感性，一般响应范围为 350～1 000 nm。一些相机在靶面前加一个滤镜，用来滤除红外线，当系统需要对红外线感光时可去掉该滤镜。

## 练习题 6

### 一、选择题

1. 普通的工业数字摄像机和智能摄像机之间最根本的区别在于______。

A. 接口方式不同

B. 传感器的类型不同

C. 智能摄像机包含智能处理芯片，可以脱离计算机进行图像处理

D．模拟视频信号到数字视频信号的变换集成在相机内部

2．在机器视觉系统中，影响视野大小的因素有______。

A．物距　　B．像距　　C．成像面大小　　D．被摄物体大小

3．以下______属于常见的镜头接口类型。

A．F 接口　　B．C 接口　　C．CS 接口　　D．N 接口

4．下列______属于机器人视觉中的光源主要起到的作用。

A．增加亮度，方便人眼看清　　B．克服环境光的干扰，减小对图像的干扰

C．增加亮度，方便相机识别　　D．获取更高质量的图像

5．相机的标定是根据像素坐标系与世界坐标系的关系，利用一定的约束条件来求解相机的______及______的过程。

A．内外参数　　B．畸变系数　　C．外部参数　　D．相机尺寸

6．常见的 3D 相机光源有______。

A．激光　　B．结构光　　C．红外线　　D．紫外线

7．按照明方式分类，常见的光源类型有______。

A．背光源　　B．点光源　　C．环形光源　　D．同轴光源

8．选择镜头时需要注意______。

A．焦距　　B．目标高度

C．影像至目标的距离　　D．放大倍数

9．机器视觉系统一般由______等部分组成。

A．照明　　B．相机和镜头　　C．图像采集卡　　D．视觉处理器

10．______会影响相机焦距。

A．改变相机参数　　B．调整焦圈　　C．改变工作距离　　D．平移目标

11．机器视觉系统的硬件主要由______构成。

①镜头　②摄像机　③图像采集卡　④输入/输出单元　⑤控制装置

A．①②③⑤　　B．①②③④　　C．①②③④⑤　　D．①②⑤

12．机器视觉成像系统，采用镜头、______与图像采集卡等相关设备获取被观测目标的高质量图像，并将其传送到专用图像处理系统中进行处理。

A．照明　　B．工业相机　　C．激光雷达　　D．红外传感器

13．随着______、CPU 与 DSP 等硬件与图像处理技术的飞速发展，计算机视觉逐步从实验室理论研究转向工业领域的相关技术应用，从而产生了机器视觉。

A．CCD 传感器　　B．2D 视觉　　C．3D 视觉　　D．双目视觉

## 二、填空题

1．机器视觉系统主要由________、________、________组成。

2．按照射方式，光源系统分为________、________、________、________。

3．常见的人造光源有________、________、________。

4．被测物体到物镜之间的距离被称为________。

## 三、简答题

扫一扫看本章习题参考答案

1．简述光源的分类。

2．简述选择光源时应注意的问题。

# 第7章 数字图像处理基础

## 7.1 数字图像的定义与分类

### 7.1.1 数字图像的定义

图像是指能在人的视觉系统中产生视觉印象的客观对象，包括自然景物、拍摄到的图片、用数学方法描述的图形等。图像的要素有几何要素（刻画对象的轮廓、形状等）和非几何要素（刻画对象的颜色、材质等）。

下面主要介绍数字图像的实质和数字图像处理的一般步骤。简单地说，数字图像就是能够在计算机上显示和处理的图像，可根据其特性分为两大类——位图和矢量图。位图通常由数字阵列表示，常见的格式有 BMP、JPG、GIF 等；矢量图由矢量数据库表示，运用最多的就是 PNG 图形。本章只涉及数字图像中位图的处理与识别，后文提到的“图像”和“数字图像”是指位图。一般而言，使用数字摄像机或数字照相机得到的图像都是位图。

可以将一幅图像视为一个二维函数 $f(x, y)$，其中 $x$ 和 $y$ 为平面坐标，而在 $x$-$y$ 平面中的任意一对平面坐标$(x, y)$上的幅值 $f$ 被称为该点图像的灰度、亮度或强度。此时，如果 $f$、$x$、$y$ 均是非负有限离散的，则称该图像为数字图像（位图）。

一个大小为 $M \times N$ 的数字图像是由 $M$ 行、$N$ 列的有限元素组成的，每个元素都有特定的位置和幅值，代表了其所在行、列位置上的图像物理信息，如灰度和色彩等。这些元素被称为图像元素或像素。

扫一扫看教学课件：数字图像处理基础

### 7.1.2 数字图像的显示

无论是 CRT 显示器还是 LCD 显示器，都是由许多点构成的，显示数字图像时，这些点对应着图像的像素，称显示器为位映像设备。位映像是一个二维的像素矩阵，而位图就是采用位映像方法显示和存储的图像。当一幅图像被放大后，就可以明显地看出图像是由很多方格形状的像素构成的，位图示例如图 7-1 所示。

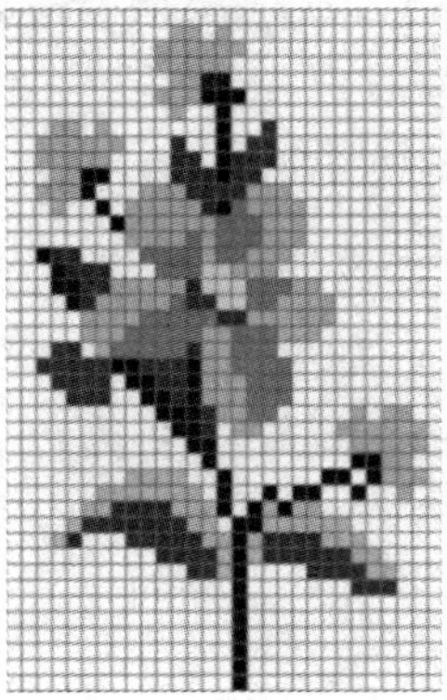

图 7-1　位图示例

### 7.1.3　数字图像的分类

根据每个像素所代表的信息不同，可将数字图像分为二值图像、灰度图像、RGB 图像和索引图像等。

#### 1. 二值图像

每个像素只有黑、白两种颜色的图像被称为二值图像。在二值图像中，像素只有 0 和 1 两种取值，一般用 0 表示黑色，用 1 表示白色。

#### 2. 灰度图像

在二值图像中加入许多介于黑色与白色之间的颜色深度，就构成了灰度图像。这类图像通常显示为从最暗黑色到最亮白色的灰度，每种灰度（颜色深度）被称为一个灰度级，通常用 $L$ 表示。在灰度图像中，像素可以取 0～$L$-1 之间的整数值，根据保存灰度数值所使用的数据类型不同，可能有 256 种取值或 $2k$ 种取值，当 $k$=1 时退化为二值图像。

#### 3. RGB 图像

众所周知，自然界中几乎所有颜色都可以由红（Red，R）、绿（Green，G）、蓝（Blue，B）3 种颜色组合而成，通常称它们为 RGB 三原色。计算机显示彩色图像时采用最多的就是 RGB 模型，对于每个像素，通过控制 R、G、B 的合成比例来决定该像素最终显示的颜色。

对于 RGB 三原色中的每一种颜色，可以像在灰度图像中那样用 $L$ 个等级来表示含有这种颜色的成分多少。例如，对于含有 256 个等级的红色，0 表示不含红色成分，255 表示含有 100%的红色成分；同样，绿色和蓝色也可以划分为 256 个等级。这样，每种原色可以用 8 位二进制数表示，于是三原色总共需要 24 位二进制数，这样能够表示出的颜色种类数目为 $256\times256\times256=2^{24}$，大约有 1 600 万种，已经远远超过普通人所能分辨出的颜色数目。

RGB 颜色代码可以用十六进制数减少书写长度，按照两位一组的方式依次书写 R、G、B 3 种颜色的级别。例如，0xFF0000 代表纯红色，0x00FF00 代表纯绿色，而 0x00FFFF 代表青色（绿色和蓝色的加和）。当 R、G、B 的浓度一致时，所表示的颜色就退化为灰度，如 0x808080 为 50%的灰色，0x000000 为黑色，而 0xFFFFFF 为白色。常见颜色的 RGB 组合值如表 7-1 所示。

表 7-1　常见颜色的 RGB 组合值

| 颜色 | R | G | B |
| --- | --- | --- | --- |
| 红色（0xFF0000） | 255 | 0 | 0 |
| 绿色（0x00FF00） | 0 | 255 | 0 |
| 蓝色（0x0000FF） | 0 | 0 | 255 |
| 黄色（0xFFFF00） | 255 | 255 | 0 |
| 紫色（0xFF00FF） | 255 | 0 | 255 |
| 青色（0x00FFFF） | 0 | 255 | 255 |
| 白色（0xFFFFFF） | 255 | 255 | 255 |
| 黑色（0x000000） | 0 | 0 | 0 |
| 灰色（0x808080） | 128 | 128 | 128 |

未经压缩的原始BMP文件就是使用RGB标准给出的3个数值来存储图像数据的，被称为RGB图像。在RGB图像中，每个像素都是用24位二进制数表示的，故也被称为24位真彩色图像。

#### 4. 索引图像

如果对每个像素都直接使用 24 位二进制数表示，图像文件的体积将十分庞大。例如，对一个长、宽各为200像素，颜色数为16种的彩色图像，每个像素都用R、G、B 3个分量表示。这样，每个像素用3字节（3 B）表示，整幅图像就是200×200×3 B=120 000 B。这种完全未经压缩的表示方式，浪费了大量的存储空间。下面简单介绍一种更节省空间的存储方式：索引图像。

同样是200像素×200像素的16色图像，由于这幅图像中最多只有16种颜色，那么可以用一张颜色表（16×3的二维数组）保存这16种颜色对应的RGB值，在表示图像的矩阵中将这16种颜色在颜色表中的索引（偏移量）作为数据写入相应的行、列位置。例如，颜色表中的第 3 个元素为 0xAA1111，那么在图像中，所有颜色为 0xAA1111 的像素均可以由 3−1=2 表示（颜色表中的索引下标从 0 开始）。这样，每个像素所使用的二进制数就仅仅为 4 位（0.5 B），整个图像只需要200×200×0.5 B=20 000 B就可以存储，而且不会影响显示质量。

Windows位图中应用了调色板技术。其实不仅是Windows位图，许多其他的图像文件格式，如PCX、TIF、GIF都应用了这种技术。

在实际应用中，调色板中的颜色通常少于256种。在使用许多图像编辑工具生成或编辑GIF 文件时，常常会提示用户选择文件包含的颜色数目。当选择较少的颜色数目时，将会有效地减小图像文件的体积，但这也在一定程度上降低了图像的质量。使用调色板技术可以减小图像文件体积的原因是图像的像素数目相对较多，而颜色种类相对较少。

### 7.1.4　数字图像的原理

实际上，上文中对数字图像$f(x, y)$的定义仅适用于最为一般的情况，即静态的灰度图像。更严格地说，图像可以是2个变量（对于静态图像）或3个变量（对于动态图像）的离散函数，在静态图像的情况下是$f(x, y)$；如果是动态图像，则还需要时间参数$t$，即$f(x, y, t)$。函数值可能是一个数值（对于灰度图像），也可能是一个向量（对于彩色图像）。

下面从不同的角度来审视图像。

（1）从线性代数和矩阵论的角度来看，图像就是一个由图像信息组成的二维矩阵，矩阵的每个元素代表对应位置上的图像亮度/色彩信息。当然，这个二维矩阵在数据表示和存储上可能不是二维的，这是因为每个单位位置的图像信息可能需要不止一个数值来表示，这样可能需要一个三维矩阵对其进行表示。

（2）由于随机变化和噪声，图像在本质上具有统计性，因此有时将图像函数作为随机过程的实现来观察其存在的优越性。这时，有关图像的信息量和冗余的问题可以用概率分布和相关函数来描述和考虑。例如，如果知道其概率分布，可以用熵$H$来度量图像的信息量，这是信息论中一个重要的思想。

（3）从线性系统的角度考虑，图像及其处理也可以用冲激公式表达点展开函数的叠加。在使用这种方法对图像进行表示时，可以采用成熟的线性系统理论研究。在大多数情况下，图像处理可用线性化的方法去处理以方便简化。虽然实际的图像并不是线性的，但图像坐标和图像函数的取值都是有限的和非连续的。

为了表述像素之间的相对位置和绝对位置，通常还需要对像素的位置进行坐标约定，图像的坐标约定如图 7-2 所示。

在这之后，一幅物理图像就被转换成了数字矩阵，从而成为计算机能够处理的对象。图像的矩阵表示如下：

$$f(y,x)=\begin{bmatrix} f(0,0) & f(0,1) & \cdots & f(0,N-1) \\ f(1,0) & f(1,1) & \cdots & f(1,N-1) \\ \vdots & \vdots & & \vdots \\ f(M-1,0) & f(M-1,1) & \cdots & f(M-1,N-1) \end{bmatrix} \tag{7-1}$$

有时也可以使用传统矩阵表示法来表示图像和像素：

$$A=\begin{pmatrix} \alpha_{0,0} & \alpha_{0,1} & \cdots & \alpha_{0,N-1} \\ \alpha_{1,0} & \alpha_{1,1} & \cdots & \alpha_{1,N-1} \\ \vdots & \vdots & & \vdots \\ \alpha_{M-1,0} & \alpha_{M-1,1} & \cdots & \alpha_{M-1,N-1} \end{pmatrix} \tag{7-2}$$

其中行、列数（$M$ 行、$N$ 列）必须为正整数，而离散灰度级数目 $L$ 一般为 2 的 $k$ 次方，$k$ 为整数（使用二进制整数值表示灰度值），图像的动态范围为$[0, L-1]$，那么存储图像所需的比特数为 $B=MNk$。在矩阵 $f(y, x)$中，一般习惯采用先行下标、后列下标的表示方法，因此在这里先是纵坐标 $y$（对应行），然后才是横坐标 $x$（对应列）。

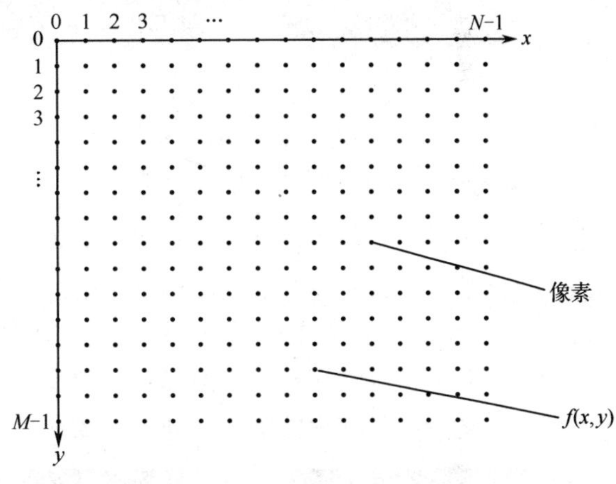


图 7-2　图像的坐标约定

在有些图像矩阵中，很多像素的值是相同的。例如，在一个纯黑的背景上使用不同灰度勾勒图像，大多数像素的值都是 0，这种矩阵被称为稀疏矩阵，可以通过简单地描述非 0 元素的值和位置来代替大量地写入 0 元素，这时存储图像需要的比特数可能会大大减少。

## 7.1.5　数字图像的分辨率

### 1. 空间分辨率

图像的空间分辨率（Spatial Resolution）是指图像中单位长度所包含的像素或点的数目，常以像素/英寸（ppi）为单位，如 72 ppi 表示图像中每英寸包含 72 个像素或点。分辨率越高，图像越清晰，图像文件所需的磁盘空间也越大，编辑和处理所需的时间就越长。

像素越小，图像中单位长度所包含的像素数据越多，分辨率越高，但同样物理大小范围内所对应图像的尺寸越大，存储图像所需要的字节数越多。因此，在图像的放大、缩小算法中，放大就是对图像过采样，缩小就是对图像欠采样。

图 7-3 所示为同一幅图像在不同的空间分辨率下呈现出的不同效果。将高分辨率下的图像以低分辨率显示时，在同等的显示或打印输出条件下，图像的尺寸变小，细节变得不明显；而将低分辨率下的图像放大时，则会导致图像的细节仍然模糊，只是尺寸变大。这是因为缩

小的图像已经丢失了大量的信息，在放大图像时只能通过复制行列的插值方法来确定新增像素的取值。

（a）128 ppi （b）64 ppi （c）32 ppi

（d）16 ppi （e）8 ppi （f）4 ppi

图 7-3　同一幅图像在不同的空间分辨率下呈现出的不同效果

**2. 灰度级分辨率**

在图像处理中，灰度级分辨率又叫作色阶，是指图像中可分辨的灰度级数目，即前文提到的灰度级数目 $L$，它与存储灰度级所使用的数据类型有关。由于灰度级度量的是投射到传感器上光辐射值的强度，因此灰度级分辨率也叫作辐射计量分辨率。

随着图像的灰度级分辨率逐渐降低，图像中包含的颜色数目变少，从而会在颜色方面造成图像信息受损，同样也使图像的细节表达受到一定影响，如图 7-4 所示。

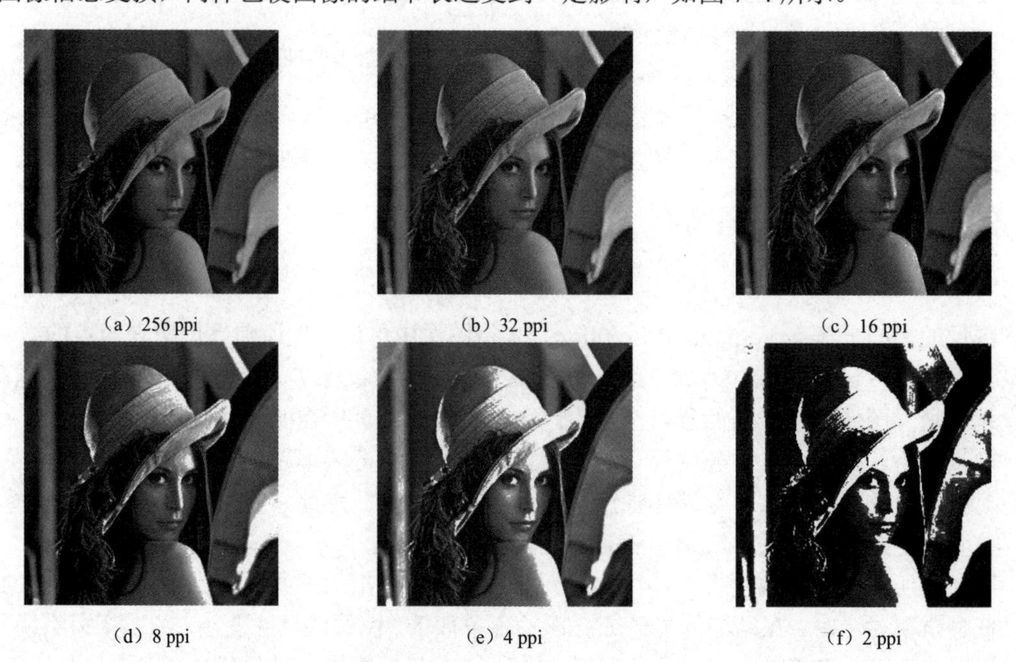

（a）256 ppi （b）32 ppi （c）16 ppi

（d）8 ppi （e）4 ppi （f）2 ppi

图 7-4　灰度级分辨率分别为 256 ppi、32 ppi、16 ppi、8 ppi、4 ppi 和 2 ppi 的图像

## 7.2　数字图像处理的基础

数字图像是由一组具有一定空间位置关系的像素组成的，因此具有一些度量和拓扑性质。首先要理解像素间的关系，这主要包括相邻像素、邻接性、连通性、区域、边界的概念，以及今后要用到的一些常见距离度量方法。

### 7.2.1　邻接性、连通性、区域和边界

为了理解这些概念，首先需要了解相邻像素的概念。依据不同的标准，可以关注像素 $P$ 的 4 邻域和 8 邻域，如图 7-5 所示。

|  | × |  |
|---|---|---|
| × | $P$ | × |
|  | × |  |

（a）$P$的4邻域$N_4(P)$

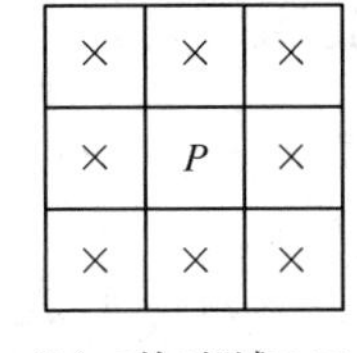

（b）$P$的8邻域$N_8(P)$

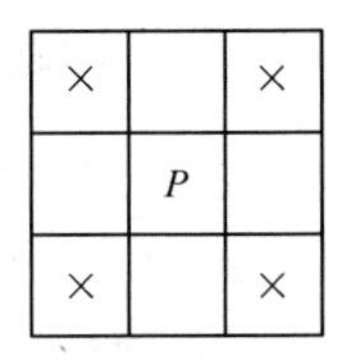

（c）$P$的对角邻域$N_D(P)$

图 7-5　$P$ 的各种邻域

#### 1. 邻接性

定义 $V$ 为决定邻接性的灰度值集合，它是一种相似性的度量，用于确定所需判断邻接性的像素之间的相似程度。例如，在二值图像中，如果认为只有灰度值为 1 的像素是相似的，则 $V=\{1\}$。由于相似性的规定具有主观性，因此也可以认为 $V=\{0, 1\}$，此时邻接性完全由位置决定；而对于灰度图像，这个集合中则可能包含更多的元素。

（1）4 邻接：如果 $Q\in N_4(P)$，则称具有 $V$ 中数值的两个像素 $P$ 和 $Q$ 是 4 邻接的。

（2）8 邻接：如果 $Q\in N_8(P)$，则称具有 $V$ 中数值的两个像素 $P$ 和 $Q$ 是 8 邻接的。

（3）对角邻域 $N_D(P)$：8 邻域中不属于 4 邻域的部分。

例如，图 7-6（a）、（b）分别为像素 $P$ 与 $Q$ 的 4 邻接示意图和 $P$ 与 $Q$、$Q_1$、$Q_2$ 的 8 邻接示意图。对于两个图像子集 $S_1$ 和 $S_2$，如果 $S_1$ 中的某些像素和 $S_2$ 中的某些像素相邻，则称这两个子集是邻接的。

| 0 | $Q$ | 0 |
|---|---|---|
| 0 | $P$ | 0 |
| 0 | 0 | 0 |

（a）4邻接示意图

| 0 | $Q$ | $Q_1$ |
|---|---|---|
| 0 | $P$ | 0 |
| 0 | 0 | $Q_2$ |

（b）8邻接示意图

图 7-6　4 邻接和 8 邻接示意图

#### 2. 连通性

为了定义像素的连通性，首先需要定义像素 $P$ 到像素 $Q$ 的通路，这建立在邻接性的基础上。

像素 $P$ 到像素 $Q$ 的通路指的是一个特定的像素序列$(x_0, y_0), (x_1, y_1), \cdots, (x_n, y_n)$，其中$(x_0, y_0)= (x_p, y_p)$，$(x_n, y_n)= (x_q, y_q)$，并且像素$(x_i, y_i)$和$(x_{i-1}, y_{i-1})$在满足 $1\leqslant i\leqslant n$ 时是邻接的。在上面的定义中，$n$ 为通路的长度，若$(x_0, y_0)=(x_n, y_n)$，则这条通路是闭合通路。对应于邻接的概念，有 4 通路和 8 通路之分。这个定义和图论中的通路定义是基本相同的，只是由于邻接概念的加入而变得更加复杂。

像素的连通性：令 $S$ 代表一幅图像中的像素子集，如果在 $S$ 中全部像素之间存在一个通路，则可以称两个像素 $P$ 和 $Q$ 在 $S$ 中是连通的。此外，对于 $S$ 中的任何像素 $P$，$S$ 中连通到该像素的像素集被称为 $S$ 的连通分量。如果 $S$ 中仅有一个连通分量，则 S 被称为连通集。

**3. 区域和边界**

区域的定义建立在连通集的基础上。令 $R$ 为图像中的一个像素子集，如果 $R$ 同时是连通集，则称 $R$ 为一个区域。

一个区域的边界是该区域中所有不在区域 $R$ 中的邻接像素组成的集合。显然，如果区域 $R$ 是整幅图像，那么边界就由图像的首行、首列、末行和末列定义。通常情况下，区域是指一幅图像的子集，并包括区域的边缘；而区域的边缘由具有某些导数值的像素组成，是一个像素及其直接邻域的局部性质，是一个有大小和方向属性的矢量。

### 7.2.2 测量距离的方法

假设对于像素 $P(x_p, y_p)$、$Q(x_q, y_q)$、$R(x_r, y_r)$而言，有函数 $D$ 满足如下 3 个条件，则函数 $D$ 被称为距离函数或度量。

（1）$D(P, Q)\geqslant 0$，当且仅当 $P=Q$ 时，有 $D(P, Q)=0$。

（2）$D(P, Q)=D(Q, P)$。

（3）$D(P, Q)\leqslant D(P, R)+D(R, Q)$。

常见的几种距离函数如下。

（1）欧氏距离：

$$D_e(P,Q)=\sqrt{(x_p-x_q)^2+(y_p-y_q)^2} \tag{7-3}$$

即距离等于由 $r$ 的像素点形成的以 $P$ 为圆心的圆。

（2）$D_4$ 距离（街区距离）：

$$D_4(P,Q)=\left|x_p-x_q\right|+\left|y_p-y_q\right| \tag{7-4}$$

即距离等于由 $r$ 的像素点形成的以 $P$ 为中心的菱形。

（3）$D_8$ 距离（棋盘距离）：

$$D_8(P,Q)=\max(|x_p-x_q|,|y_p-y_q|) \tag{7-5}$$

即距离等于由 $r$ 的像素点形成的以 $P$ 为中心的正方形。

距离函数可以用来对图像特征进行比较和分类。最常用的距离函数是欧氏距离，然而在数学形态学中，也可能使用街区距离和棋盘距离。

## 7.3 数字图像处理的预备知识

### 7.3.1 从数字图像处理到数字图像识别

数字图像处理、数字图像分析和数字图像识别是认知科学与计算机科学中的一个重要部分。从数字图像处理到数字图像分析，再发展到最前沿的数字图像识别，其核心都是对数字图像中所包含的信息进行提取及探索与其相关的各种辅助过程。

**1. 数字图像处理**

数字图像处理是指使用电子计算机对量化的数字图像进行处理，具体地说，就是通过对数字图像进行各种加工来改善数字图像的外观，是对数字图像的修改和增强。数字图像处理的输入是从传感器或其他来源获取的原始数字图像，输出是经过处理后的输出数字图像。数

字图像处理的目的可能是使输出数字图像具有更好的效果，以便于人的观察；也可能是为数字图像分析和识别做准备，此时的数字图像处理作为一种预处理步骤，输出数字图像将进一步供其他数字图像分析、识别算法使用。

**2. 数字图像分析**

数字图像分析是指对数字图像中感兴趣的目标进行检测和测量，以获得客观的信息。数字图像分析通常将一幅数字图像转换为另一种非数字图像的抽象形式，如数字图像中某物体与测量者的距离、目标对象的计数或尺寸等，包括边缘检测、图像分割、特征提取、几何测量与计数等。

数字图像分析的输入是经过处理的数字图像，其输出通常不再是数字图像，而是一系列与目标相关的数字图像特征，如目标的长度、颜色、曲率和个数等。

**3. 数字图像识别**

数字图像识别主要研究数字图像中各目标的性质和相互关系，识别出目标对象的类别，从而理解数字图像的含义。这包含了使用数字图像处理技术的很多应用项目，如光学字符识别、产品质量检验、人脸识别、自动驾驶、医学图像和地貌图像的自动判读理解等。

数字图像识别是数字图像分析的延伸，它根据从数字图像分析中得到的相关描述对目标进行归类，输出人们感兴趣的目标类别标号信息。

总而言之，从数字图像处理到数字图像分析再到数字图像识别，这个过程是一个将物体所含信息抽象化，尝试降低信息熵，提炼有效数据的过程。数字图像处理、数字图像分析和数字图像识别的关系如图 7-7 所示。

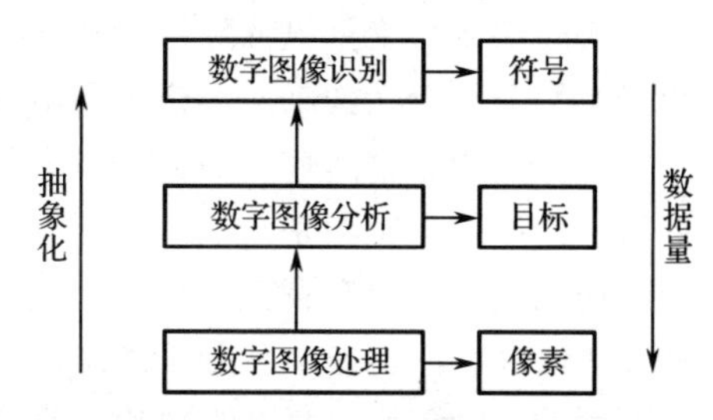


图 7-7　数字图像处理、数字图像分析和数字图像识别的关系

从信息论的角度来说，数字图像应当是物体所含信息的一个概括，而数字图像处理侧重于将这些概括的信息进行变换，如升高或降低熵值；数字图像分析则是将这些信息提取出来以供其他过程调用。

## 7.3.2　数字图像处理的应用实例

如今，数字图像处理与机器视觉系统的应用越来越广泛，已经渗透到国家安全、航空航天、工业控制、医疗保健等各个领域乃至人们的日常生活和娱乐当中，在国民经济中发挥着举足轻重的作用，数字图像处理的典型应用如表 7-2 所示。

表 7-2　数字图像处理的典型应用

| 相关领域 | 典型应用 |
| --- | --- |
| 安全监控 | 指纹验证、基于人脸识别的门禁系统 |
| 工业控制 | 产品无损检测、商品自动分类 |
| 医疗保健 | X 光照片增强、CT、核磁共振、病灶自动检测 |
| 生活娱乐 | 基于表情识别的笑脸自动检测、汽车自动驾驶、手写字符识别 |

### 1. 数字图像处理的典型应用——X 光照片增强

图 7-8（a）所示为一幅直接拍摄未经处理的 X 光照片，其对比度较低，图像细节难以辨识。图 7-8（b）所示为图 7-8（a）经过简单的增强处理的 X 光照片，图像较为清晰，可以有效地指导诊断和治疗。从图 7-8 中可以看出数字图像处理技术在辅助医学成像上的重要作用。

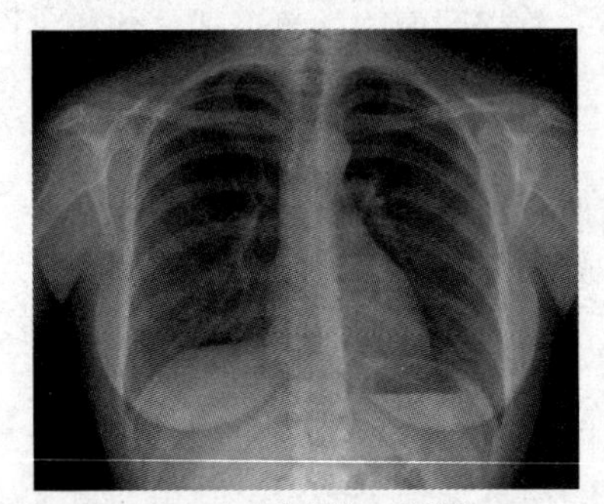

（a）未经处理的 X 光照片

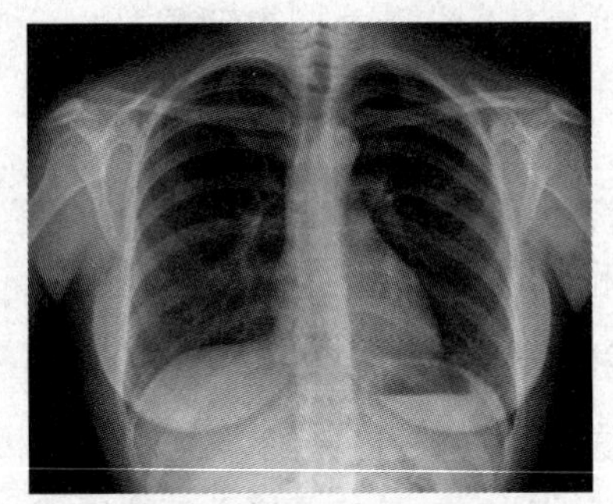

（b）经过增强处理的 X 光照片

图 7-8　图像处理前后的效果对比

### 2. 数字图像识别的典型应用——人脸识别

人脸识别技术是以计算机为辅助手段，从静态图像或动态图像中识别人脸的。例如，给定一个场景的静态或动态图像，利用已经存储的人脸数据库确认场景中的一个或多个人。一般来说，人脸识别研究一般分为三个部分：从具有复杂背景的场景中检测并分离出人脸所在的区域；提取人脸识别特征；匹配和识别。

虽然人类从复杂背景中识别出人脸及表情较为容易，但人脸的自动机器识别却极具挑战性。它包含了模式识别、数字图像处理、计算机视觉、神经生理学、心理学等诸多研究领域。

如同人的指纹一样，人脸也具有唯一性，可用来鉴别一个人的身份，人脸识别技术在商业、法律和其他领域有着广泛的应用。目前，人脸识别技术已成为法律部门打击犯罪的有力工具。此外，人脸识别技术的商业应用价值也正在日益增长，主要用于信用卡或自动取款机的个人身份核对。与利用指纹、手掌、视网膜、虹膜等其他人体生物特征进行个人身份鉴别的方法相比，人脸识别具有直接、友好、方便的特点，对个人来说没有任何心理障碍。

图 7-9 所示为一个基于主成分分析（Principal component Analysis，PCA）和支持向量机（Support Vector Machine，SVM）的人脸识别系统的简单界面。

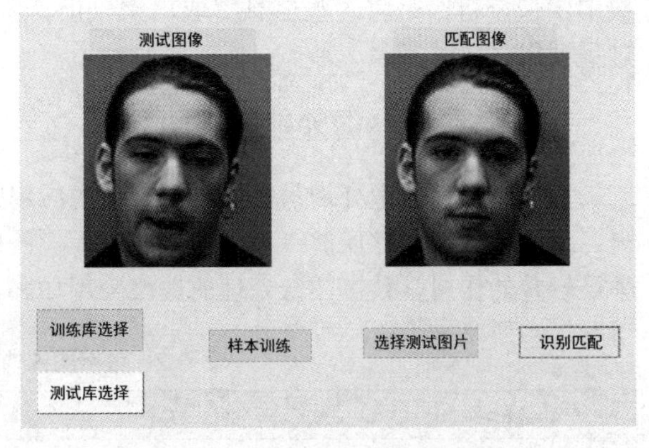


图 7-9　人脸识别系统的简单界面

## 7.3.3　数字图像处理与识别的基本内容

总体来说，数字图像处理与识别包括以下几项内容。

（1）图像的点运算。通过点运算可以有效地改善图像的外观，并在一定程度上实现图像

的灰度归一化。基于图像点运算的处理方法有图像拉伸、对比度增强、直方图均衡、直方图匹配等。

（2）图像的几何变换。图像的几何变换主要应用在图像的几何归一化和图像校准中，大多作为图像前期预处理工作的必要组成部分，是图像处理中相对固定和程式化的内容。

（3）图像增强。图像增强作为图像处理中相对简单却极具艺术性的领域之一，可将其理解为根据特定的需要突出一幅图像中的某些信息，同时，削弱或去除某些不需要的信息的处理方法。其主要目的是使处理后的图像对某种特定的应用来说，比原始图像更适用。作为图像处理中一个相当主观的领域（增强的目的是让人更好地观察和认知图像），图像增强是以下多种图像处理方法的前提与基础，也是获取图像后的先期步骤。

（4）小波变换。伴随着人们对图像压缩、边缘和特征检测及纹理分析需求的提高，小波变换应运而生。傅里叶变换一直是频率域图像处理的基石，它能用正弦函数之和表示任何分析函数，而小波变换则基于一些具有有限宽度的基小波，这些小波不仅在频率上是变化的，而且具有有限的持续时间。例如，对于一张乐谱，小波变换不仅能提供要演奏的音符，而且说明了何时演奏等细节信息，但是傅里叶变换只提供了音符，局部信息在变换中丢失了。

（5）图像复原。与图像增强相似，图像复原的目的也是提高图像质量。但是，图像复原试图利用退化过程中的先验知识使已被退化的图像恢复本来面目，而图像增强用某种试探的方式提高图像质量，以适应人眼的视觉与心理。引起图像退化的因素包括由光学系统、运动等造成的图像模糊，以及源自电路和光学因素的噪声等。图像复原是基于图像退化的数学模型，复原的方法也建立在比较严格的数学推导上。

（6）彩色图像处理。彩色图像处理实际上是从图像的类型分类的，主要包括全彩图像的处理，也包括灰度图像的伪彩色化。彩色图像处理相对二值图像处理和灰度图像处理更为复杂。

（7）形态学图像处理。这是一种将数学形态学推广应用于图像处理领域的新方法，是一种基于物体自然形态的图像处理分析方法。形态学的概念最早来源于生物学，是生物学中研究动物和植物结构的一门分支科学。数学形态学（又称图像代数）是一种以形态为基础对图像进行分析的数学工具，其基本思想是用具有一定形态的结构元素去度量和提取图像中的对应形状，以达到对图像进行分析和识别的目的。图像形态学往往用于边界提取、区域填充、连通分量提取、凸壳、细化、像素化等图像操作。

（8）图像分割。图像分割是指将一幅图像分解为若干互不交叠区域的过程，分割出的区域需要同时满足均匀性和连通性的条件。目标的表达与描述是指用组成目标区域的像素或组成区域边界的像素标出这一目标，并且对目标进行抽象描述，使计算机能充分利用所获得的图像分割后的结果。实际上，表达与描述的联系是十分紧密的，表达的方法限制了描述的精确性，而只有通过对目标进行描述，各种表达方法才有意义。

（9）特征提取。特征提取是指为了进一步处理之前得到的图像区域和边缘，使其成为一种更适合计算机处理的形式。为了使计算机能够“理解”图像，从而具有真正意义上的“视觉”，需要研究如何从图像中提取有用的数据或信息，得到图像的“非图像”的表达或描述，如数值、向量和符号等。这一过程就是特征提取，而提取出来的这些“非图像”的表达或描述就是特征。有了这些数值或向量形式的特征，就可以通过训练过程“教”计算机“懂得”这些特征，从而使计算机具有识别图像的本领。常用的图像特征有纹理特征、形状特征、空间关系特征等。

（10）对象识别。对象识别一般是指对前一步从图像中提取出的特征向量进行分类和理

解的过程，这涉及计算机技术、模式识别、人工智能等多方面的知识。这一步骤是建立在前面诸多步骤的基础上的，用来向上层控制算法提供最终所需的数据或直接报告识别结果。事实上，对象识别已经上升到了机器视觉层面。在众多实际项目中，对象识别都被作为替代传统图像处理手段的方式，应用在人脸识别、表情识别等中。

经过上述处理步骤，一幅最初原始的、可能存在干扰和缺损的图像就变成了其他控制算法需要的信息，从而实现了图像理解的最终目的。以上概括了图像处理的基本步骤，但不是每个图像处理系统都一定要执行所有步骤。事实上，很多图像处理系统并不需要处理彩色图像，或者不需要进行图像复原。在实际的图像处理系统设计中，应根据实际需要决定采用哪些步骤和模块。

## 7.4 数字图像的处理分析

### 7.4.1 点运算

点运算又称对比度增强、对比度拉伸或灰度变换，是一种通过图像中的每一个像素值（像素点上的灰度值）进行运算的图像处理方式。灰度变换是像素的逐点运算，它将输入图像映射为输出图像，输出图像中每个像素点的灰度值仅由对应的输入像素点的灰度值决定。

灰度变换不会改变图像内像素点之间的空间关系。灰度变换分为线性灰度变换和非线性灰度变换两种。线性灰度变换一般包括调节图像的对比度和灰度标准化，非线性灰度变换一般包括阈值化处理和直方图均衡化。

灰度变换是一种通过对图像中的每一个像素值进行计算，从而改善图像显示效果的操作。灰度变换是图像数字化及图像显示的重要工具。在真正进行像素处理之前，可以利用灰度变换来克服图像数字化设备的局限性。

设输入图像为 $A(x, y)$，输出图像为 $B(x, y)$，则灰度变换可表示为

$$B(x,y) = f[A(x,y)] \tag{7-6}$$

灰度变换完全由灰度映射函数 $f$ 决定，$f$ 可以是线性函数或非线性函数。

#### 1. 线性灰度变换

假定原图像 $f(x, y)$的灰度变换范围为$[a, b]$，希望变换后的图像 $g(x, y)$的灰度变换范围扩展为$[c, d]$，则采用下述线性灰度变换来实现：

$$g(x,y) = \frac{d-c}{b-a}[f(x,y)-a]+c \tag{7-7}$$

式（7-7）的关系可以用图 7-10 所示的线性灰度变换函数来表示。线性灰度变换的效果是使曝光不充分的图像中的黑白更显著，从而提高图像的灰度、对比度。线性灰度变换的处理效果图如图 7-11 所示。

#### 2. 分段线性灰度变换

为了突出图像中感兴趣的目标或灰度区间，相对抑制不感兴趣的灰度区间，从而降低其他灰度级上的细节，可以采用分段线性灰度变换，将需要的图像细节灰度拉伸，增强对比度，同时将不需要的细节灰度压缩。一般采用图 7-12 所示的分段线性灰度变换函数，其数学表达式如下：

$$g(x,y)=\begin{cases}(c/a)f(x,y), & 0<f(x,y)<a\\ [(d-c)/(b-a)][f(x,y)-a]+c, & a\leqslant f(x,y)\leqslant b\\ [(M-d)/(M-b)][f(x,y)-b]+d, & b<f(x,y)\leqslant F_{\max}\end{cases}\tag{7-8}$$

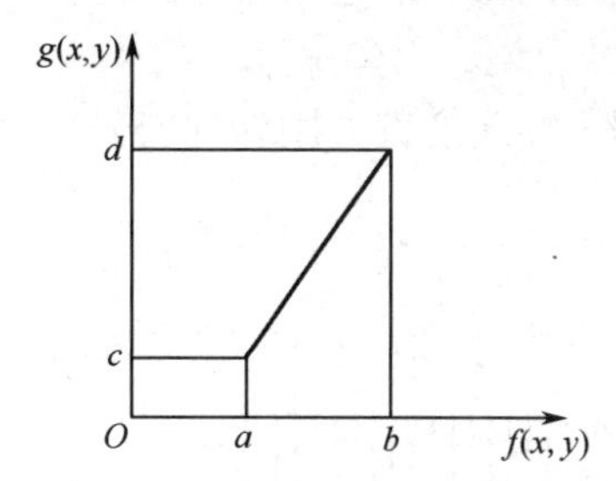


图 7-10　线性灰度变换函数

（a）变换前

（b）变换后

图 7-11　线性灰度变换的处理效果图

分段线性灰度变换的处理效果图如图 7-13 所示。

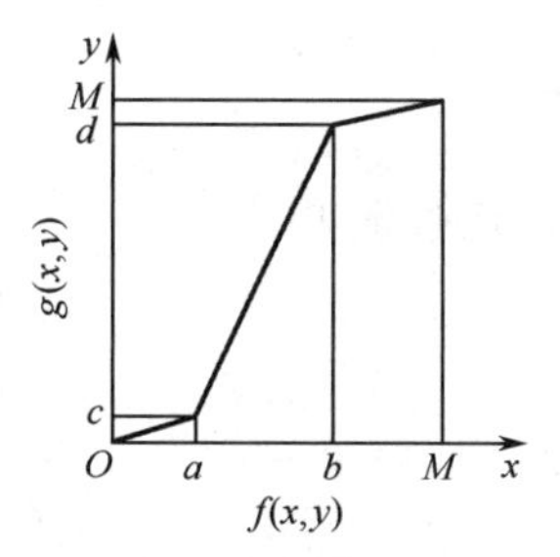


图 7-12　分段线性灰度变换函数

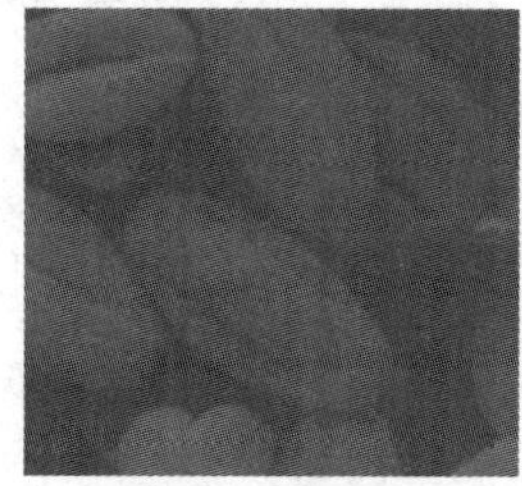

（a）变换前

（b）变换后

图 7-13　分段线性灰度变换的处理效果图

### 3. 对数变换

对数变换的一般表达式为

$$g(x,y)=a+\frac{\ln[f(x,y)+1]}{b\ln c}\tag{7-9}$$

式中，$a$、$b$、$c$ 是为了调整曲线的位置和形状而引入的参数。

对数变换常用来扩展低值灰度、压缩高值灰度，这样更容易看清低值灰度的图像细节。对数变换的处理效果图如图 7-14 所示。

（a）处理前

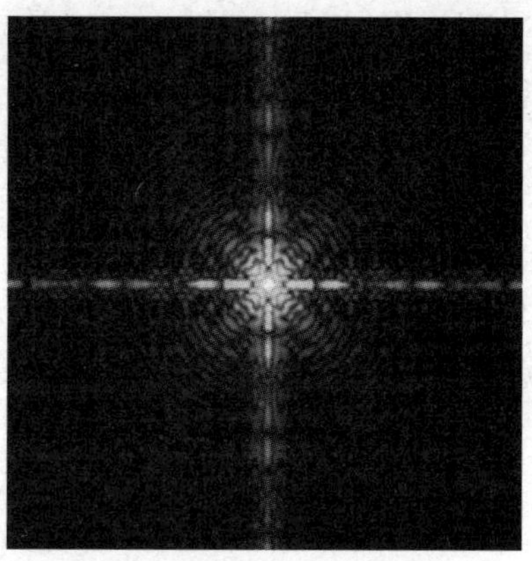

（b）处理后

图 7-14　对数变换的处理效果图

### 4. 直方图均衡化

灰度直方图反映了图像中每一个灰度级与其出现频率间的关系，它能描述该图像的概貌。通过修改直方图增强图像是一种实用而有效的处理方法，直方图修正法包括直方图均衡化及直方图规定化（匹配化）两类。

直方图均衡化（见图 7-15）是将原图像通过某种变换，得到一幅灰度直方图为均匀分布的新图像的方法。

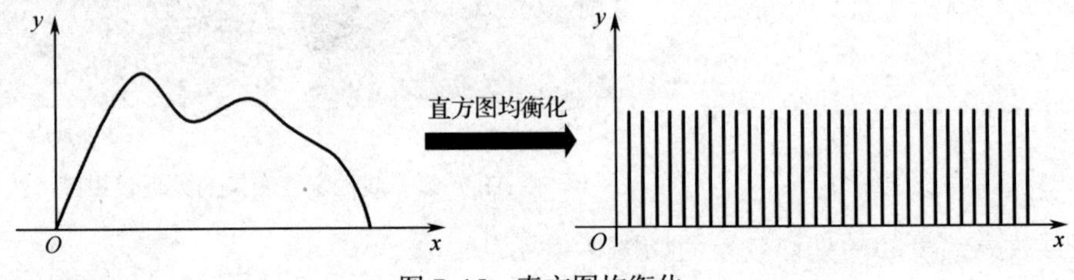


图 7-15　直方图均衡化

1）连续图像的直方图均衡化

设 $r$ 和 $s$ 分别表示归一化了的原图像灰度和经直方图修正后的图像灰度，即

$$0 \leqslant r,\ s \leqslant 1 \tag{7-10}$$

在[0, 1]区间内的任一个 $r$ 值，都可产生一个 $s$ 值，且

$$s = T(r) \tag{7-11}$$

$T(r)$作为变换函数，满足下列条件。

在 $0 \leqslant r \leqslant 1$ 内，$T(r)$为单调递增函数，保证灰度级从黑到白的次序不变。

在 $0 \leqslant r \leqslant 1$ 内，有 $0 \leqslant T(r) \leqslant 1$，确保映射后的像素灰度在允许的范围内。

傅里叶逆变换关系为

$$r = T^{-1}(s) \tag{7-12}$$

$T^{-1}(s)$ 对 $s$ 同样满足上述两个条件。

令 $p_r(r)$ 和 $p_s(s)$ 分别代表变换前后图像灰度级的概率密度函数，由基本概率理论得到一个基本结果。如果 $p_r(r)$ 和 $T(r)$ 已知，且 $T^{-1}(s)$ 满足上述两个条件，那么 $s$ 的概率密度函数 $p_s(s)$ 可由以下简单公式得到：

$$p_s(s) = \frac{d}{d_s}\left[\int_{-\infty}^{r} p_r(r)\mathrm{d}r\right] = p_r\frac{d_r}{d_s} = p_r\frac{d}{d_s}[T^{-1}(s)] \tag{7-13}$$

由此可知，输出图像的概率密度函数可以通过变换函数 $T(r)$ 控制原图像灰度级的概率密度函数得到，从而改善原图像的灰度层次，这就是直方图修正法的基础。

从人眼视觉特性来看，一幅图像的直方图如果是均匀分布的，即 $p_s(s) = k$（归一化时 $k = 1$），则该图像色调给人的感觉比较协调。因此将原图像直方图通过 $T(r)$ 调整为均匀分布的直方图，这样修正后的图像能满足人眼视觉要求。

因为归一化假定

$$p_s(s) = 1 \tag{7-14}$$

则有

$$d_s = p_r(r)d_r \tag{7-15}$$

两边积分得到

$$s = T(r) = \int_0^r p_r(r)\,\mathrm{d}r \tag{7-16}$$

式（7-16）表明，当变换函数为 $r$ 的累积直方图函数时，能达到直方图均衡化的目的。

2）离散图像的直方图均衡化

对于离散的图像，用频率来代替概率，则变换函数 $T(r_k)$ 的离散形式可表示为

$$s_k = T(r_k) = \sum_{j=0}^{k} p_r(r_j) = \sum_{j=0}^{k} \frac{n_j}{n} \tag{7-17}$$

式（7-17）表明，直方图均衡化后各像素的灰度值为 $s_k$，可直接由原图像的直方图算出，一幅图像的 $s_k$ 与 $r_k$ 之间的关系被称为该图像的累积灰度直方图。

直方图均衡化的过程（算法）如下。

（1）列出原始直方图的灰度级 $r_k$。

（2）统计原始直方图的各灰度级像素数 $n_k$。

（3）计算原始直方图的各概率：$p_k = n_k / N$。

（4）计算累计直方图：$s_k = \sum p_k$。

（5）取整：$s_k = \mathrm{int}[(L-1)s_k + 0.5]$。

（6）确定映射对应关系：$r_k \to s_k$。

（7）统计新直方图的灰度级像素数 $n'_k$。

（8）用 $p_k(s_k) = n'_k / N$ 计算新直方图。

其中，$L$ 为灰度层次数，$N$ 为图像的总像素数。图 7-16 所示为直方图均衡化前后对比图。

图 7-16　直方图均衡化前后对比图

### 7.4.2　平滑滤波

图像噪声是在图像处理过程中经常遇到的问题，它的存在会使图像的质量下降，因此解决图像噪声问题在图像处理过程中是不可忽视的。图像滤波就是一种重要的方式。

#### 1. 滤波的基本原理

原始图像的二维函数被分解为不同频率的信号后，高频信号携带了图像的部分细节信息（如图像的边界），低频信号包含了图像的粗糙背景信息。对这些不同频率的信号进行处理，就可以实现相应增强图像的目的。例如，加强低频信号，就可以加强图像细节对比，从而达到锐化的效果，去掉低频信号就可以把细节部分剔除，仅仅得到具有大致轮廓的图像。

在图像增强问题中，待增强的图像一般是给定的，在利用傅里叶变换获取频谱函数后，关键是选取滤波器。若利用滤波器强化图像的高频分量，则可使图像中物体的轮廓清晰、细节明显，这是高通滤波；若强化图像的低频分量，则可减少图像中噪声的影响，使图像平滑，这是低通滤波。

**2. 常用的基本滤波器**

1）低通滤波器

低通滤波器是指使低频通过而使高频衰减的滤波器。进行低通滤波的图像比原始图像少尖锐的细节部分，突出平滑过渡部分。

与低通滤波器对应的是高通滤波器，高通滤波器是指使高频通过而使低频衰减的滤波器。进行高通滤波的图像比原始图像少灰度级的平滑过渡，突出边缘等细节部分。

低通滤波器又称高阻滤波器，它是抑制图像频谱的高频信号而保留低频信号的一种模型（或器件）。低通滤波器起到突出背景或平滑图像的增强作用。常用的低通滤波器包括理想低通滤波器、梯形低通滤波器、巴特沃思低通滤波器、指数低通滤波器等。

低通滤波器的数学表达式为

$$G(u,v)=F(u,v)H(u,v) \tag{7-18}$$

式中，$F(u,v)$ 表示含有噪声的原图像的傅里叶变换；$H(u,v)$ 表示传递函数，又称转移函数；$G(u,v)$ 表示经过低通滤波后输出图像的傅里叶变换。

滤波后，经傅里叶逆变换可得平滑图像，即选择适当的传递函数 $H(u,v)$，对低通滤波效果有重要作用。

（1）理想低通滤波器。能够使信号在规定范围内的频率成分完全通过，而在其他范围内的频率成分完全被压制的（偶对称且零相位的）滤波器，被称为理想低通滤波器。

一个理想二阶低通滤波器的传递函数由下式表达：

$$H(u,v)=\begin{cases}1, & D(u,v)\leqslant D_0\\ 0, & D(u,v)>D_0\end{cases} \tag{7-19}$$

式中，$D_0$ 表示一个规定的非负量，被称为理想低通滤波器的截止频率；$D(u,v)$ 表示从点 $(u,v)$ 到频域平面的原点（$u$=$v$=0）的距离，即

$$D(u,v)=(u^2+v^2)^{1/2} \tag{7-20}$$

$H(u,v)$ 对 $u$、$v$ 来说，是一幅三维图形，如图 7-17（a）所示，二维视图如图 7-17（b）所示。

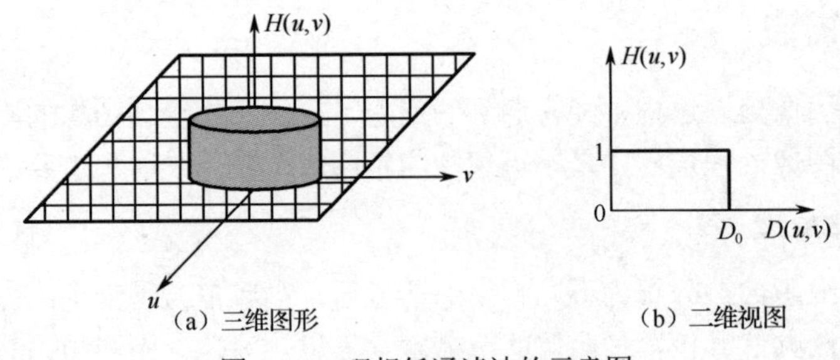


图 7-17　理想低通滤波的示意图

理想低通滤波器是指在以原点为圆心，截止频率 $D$ 为半径的圆内的所有频率分量都能通过，而在截止频率圆外的所有频率分量完全被截止（不能通过）的滤波器。

理想低通滤波器的平滑效果是明显的，但所带来的使图像模糊的现象总是存在的，并且随着 $D_0$ 减小，其模糊程度将更严重。这表明，图像中的边缘信息包含在高频分量梯形低通滤波器中。

（2）梯形低通滤波器。梯形低通滤波器的传递函数的表达式为

$$H(u,v)=\begin{cases}1, & D(u,v)<D_0\\ [D(u,v)-D_1]/(D_0-D_1), & D_0\leqslant D(u,v)\leqslant D_1\\ 0, & D(u,v)>D_1\end{cases} \tag{7-21}$$

梯形低通滤波器的传递函数如图 7-18 所示，从传递函数的图形可以看出，在 $D_0$ 的尾部包含一部分高频分量 $D_1>D_0$。因此，其结果图像的清晰度较理想低通滤波器结果图像的清晰度有所改善，振铃效应也有所减弱。应用时，可调整 $D_1$ 的值，使其既能平滑噪声，又能使图像保持允许的清晰程度。

（3）巴特沃思低通滤波器。巴特沃思低通滤波器以巴特沃思近似函数作为滤波器的系统函数，是一种可以物理实现的低通滤波器。巴特沃思低通滤波器的特点是通频带内的频率响应曲线最大限度平坦，没有起伏，而阻频带内的频率响应曲线逐渐下降为零。$n$ 阶截止频率为 $D_0$ 的巴特沃思低通滤波器的传递函数为

$$H(u,v)=\frac{1}{1+[D(u,v)/D_0]^{2n}} \tag{7-22}$$

这里 $D_0$ 的确定按如下原则：当 $H(u,v)$ 下降至原来的 1/2 时，$H(u,v)$ 的值为截止频率 $D_0$。巴特沃思低通滤波器的传递函数如图 7-19 所示。由于 $H(u,v)$ 在通过频率与滤去频率之间没有明显的不连续性（与梯形低通滤波器比较），更无阶跃或突变（与理想低通滤波器比较），而是存在一个平滑的过滤带，其结果图像比梯形低通滤波器和理想低通滤波器的结果图像更好。

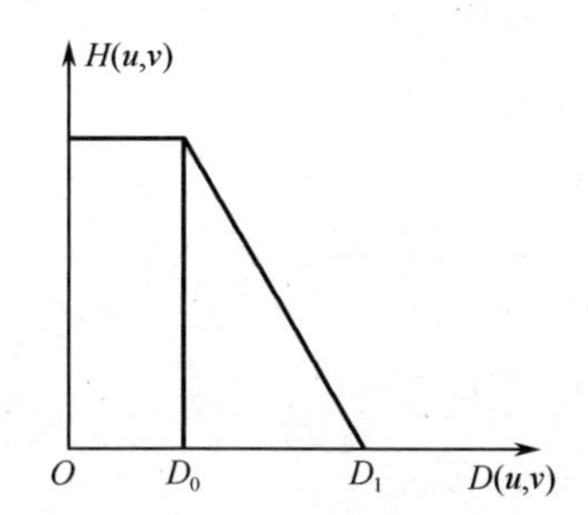

图 7-18　梯形低通滤波器的传递函数

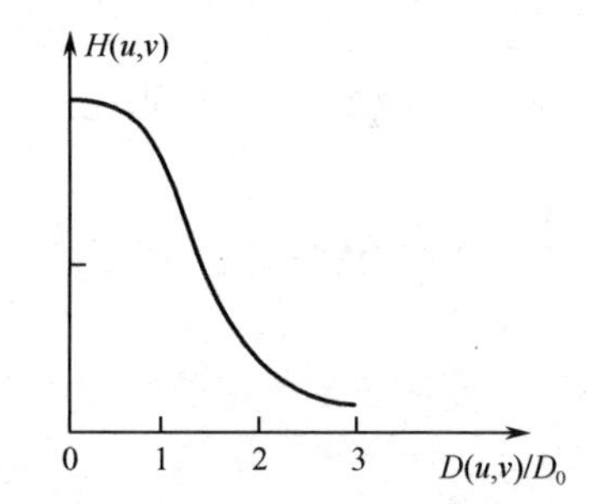

图 7-19　巴特沃思低通滤波器的传递函数

（4）指数低通滤波器。指数低通滤波器是图像处理中常用的一种平滑滤波器，其传递函数为

$$H(u,v)=\mathrm{e}^{-\left[\frac{D(u,v)}{D_0}\right]^n} \tag{7-23}$$

指数低通滤波器的传递函数如图 7-20 所示。由于传递函数的连续性，其通过频率到截止频率之间也是一条光滑带，所以结果图像也无振铃效应，其平滑效果同巴特沃思低通滤液器的平滑效果一样。

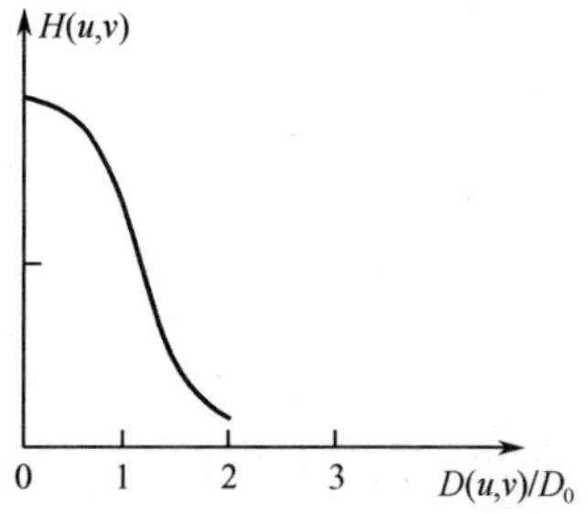

图 7-21 所示为低通滤波器的效果图，图 7-21（a）为原始图像，图 7-21（b）为理想低通滤波后的图像，图 7-21（c）为巴特沃思低通滤波后的图像。

图 7-20　指数低通滤波器的传递函数

（a）原始图像

（b）理想低通滤波后的图像

（c）巴特沃思低通滤波后的图像

图 7-21　低通滤波器的效果图

2）高通滤波器

高通滤波器又称低截止滤波器、低阻滤波器，它允许高于某一截频的频率通过，大大衰减较低频率。它去掉了信号中不必要的低频成分，或者说去掉了低频干扰。高通滤波可以使高频分量畅通，而频域中的高频分量对应着图像中灰度急剧变化的地方，这些地方往往是物体的边缘，因此高通滤波可使图像得到锐化处理，常用的高通滤波器包括理想高通滤波器、梯形高通滤波器、巴特沃思高通滤波器、指数高通滤波器等。同样利用式（7-18），选择一个合适的传递函数 $H(u, v)$，使它具有高通滤波特性。

（1）理想高通滤液器。理想高通滤波器的传递函数由下式表达：

$$H(u,v)=\begin{cases}0, & D(u,v)\leqslant D_0\\ 1, & D(u,v)>D_0\end{cases} \tag{7-24}$$

式中，$D_0$ 被称为理想高通滤波器的截止频率。理想高通滤波器的传递函数如图 7-22 所示，从图 7-22 中可以看出，其传递函数的形式与理想低通滤波器的相反，因为它把半径为 $D_0$ 的圆域内所有的低频完全衰减掉了，圆域外的所有频率则无损地通过。

（2）梯形高通滤波器。梯形高通滤波器的传递函数的表达式为

$$H(u,v)=\begin{cases}0, & D(u,v)<D_1\\ [D(u,v)-D_1]/(D_0-D_1), & D_1\leqslant D(u,v)\leqslant D_0\\ 1, & D(u,v)>D_0\end{cases} \tag{7-25}$$

梯形高通滤波器的传递函数如图 7-23 所示。$D_1$ 和 $D_0$ 是规定好的，且假定 $D_0>D_1$。

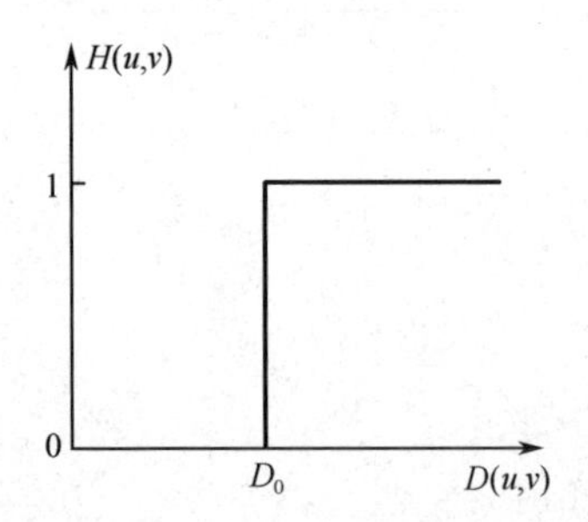


图 7-22　理想高通滤波器的传递函数

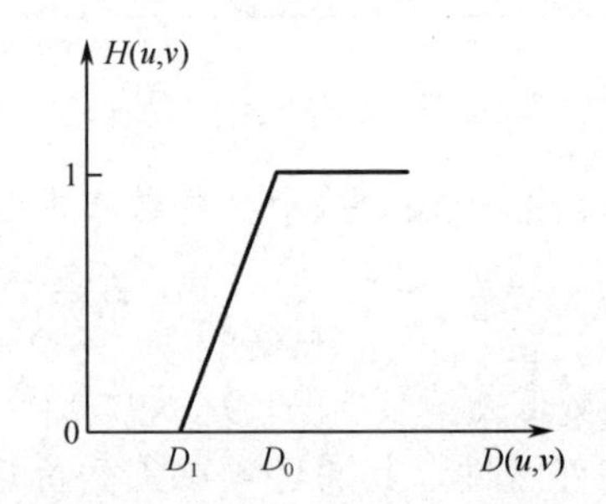


图 7-23　梯形高通滤波器的传递函数

（3）巴特沃思高通滤波器。理想高通滤波器不能通过电子元器件来实现，而且存在振铃效应，在实际中最常使用的高通滤波器是巴特沃思高通滤波器。

$m$ 阶截止频率为 $D_0$ 的巴特沃思高通滤波器的传递函数为

$$H(u,v)=\frac{1}{1+[D_0/D(u,v)]^{2n}} \tag{7-26}$$

式中，$D(u,v)$ 表示频域中点到频域平面的距离，为截止频率。当 $D(u,v)$ 大于 $D_0$ 时，对应的 $H(u,v)$ 逐渐接近 1，从而使高频分量得以通过；而当 $D(u,v)$ 小于 $D_0$ 时，对应的 $H(u,v)$ 逐渐接近 0，实现对低频分量的过滤。巴特沃思高通滤波器的传递函数如图 7-24 所示。

（4）指数高通滤波器。指数高通滤波器的截止频率为 $D_0$ 的传递函数为

$$H(u,v)=\mathrm{e}^{-\left[\frac{D_0}{D(u,v)}\right]^n} \tag{7-27}$$

指数高通滤波器的传递函数如图 7-25 所示，参量 $n$ 控制着 $H(u,v)$的增长率。

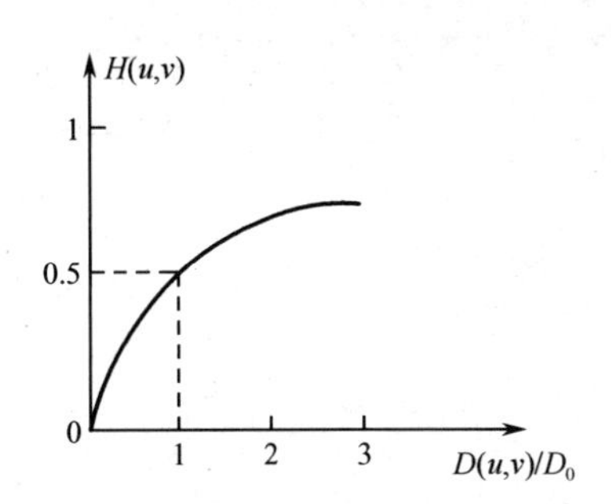


图 7-24　巴特沃思高通滤波器的传递函数

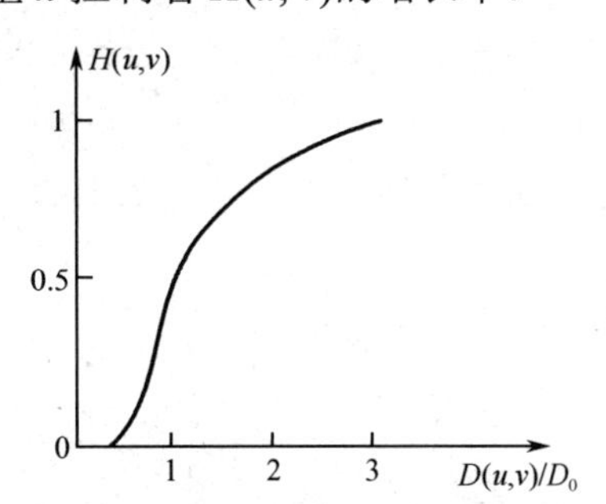


图 7-25　指数高通滤波器的传递函数

## 练习题 7

### 一、选择题

1．数字图像处理的研究内容包括______。

A．图像数字化　B．图像增强　C．图像分割　D．图像存储

2．一幅数字图像是______。

A．一个观测系统　B．一个由许多像素排列而成的实体

C．一个二维数组中的元素　D．一个三维空间的场景

3．属于图像识别在移动互联网中应用的有______。

①人脸识别　②识别各类东西　③检索各类图像

A．①②　B．②③　C．①②③　D．①③

4．以分辨率为 640 像素×480 像素图片为例，256 色图像的数据存储量为______。

A．200 KB　B．300 KB　C．400 KB　D．500 KB

5．一幅 4 位的图像能够区分______种亮度变化。

A．8　B．16　C．128　D．256

6．修改 HSV 颜色空间的 H 分量会改变图像的______。

A．色相　B．亮度　C．饱和度　D．对比度

7．图像识别任务可以分为三个层次，根据处理内容的抽象性，从低到高依次为______。

A．图像分析，图像处理，图像理解　B．图像分析，图像理解，图像处理

C．图像处理，图像分析，图像理解　D．图像理解，图像分析，图像处理

8．机器视觉系统的一般工作过程包括______。

A．图像采集　B．图像处理　C．特征提取　D．成本控制

9．属于数字图像格式的是______。

A．JPG　　B．GIF　　C．TIFF　　D．WAVE

10．图像与灰度直方图间的对应关系是______。

A．一一对应　　B．多对一　　C．一对多　　D．都不对

11．灰度图又叫______。

A．8 位深度图　　B．16 位深度图

C．24 位深度图　　D．32 位深度图

12．一幅灰度分布均匀的图像，灰度范围为[0, 255]，则该图像像素的存储位数为______。

A．2 位　　B．4 位　　C．6 位　　D．8 位

13．图像灰度方差说明了图像的______属性。

A．平均灰度　　B．图像对比度

C．图像整体亮度　　D．图像细节

## 二、简答题

1．图像的灰度变换是指什么？

2．直方图的性质有哪些？从图像直方图中能得到哪些信息？

3．图像频率增强的步骤有哪些？

4．请简述快速傅里叶变换的原理。

# 第8章 机器视觉的检测、测量、识别及定位

## 实训 8.1 In-Sight 软件的界面认识与基本操作

**【实训内容】**

（1）认识 In-Sight 软件电子表格的操作界面。

（2）掌握使用仿真器创建离线电子表格的编程项目、添加图片等基本操作。

**注意：** In-Sight 软件具有两个操作界面，一个是 EasyBuilder 视图界面，另一个是电子表格视图界面，EasyBuilder 视图界面仅适用于简单图像处理编程，对复杂算法较难适应，本书对此界面不予介绍。

扫一扫看教学课件：机器视觉的检测、测量、识别及定位 1

**【实训步骤】**

1）认识电子表格的操作界面

（1）打开 In-Sight 软件，在“In-Sight 网络”栏目下，右击本地计算机仿真器，单击“显示电子表格视图”选项，进入电子表格视图界面，如图 8-1 所示。

（2）系统进入电子表格视图界面，电子表格视图界面可分为菜单栏、网络栏、文件栏、电子表格区域、工具栏、选择板这几个区域，如图 8-2 所示。

① 菜单栏：In-Sight 软件使用了其他 Windows 应用程序的很多菜单，如文件、编辑、查看、插入、格式和帮助等，但有一些菜单是 In-Sight 软件特有的，如图像、传感器和系统等。

**注意：** In-Sight 软件中除以上主体功能外，还设有若干快捷按钮，这些快捷按钮一般设有图标，我们在编程过程中常会用到，之后会对部分快捷按钮的功能做详细介绍。

② 网络栏：在 In-Sight 软件的网络栏中可以看到计算机所在网络中的所有 In-Sight 相机和仿真器。

③ 文件栏：在 In-Sight 软件的文件栏中可以看到当前存储在 In-Sight 软件中的文件，如图 8-2 所示的“In-Sight 文件”区域。

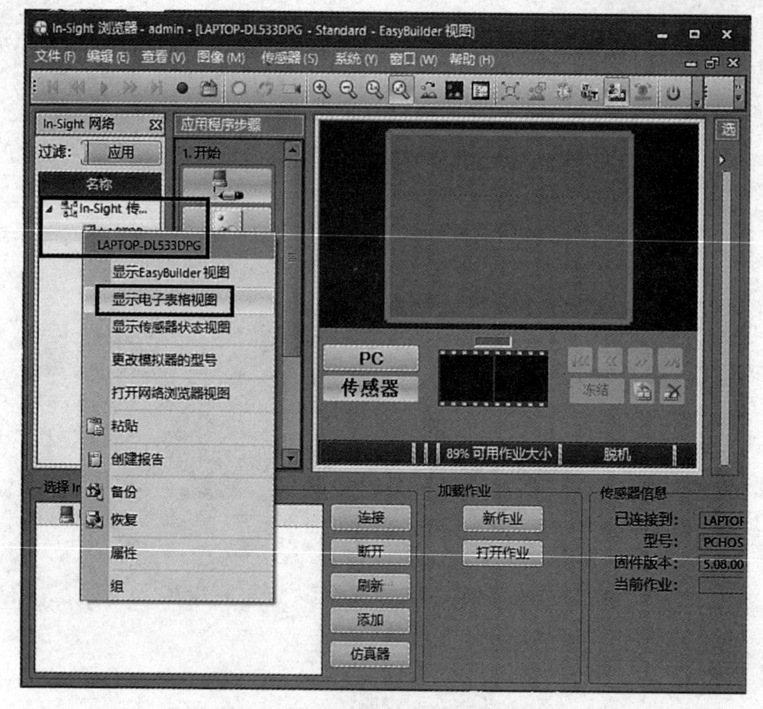


图 8-1　In-Sight 软件的打开界面

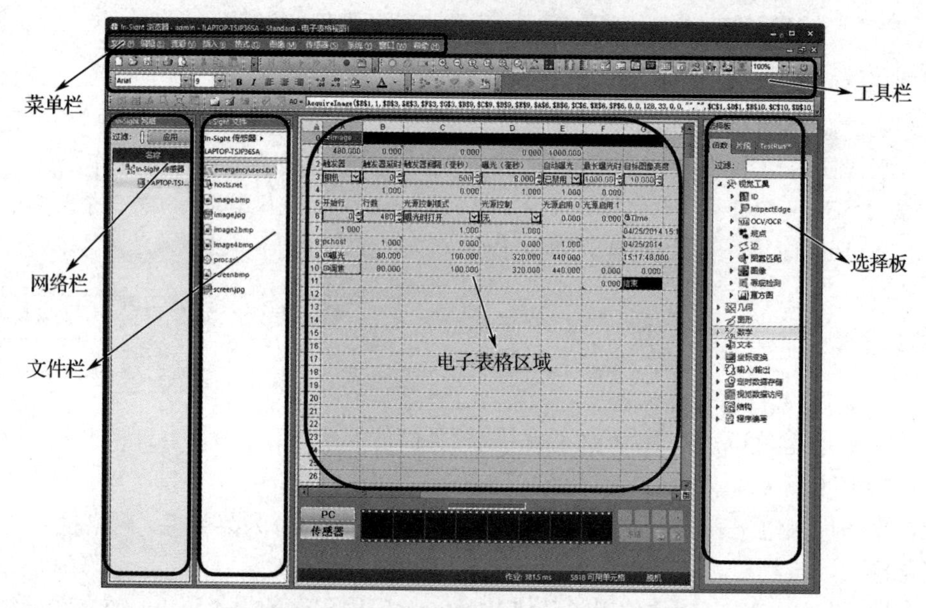


图 8-2　电子表格视图的功能区域介绍

④ 电子表格区域：电子表格区域可以用于组织和建立视觉应用程序，图 8-2 所示的电子表格区域类似 Excel 的表格区域。

⑤ 工具栏：在 In-Sight 软件中，菜单栏中的许多命令放置在工具栏中，便于在编程时查找、调用。

⑥ 选择板：在 In-Sight 软件的选择板中，可以将视觉工具应用在检查操作中，也可以直接把视觉工具拖放到电子表格区域内，用于程序编写。

2）使用仿真器创建离线电子表格的编程项目、添加图片等

（1）在“电子表格视图”界面中，单击菜单栏中的“文件”按钮，在打开的“文件”菜单中单击“新建作业”选项，弹出“新作业”对话框并提示“确实要清除当前作业的所有数据吗？”。

（2）在弹出的“新作业”对话框中，单击“是”按钮，如图 8-3 所示。

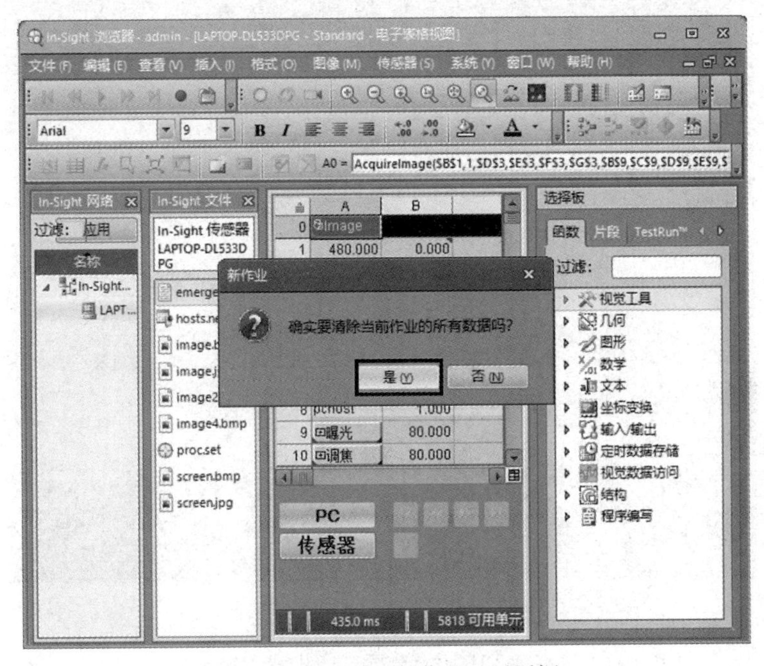


图 8-3　弹出的“新作业”对话框

（3）在工具栏中单击“记录/回放选项”快捷按钮，在弹出的“记录/回放选项”对话框中，单击“回放”选项卡，单击“回放文件夹”选区右端的文件路径设置按钮，如图 8-4 所示。

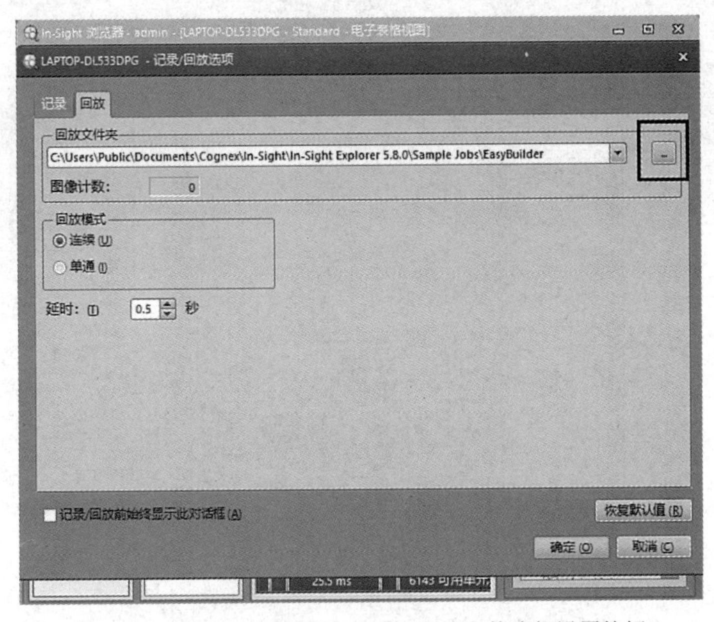


图 8-4　“记录/回放选项”对话框中的文件路径设置按钮

（4）在弹出的“浏览文件夹”对话框中，选择本地文件夹路径，将待加载图片置于该路径下，完成后，单击“确定”按钮。

（5）文件路径设置完成后，单击“确定”按钮，如图 8-5 所示。

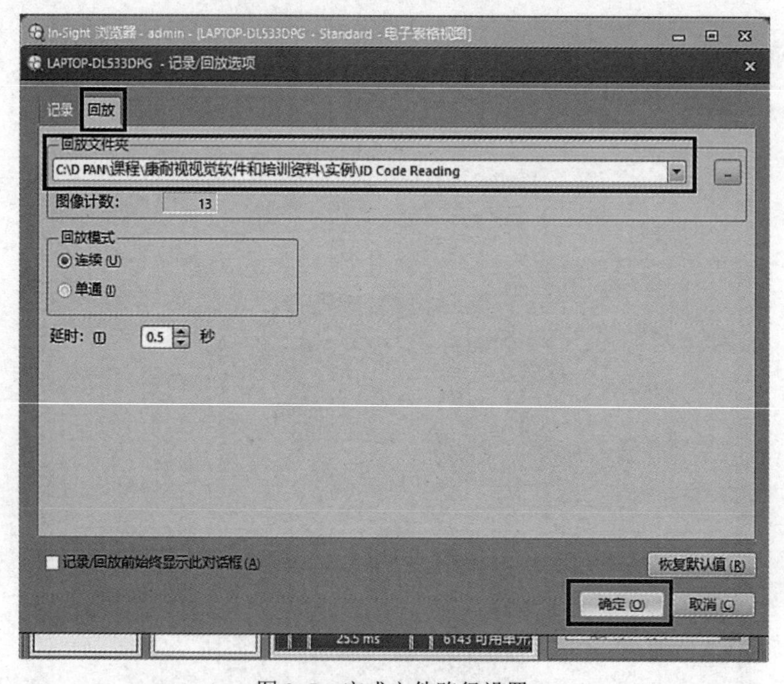


图 8-5　完成文件路径设置

（6） 此时软件界面中电子表格视图的背景图片为被加载图片，如图 8-6 所示。

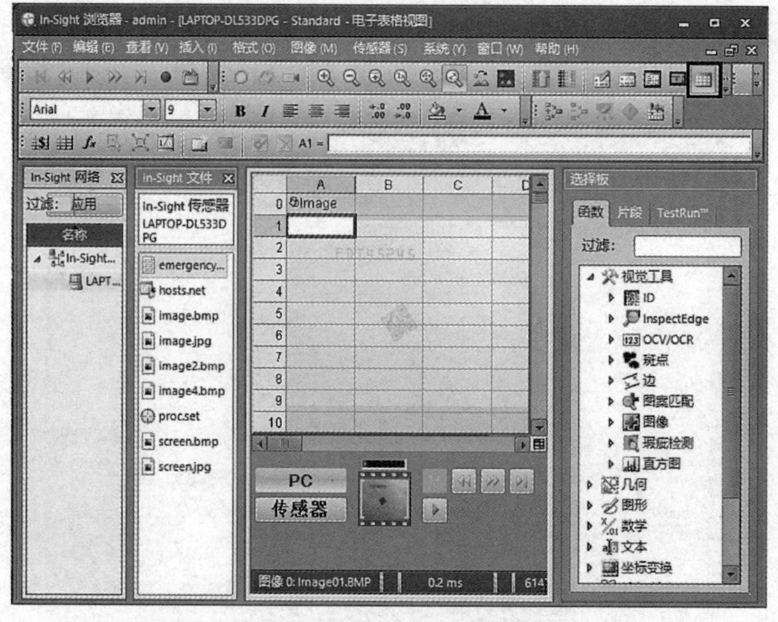


图 8-6　背景图片为被加载图片

（7）单击“重叠”快捷按钮，去除表格重叠后，被加载图片可见，如图 8-7 所示。

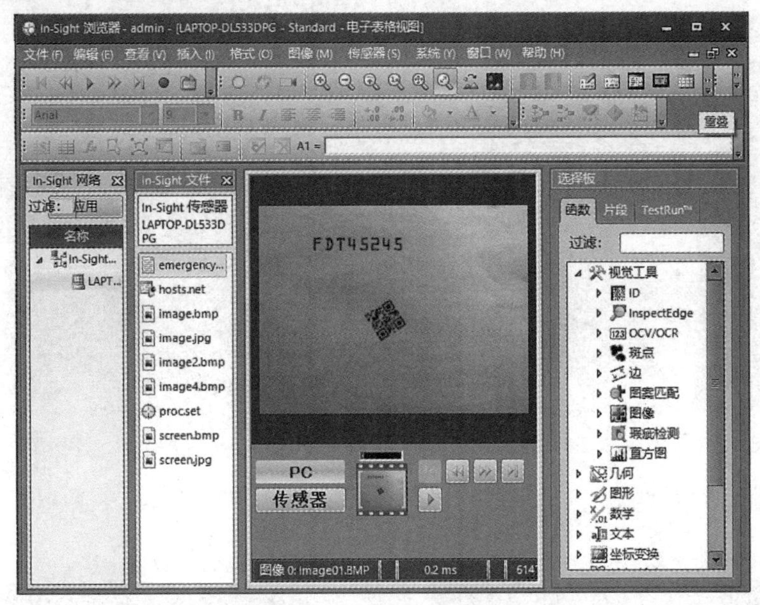

图 8-7　查看被加载图片

## 实训 8.2　智能相机硬件系统的安装与网络连接

【实训目的】

（1）掌握图像采集系统智能相机架设的基本要求。

（2）掌握智能相机和计算机的网线连接方式。

（3）掌握将智能相机的网络添加到 In-Sight 软件中的技能。

（4）掌握使用 In-Sight 软件实时显示智能相机采集的图像的方法。

【实训内容】

架设康耐视智能相机，并与计算机网线连接，给智能相机通电，完成 In-Sight 软件与智能相机的网络连接，实现 In-Sight 软件实时显示智能相机采集的图像。

**注意**：本实训以 Windows 10 系统作为操作系统。

【实训步骤】

1）架设智能相机

（1）智能相机接线，与 In-Sight 软件配合的康耐视智能相机为 IS7600C 型相机，在使用时有两根连线：一根为绿色线，为网络通信线；另一根为黑色线，为电源及控制线。使用时，将黑色线接到智能相机的 PWR 接线口，将绿色线接到智能相机的 ENET 接线口，如图 8-8 所示。

（2）将黑色线另一端中的黑色、红色、银色（颜色是指实物图或软件图中的颜色，本书为单色印刷，无法显示，下同）三根线挑出来，将黑色线和红色线分别接入 24 V 电源的负极和正极，将银色线接地线，将其他控制线用胶带缠裹线头，避免短路，如图 8-9 所示。

**注意**：接线时将电源关闭。

（3）将绿色线末端的网线口插入要与智能相机连接的计算机，如图 8-10 所示。

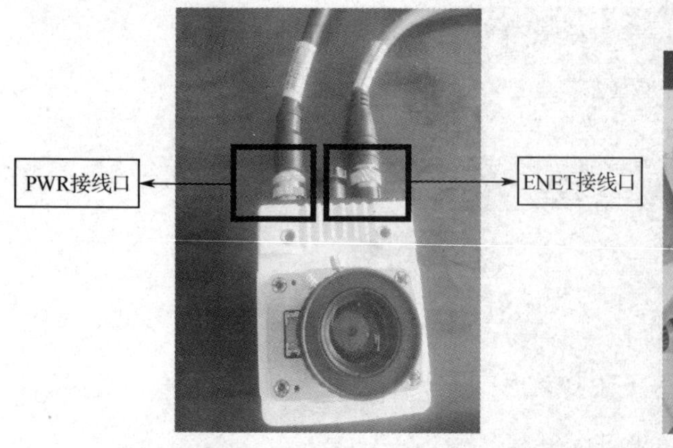


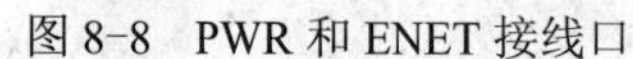
图 8-8　PWR 和 ENET 接线口

图 8-9　连接电源

（4）通电后，观察智能相机指示灯的情况，电源指示灯为绿色，代表通电正常，如图 8-11 所示。

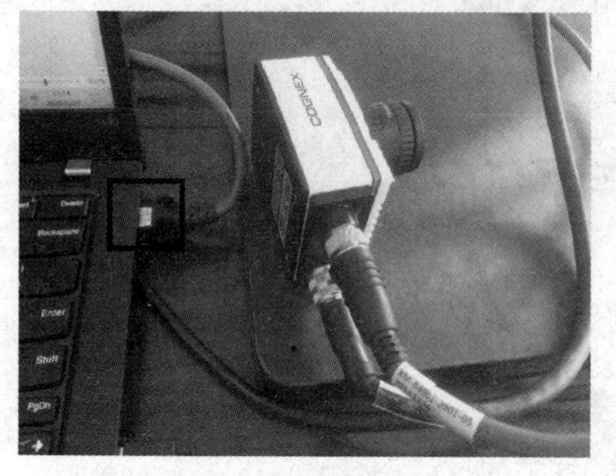


图 8-10　连接网线

图 8-11　观察指示灯

（5）使用智能相机进行图像采集时，将智能相机架设到固定架的夹头上，调整螺栓旋钮，夹紧智能相机，如图 8-12 所示。

（6）图像采集系统搭建的整体效果如图 8-13 所示。

图 8-12　架设智能相机

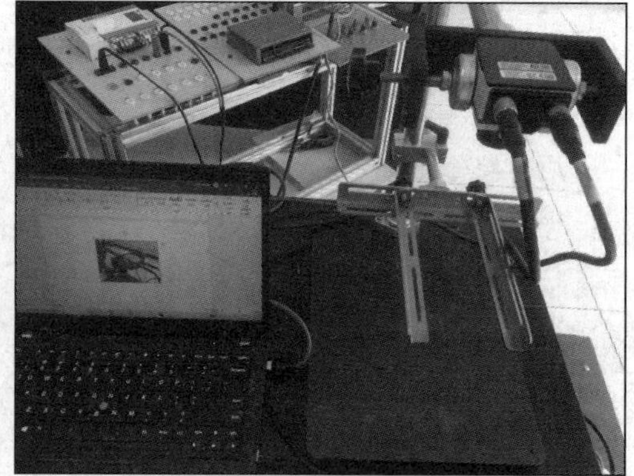

图 8-13　图像采集系统搭建的整体效果

2）In-Sight 软件与智能相机的网络连接

**注意：**网络设置开始前，请确保智能相机处于通电状态，并且智能相机和计算机间的网线已经连接好。

(1)单击“设置”按钮打开“设置”窗口，如图 8-14 所示。

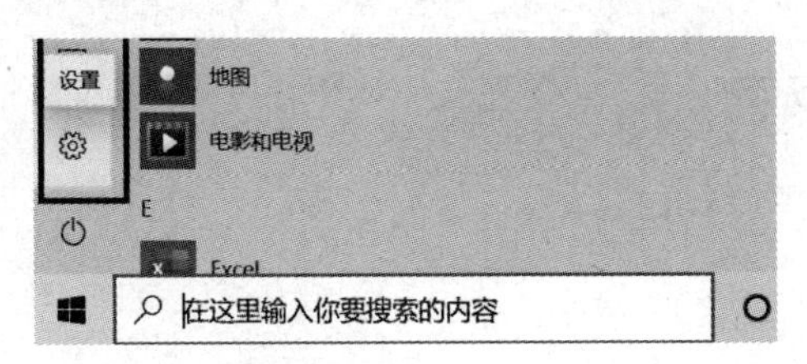


图 8-14 “设置”按钮

(2)在打开的“设置”窗口中，单击“网络和 Internet”选项，如图 8-15 所示。

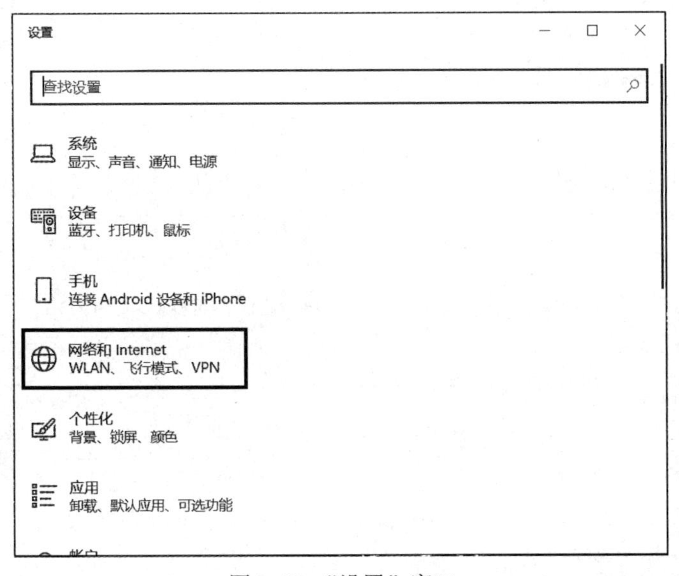


图 8-15 “设置”窗口

(3)在进入的“网络和 Internet”子页面中，单击“以太网”选项，如图 8-16 所示。

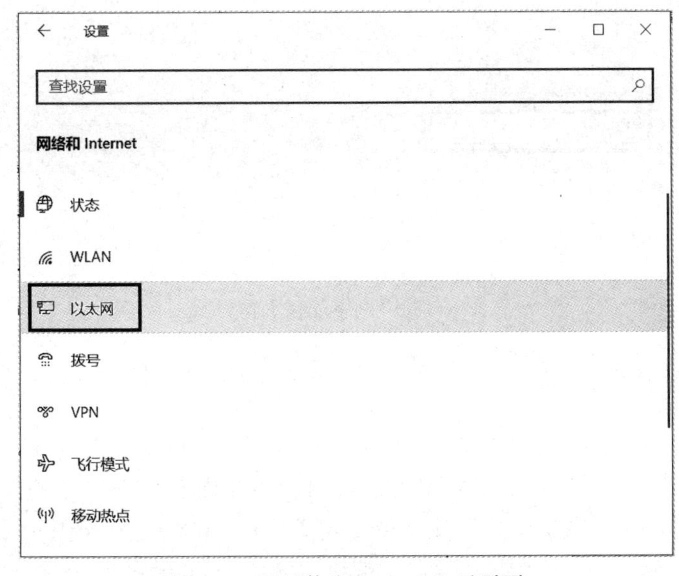


图 8-16 “网络和 Internet”子页面

（4）在进入的“以太网”子页面中，选择“更改适配器选项”命令，如图 8-17 所示。

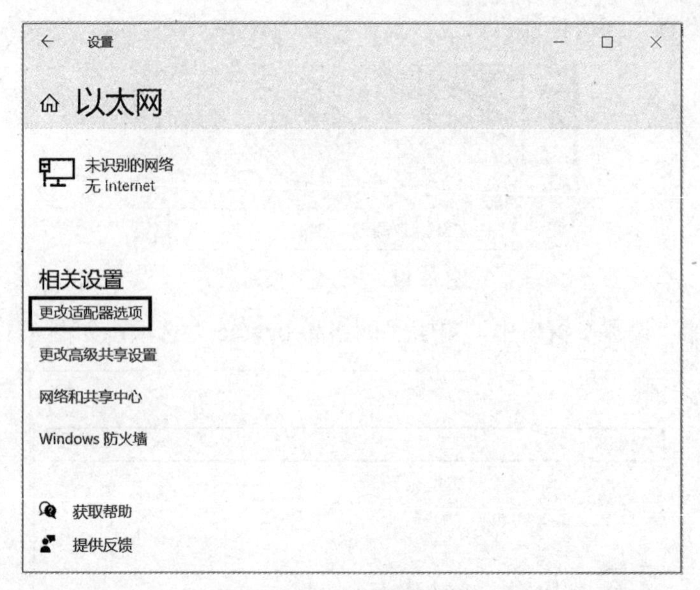


图 8-17 “以太网”子页面

（5）在打开的“网络连接”窗口中，右击“以太网”选项，在弹出的菜单中单击“属性”选项，如图 8-18 所示。

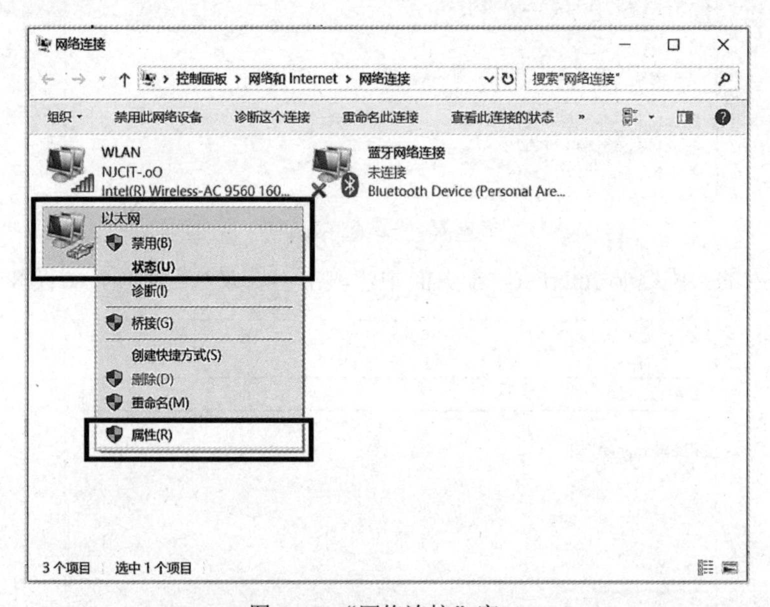


图 8-18 “网络连接”窗口

（6）在弹出的“以太网 属性”对话框中，勾选“Internet 协议版本 4（TCP/IPv4）”复选框，如图 8-19 所示。

（7）在弹出的“Internet 协议版本 4（TCP/IPv4）属性”对话框中，选中“使用下面的 IP 地址”单选按钮，在“IP 地址”文本框中输入“192.168.1.10”，在“子网掩码”文本框中输入“255.255.255.0”，在“默认网关”文本框中输入“192.168.1.1”，选中“使用下面的 DNS 服务器地址”单选按钮，最后单击“确定”按钮，如图 8-20 所示。

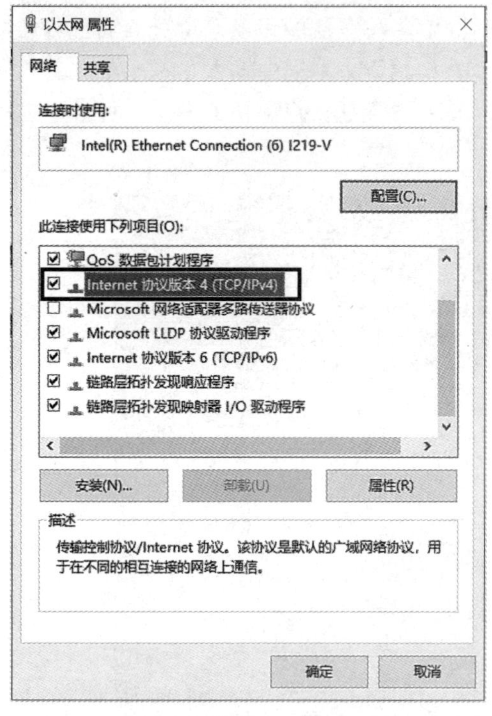


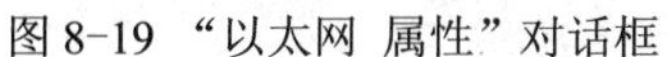

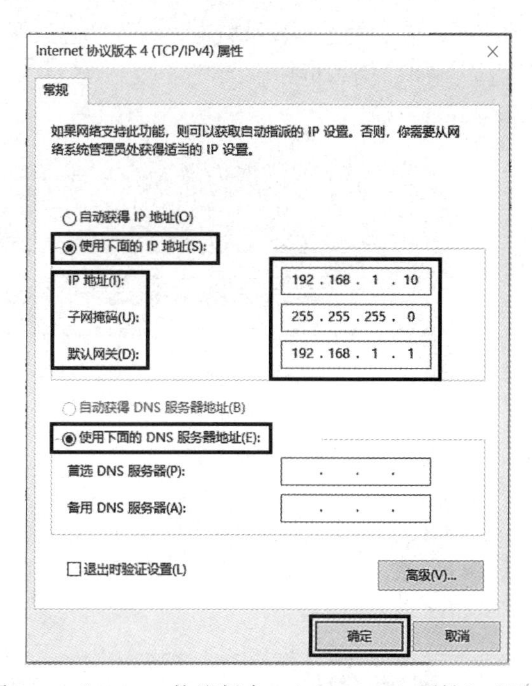


图 8-19　“以太网 属性”对话框　　　图 8-20　“Internet 协议版本 4（TCP/IPv4）属性”对话框

**注意：**在“IP 地址”文本框中输入的 IP 地址，前三个数据必须为“192”“168”“1”（计算机和智能相机的 IP 地址必须处于同一 IP 段），最后一个数据可以在“0～255”中选择，但是所选择的数据不可与智能相机已有 IP 地址的末位数相同。

（8）打开 In-Sight 软件，在菜单栏中单击“系统”按钮，在打开的“系统”菜单中，单击“将传感器/设备添加到网络…”选项，如图 8-21 所示。

图 8-21　菜单栏中的“系统”按钮

（9）在弹出的“将传感器/设备添加到网络”对话框中，在左侧的设备名称处查看已经检出的设备，选中“使用下列网络设置”单选按钮，在“IP 地址”文本框中输入“192.168.1.88”，在“子网掩码”文本框中输入“255.255.255.0”，单击“应用”按钮，确认相关设置，如图 8-22 所示。

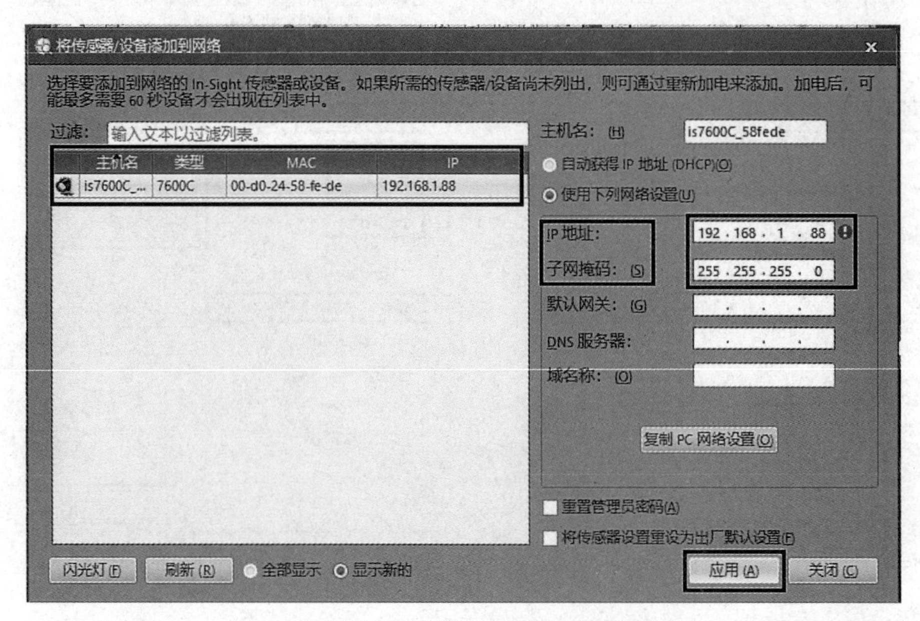


图 8-22 “将传感器/设备添加到网络”对话框

（10）在弹出的提示对话框中，单击“确定”按钮，如图 8-23 所示。

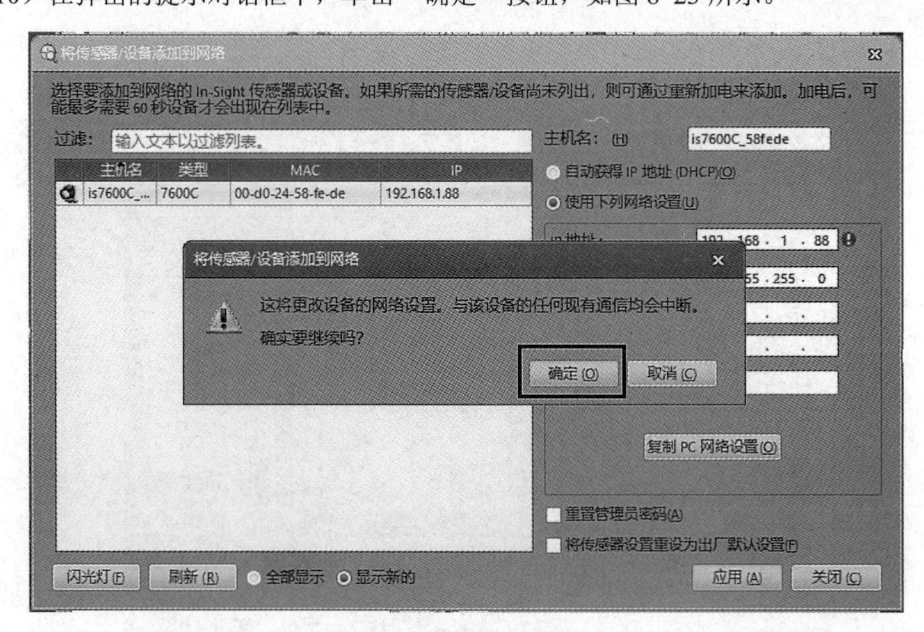


图 8-23 提示对话框（1）

（11）在弹出的提示对话框中，单击“确定”按钮，如图 8-24 所示。

（12）系统返回一开始进入的界面，可以在网络栏中查看已经添加的设备信息，也可以在“选择 In-Sight 传感器或仿真器”栏中，查看已经添加的设备信息，如图 8-25 所示。

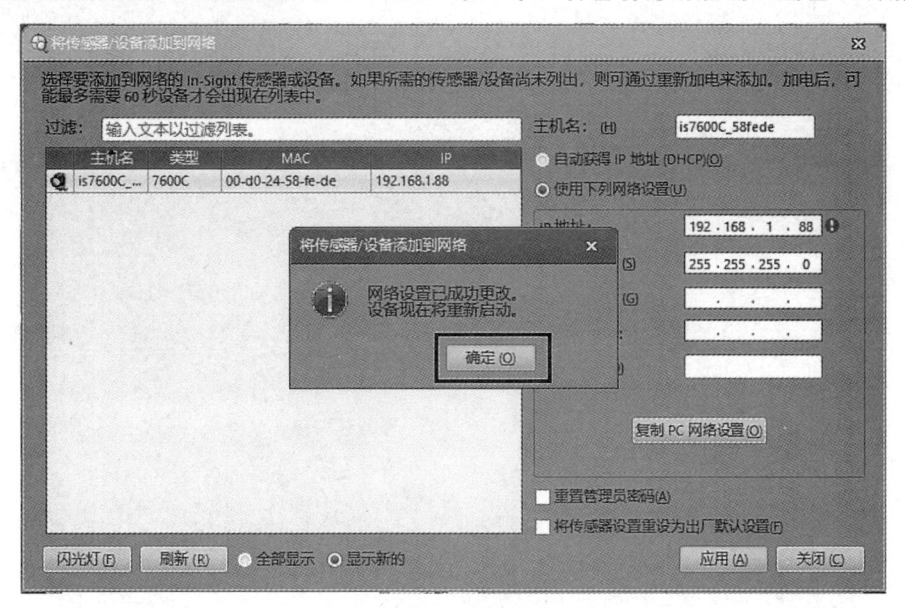


图 8-24　提示对话框（2）

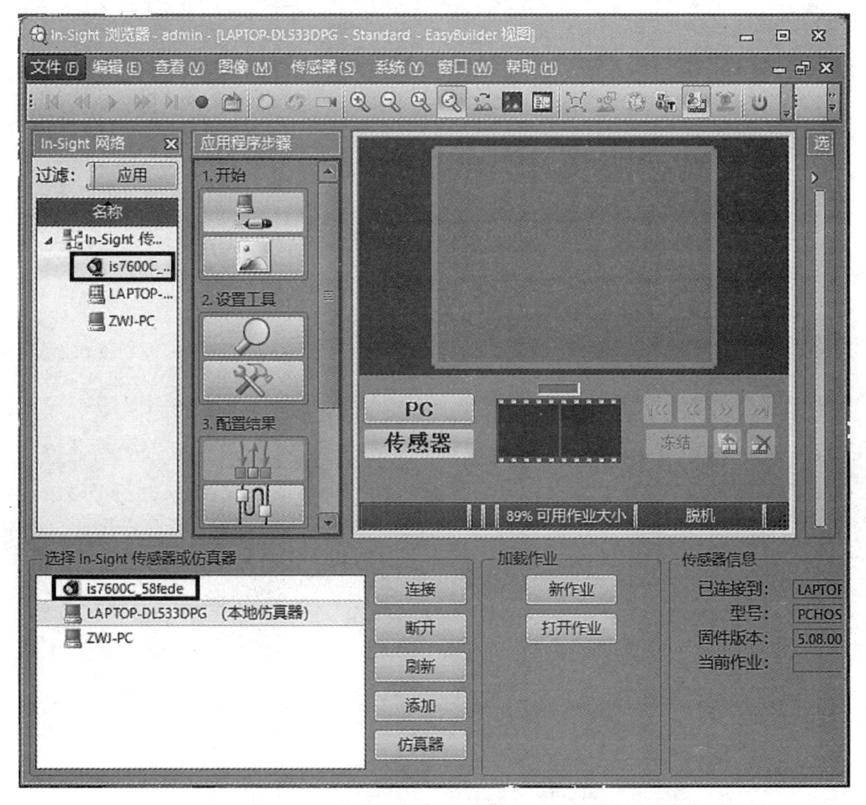


图 8-25　查看已经添加的传感器或仿真器信息

（13）在网络栏中，右击已经添加的传感器的名称，在打开的菜单中单击“显示电子表格视图”选项，如图 8-26 所示。

（14）系统弹出“电子表格视图”界面，单击其中的“实况视频”快捷按钮，系统进入实况视频状态，如图 8-27 所示。

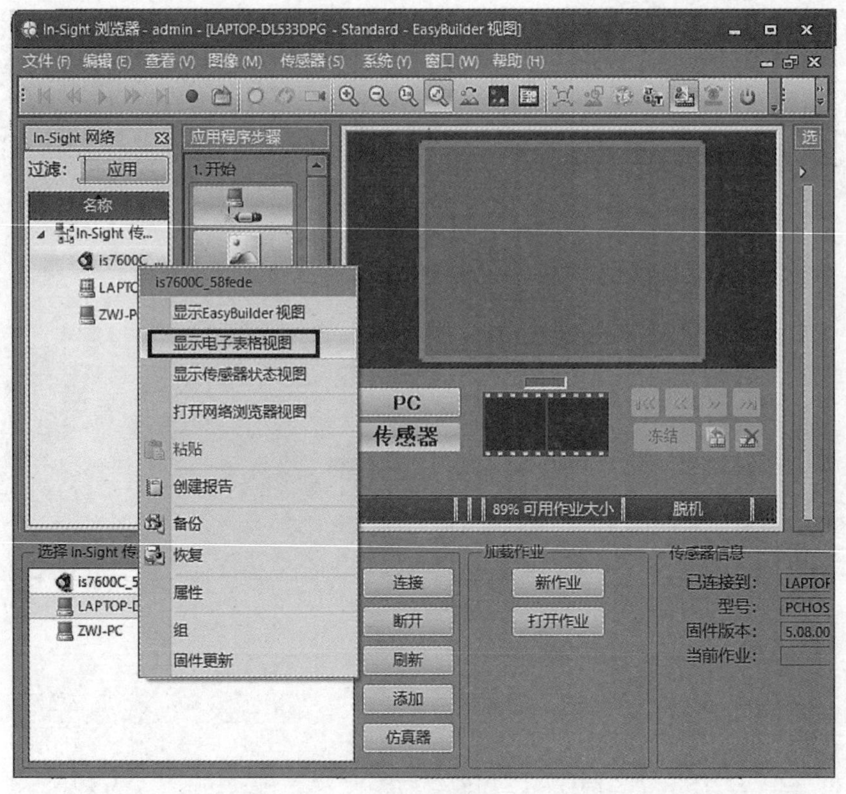


图 8-26 “显示电子表格视图”选项

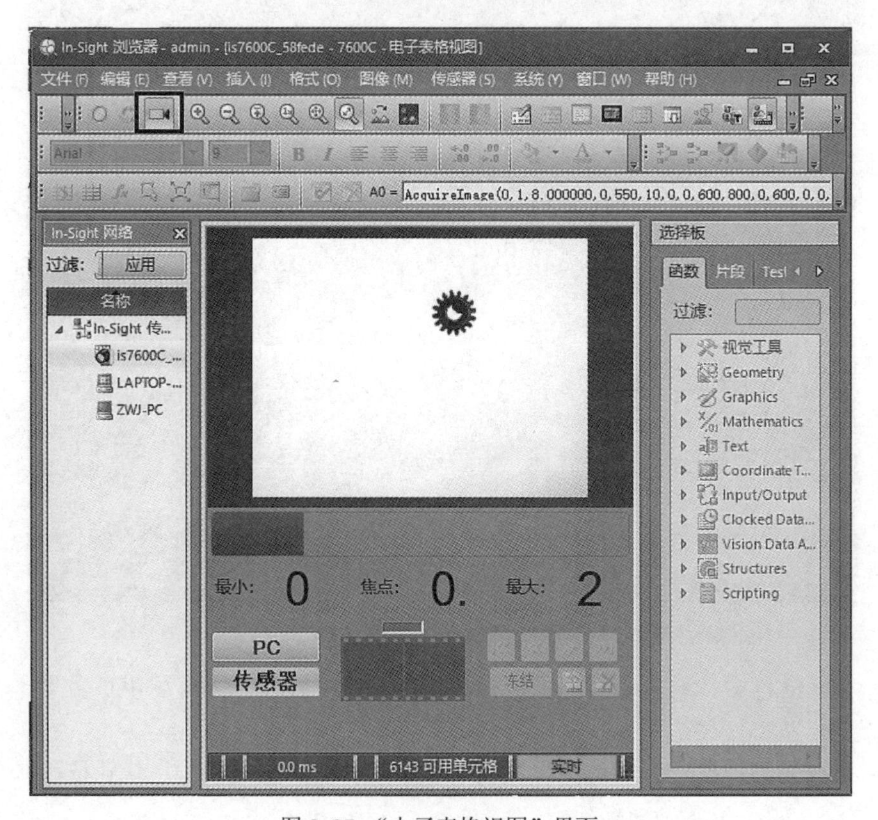


图 8-27 “电子表格视图”界面

（15）系统进入实况视频状态，再次单击“实况视频”快捷按钮，可返回“电子表格视图”界面，如图 8-28 所示。当前系统可以进入“实况视频”状态，表明 In-Sight 软件已经与康耐视智能相机正确连接。

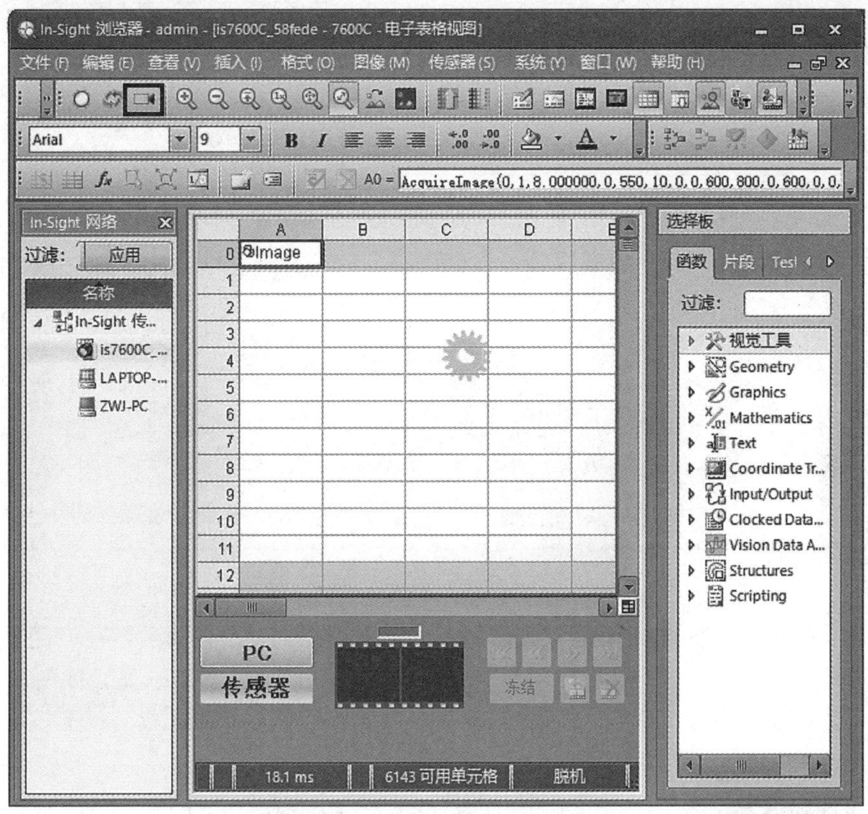

图 8-28　返回“电子表格视图”界面

扫一扫看微课视频：康耐视智能相机的硬件安装、连接.

## 实训 8.3　利用斑点工具进行工件有无的检测

【实训目的】

（1）掌握工件有无检测的算法编程。

（2）测试程序的运行情况。

【实训内容】

通过算法编程，检测一个齿轮工件在视界内的有无情况。

测试工件有无检测程序的运行情况。

**注意：**在测试过程中必须连接智能相机，且智能相机处于工作状态，智能相机与网络连接良好。

【实训步骤】

1）算法编程

（1）在电子表格视图的编程环境中，新建作业，如图 8-29 所示。

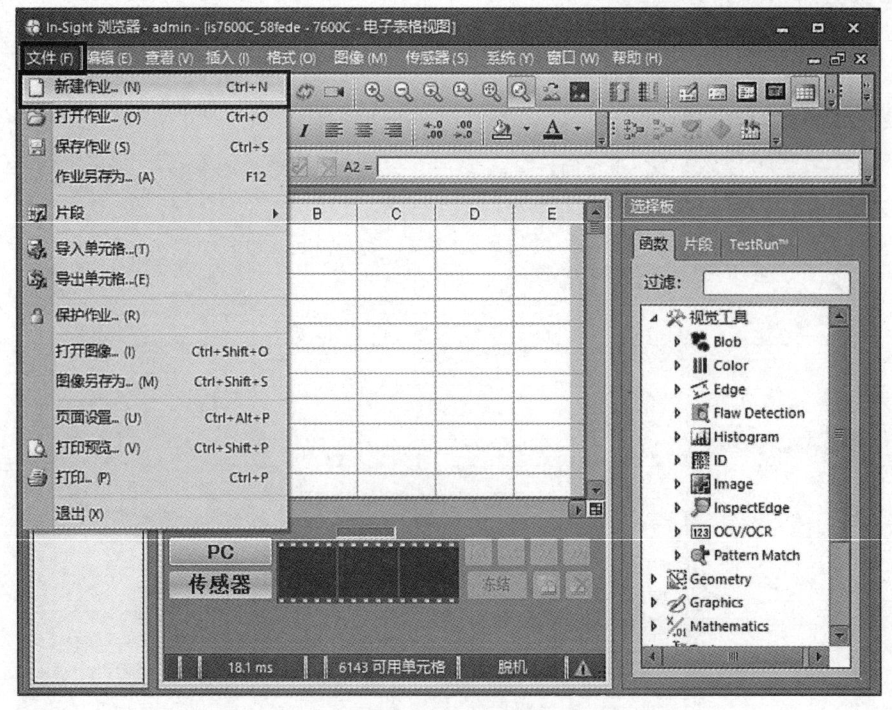


图 8-29 新建作业

(2) 单击电子表格区域中任意一个单元格，选择编程位置，完成后，在右侧“选择板”的“视觉工具”中的“Blob”栏目下，双击“ExtractBlobs”选项，添加函数，如图 8-30 所示。

**注意**：在选择编程位置时，应考虑可视性，选择的位置与其他函数的位置不冲突，并且注意控制函数结果的显示内容不超出边界。

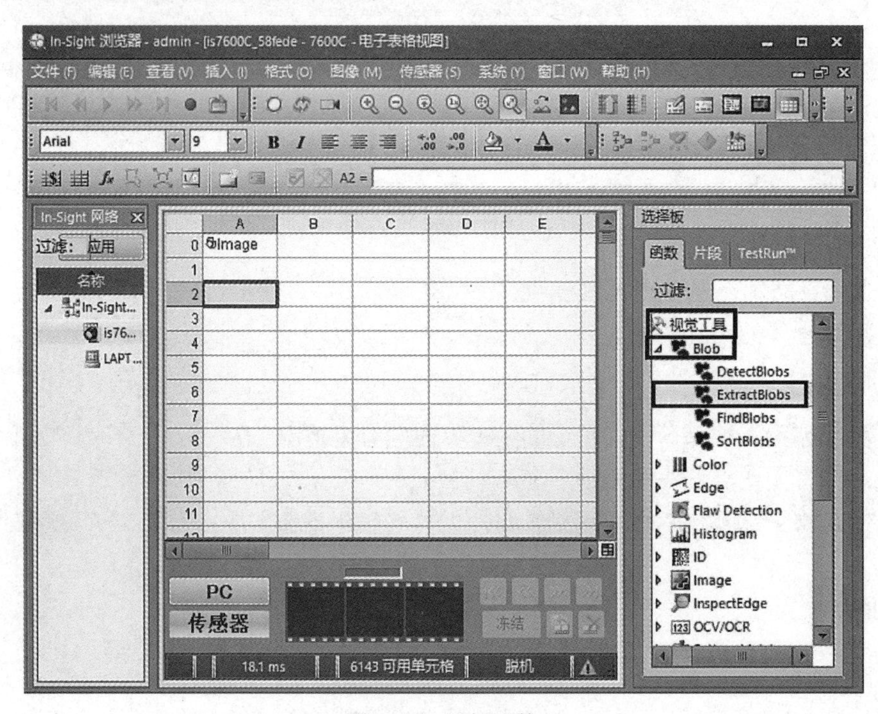


图 8-30 添加函数

（3）在弹出的参数设置窗口中，双击“Region”选项，如图 8-31 所示。

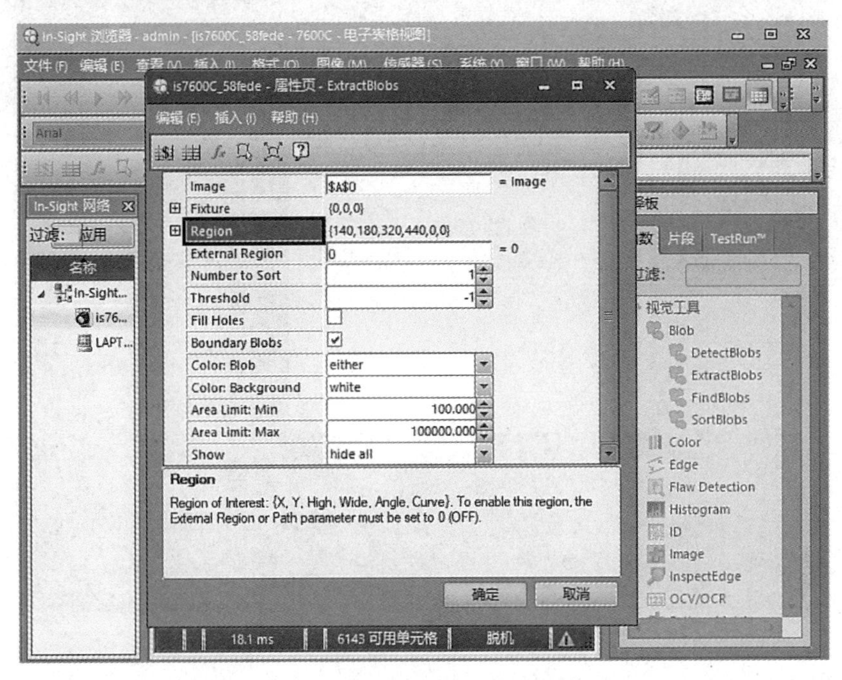


图 8-31　双击“Region”选项

（4）在弹出的区域设置界面中，单击“最大化单元格区域”快捷按钮，函数作用区域的设置如图 8-32 所示。

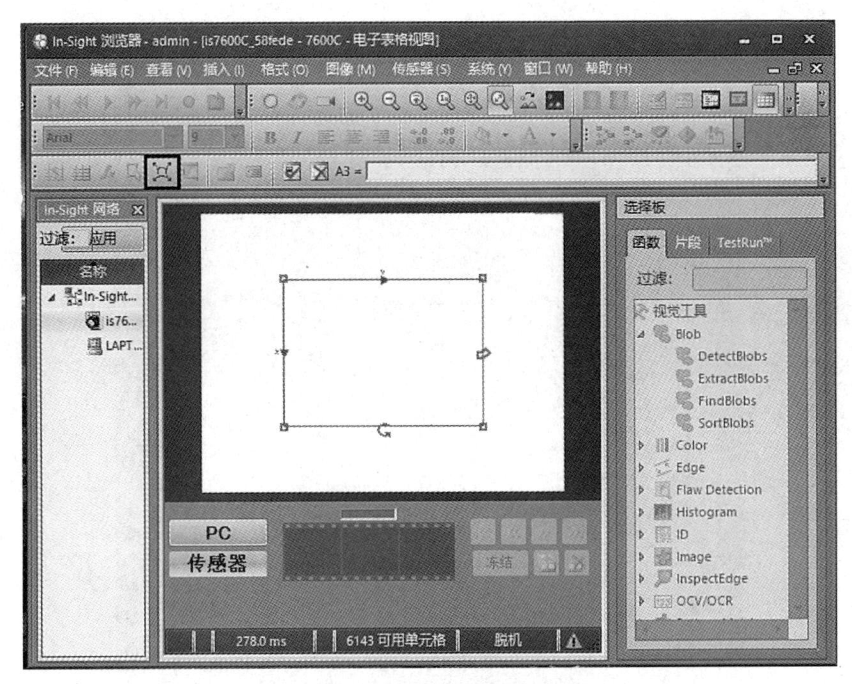


图 8-32　函数作用区域的设置

（5）单击“确定”快捷按钮，退出区域设置界面，如图 8-33 所示。

图 8-33　退出区域设置界面

（6）系统返回参数设置窗口，在参数设置窗口中设置“Number to Sort”为“1”，设置“Color:Blob”为“black”，设置“Color:Background”为“white”，设置“Area Limit:Min”为“100.000”，设置“Area Limit:Max”为“100000.000”，完成设置后，单击“确定”按钮，如图 8-34 所示。

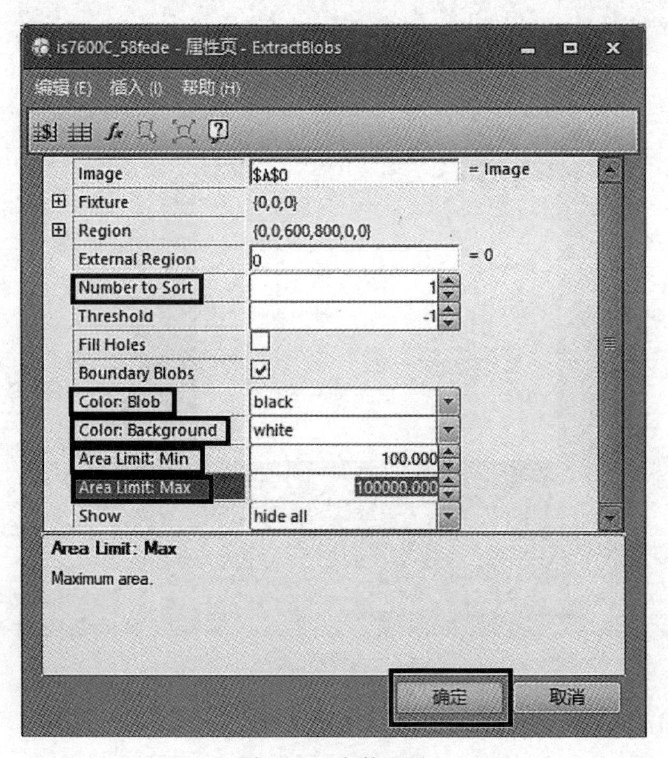


图 8-34　参数设置

2）程序测试

（1）单击“实况视频”快捷按钮，查看视界内有无工件，若有，将工件移除，如图 8-35 所示。

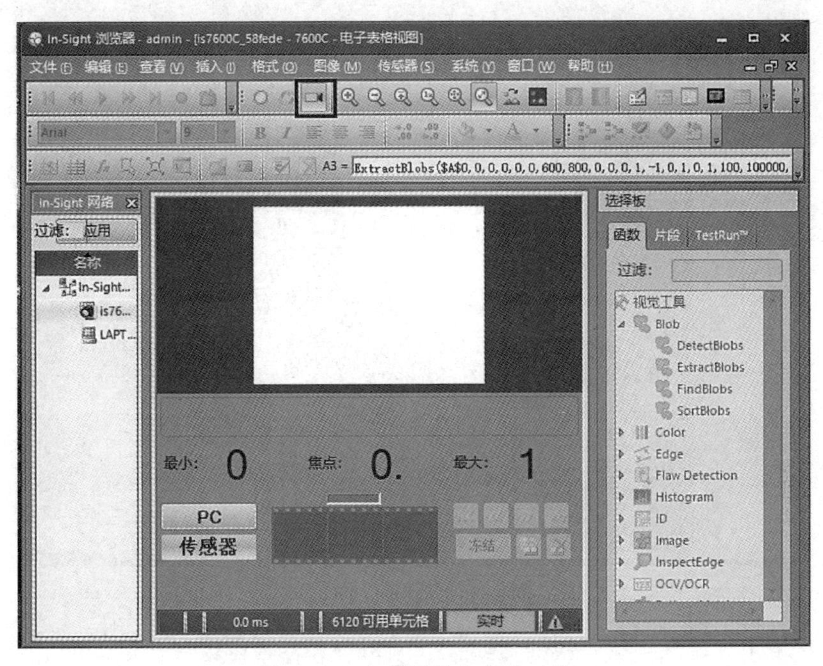


图 8-35　查看视界内有无工件

（2）再次单击“实况视频”快捷按钮，返回电子表格视图编程环境，单击“触发器”快捷按钮，使系统对当前视界的实况图像执行程序，观察执行结果，检测参数均为“#ERR”，系统通过程序未检测到工件，如图 8-36 所示。

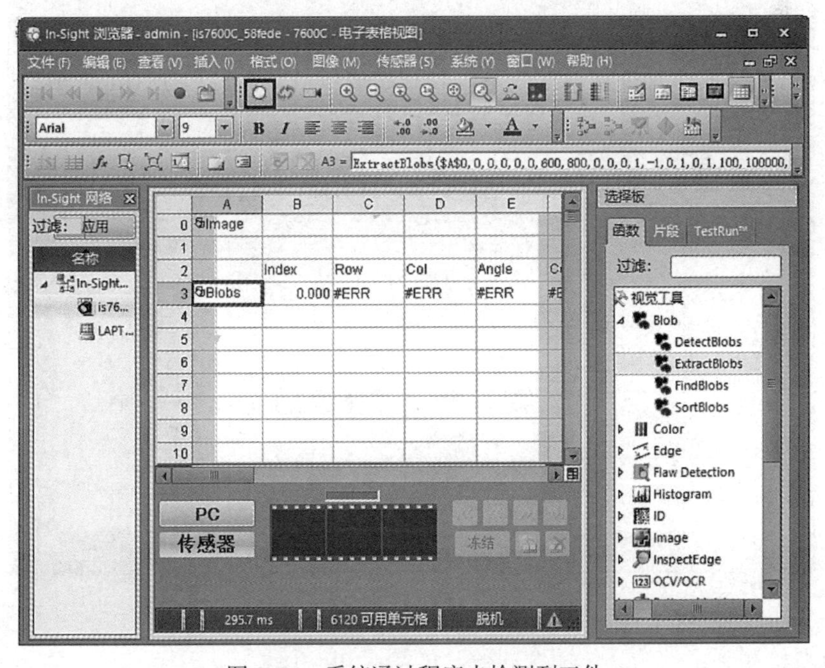


图 8-36　系统通过程序未检测到工件

（3）单击“实况视频”快捷按钮，将一个工件放置到视界内，如图 8-37 所示。

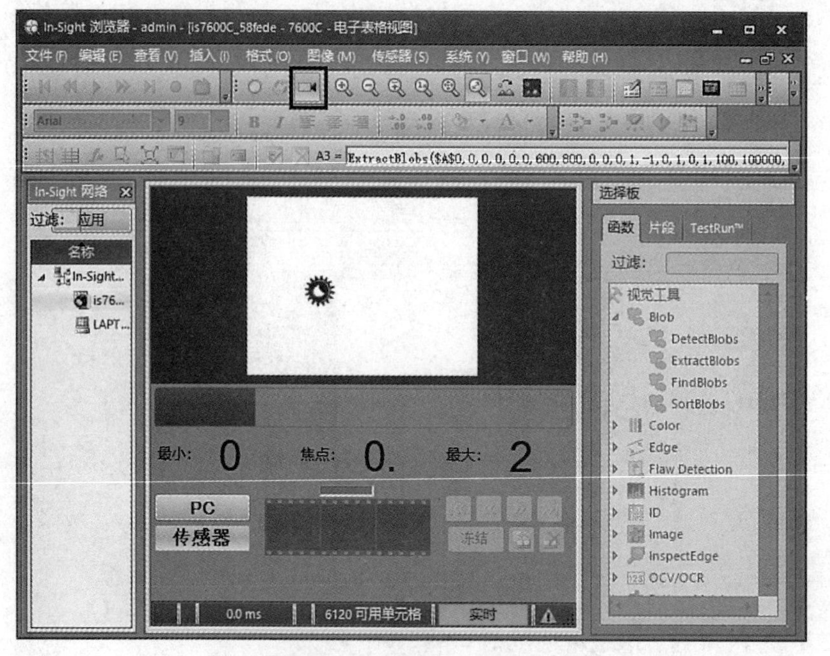


图 8-37　添加一个工件

（4）再次单击“实况视频”快捷按钮，返回电子表格视图编程环境，单击“触发器”快捷按钮，使系统对当前视界内的实况图像执行程序，观察执行结果，检测参数均不为“#ERR”，均检测到相应的参数，系统通过程序检测到工件，如图 8-38 所示。

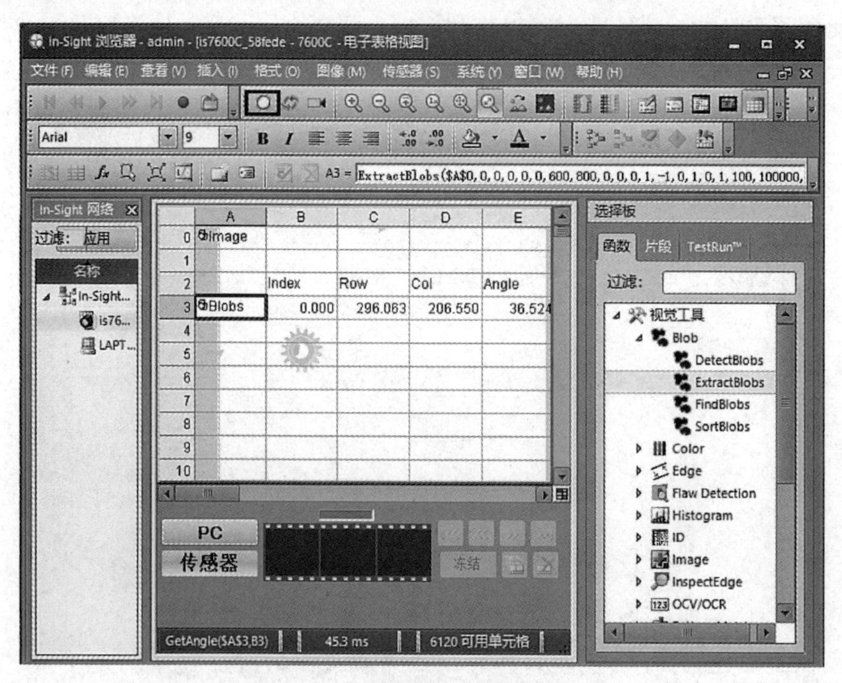


图 8-38　系统通过程序检测到工件

（5）查看检测到工件的具体图像参数，如图 8-39 所示。

| | Index | Row | Col | Angle | Color | Score | Area | Elongation | Holes | Perimeter | Spread |
|---|---|---|---|---|---|---|---|---|---|---|---|
| Blobs | 0.000 | 296.063 | 206.550 | 36.524 | 0.000 | 100.000 | 3125.000 | 0.002 | 3.000 | 526.000 | 0.274 |

图 8-39　具体图像参数

## 实训 8.4　工件个数的检测

**【实训目的】**

（1）掌握工件个数检测的算法编程。

（2）测试程序的运行情况。

**【实训内容】**

通过算法编程，检测 0～3 个齿轮工件在视界内的个数情况。

测试工件个数检测程序的运行情况。

**注意：**在测试过程中必须连接智能相机，且智能相机处于工作状态，智能相机与网络连接良好。

**【实训步骤】**

1）算法编程

（1）在电子表格视图的编程环境中新建作业，如图 8-40 所示。

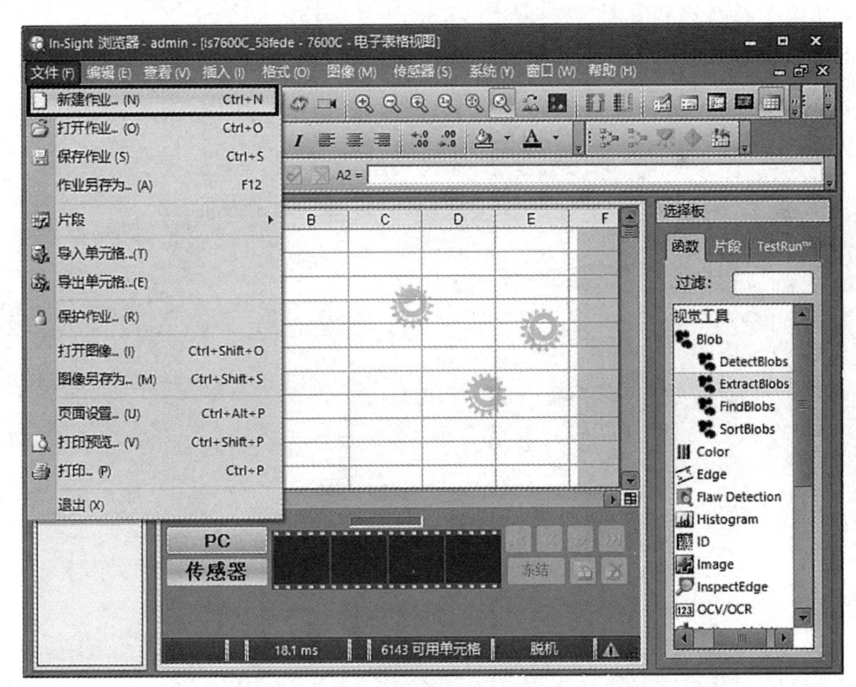


图 8-40　新建作业

（2）单击电子表格区域中任意一个单元格，选择编程位置，完成后，在右侧“选择板”的“视觉工具”中的“Blob”栏目下，双击“ExtractBlobs”选项，添加函数，如图 8-41 所示。

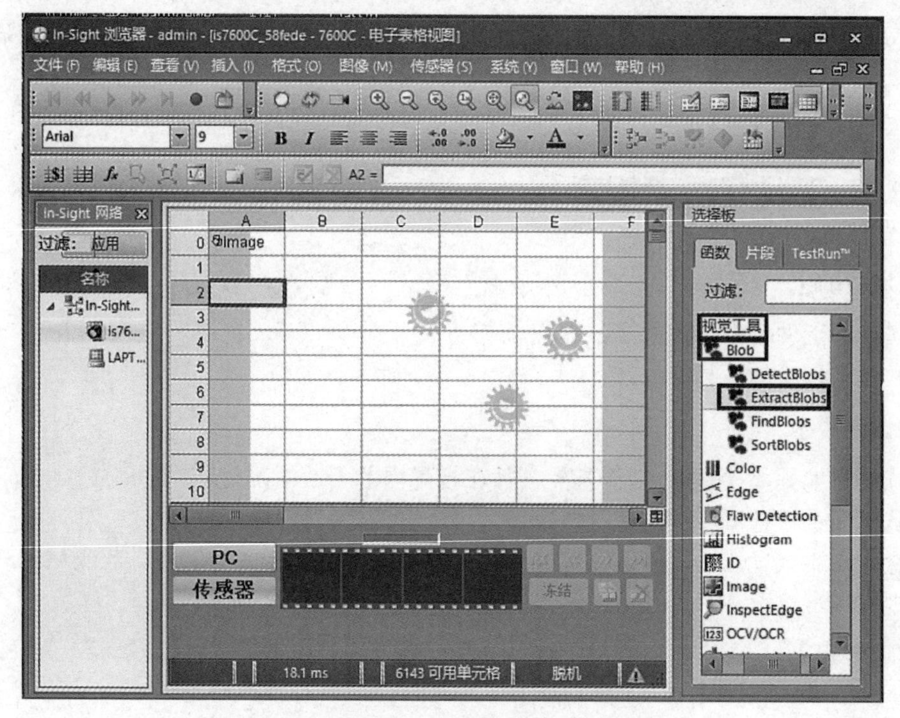


图 8-41　添加函数

（3）在弹出的参数设置窗口中，双击“Region”选项，如图 8-42 所示。

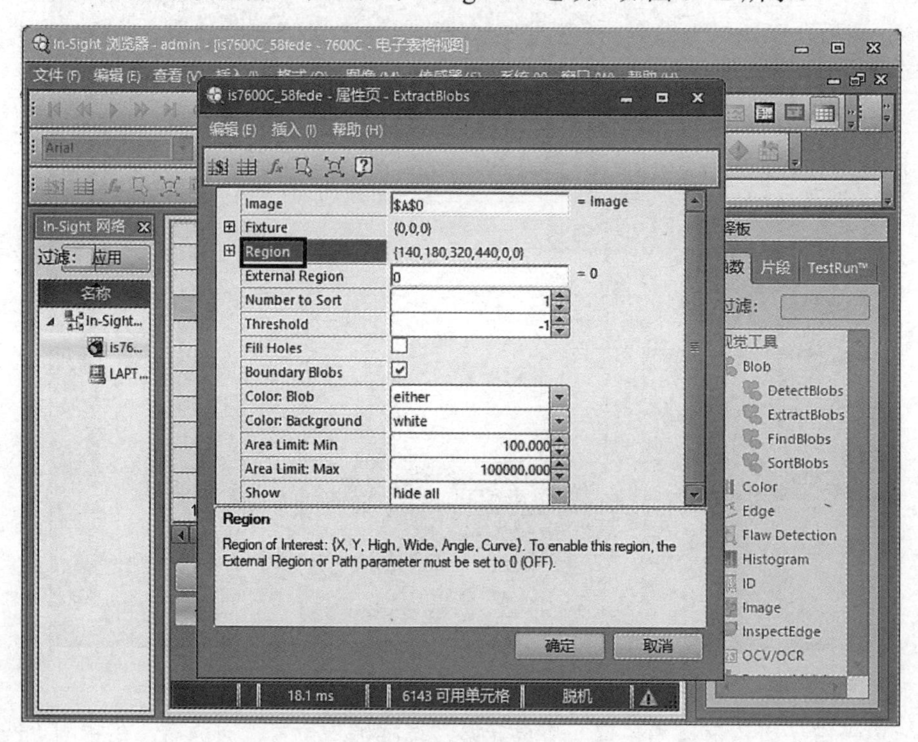


图 8-42　双击“Region”选项

（4）在弹出的区域设置界面中，单击“最大化单元格区域”快捷按钮，函数作用区域的设置如图 8-43 所示。单击“确定”快捷按钮，退出区域设置界面。

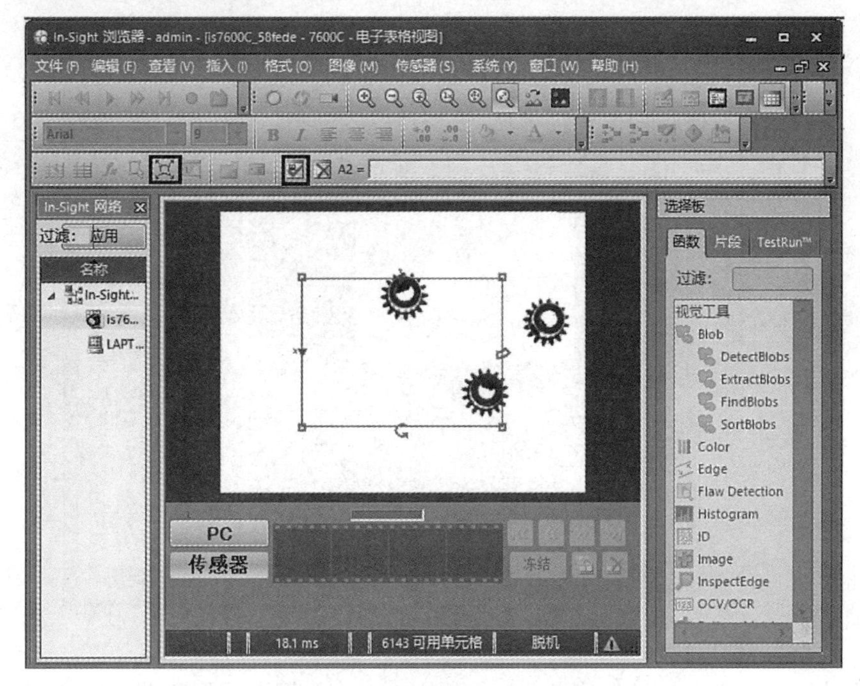

图 8-43　函数作用区域的设置

（5）系统返回参数设置窗口，在参数设置窗口中设置“Number to Sort”为“3”，设置“Color:Blob”为“black”，设置“Color:Background”为“white”，设置“Area Limit:Min”为“100.000”，设置“Area Limit:Max”为“100000.000”，完成设置后，单击“确定”按钮，如图 8-44 所示。

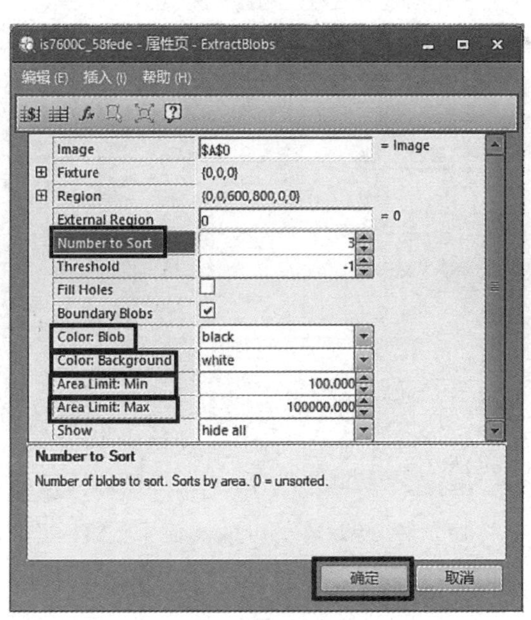

图 8-44　参数设置

2）算法测试

（1）单击“实况视频”快捷按钮，在视界内摆放 3 个工件，如图 8-45 所示。

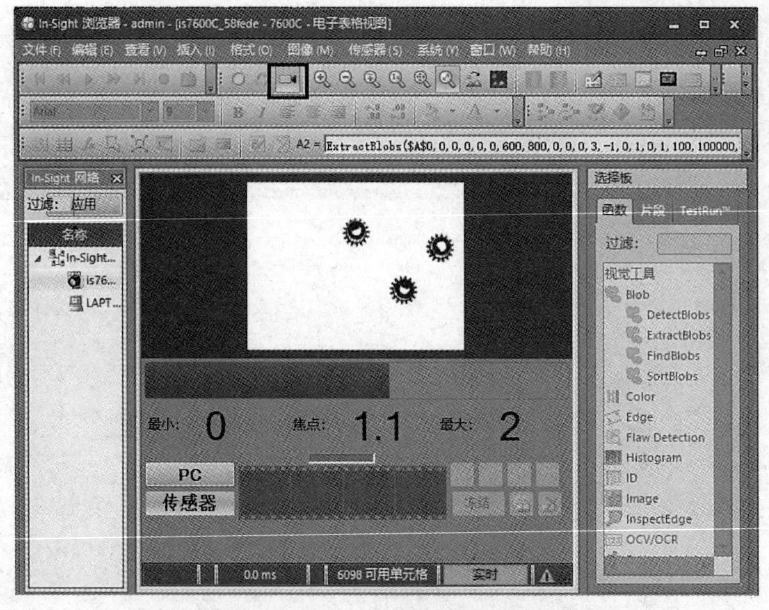


图 8-45 在视界内摆放 3 个工件

（2）再次单击“实况视频”快捷按钮，返回电子表格视图编程环境，单击“触发器”快捷按钮，使系统对当前视界内的实况图像执行程序，观察执行结果，3 个工件的检测参数均不为“#ERR”，均检测到相应的参数，系统通过程序检测到 3 个工件，如图 8-46 所示。

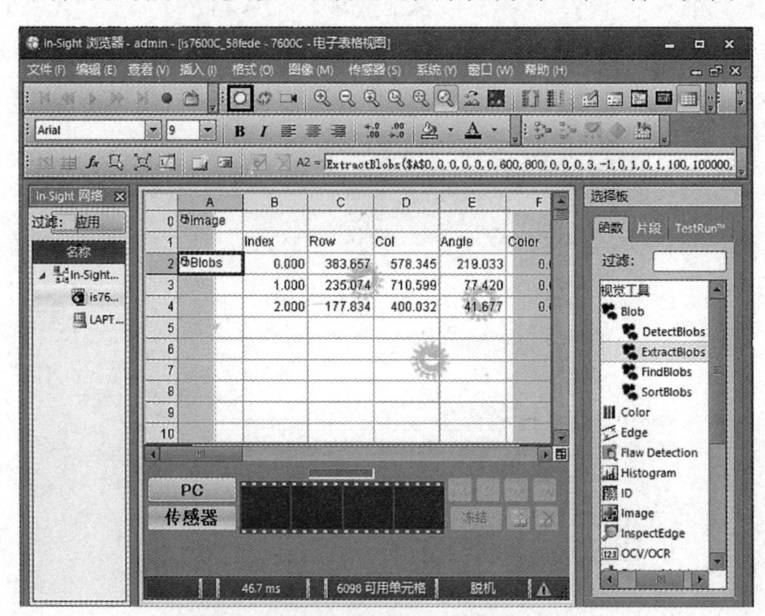


图 8-46 系统通过程序检测到 3 个工件

（3）查看检测到的工件的具体图像参数，如图 8-47 所示。

| | Index | Row | Col | Angle | Color | Score | Area | Elongation | Holes | Perimeter | Spread |
|---|---|---|---|---|---|---|---|---|---|---|---|
| Blobs | 0.000 | 383.905 | 578.410 | 34.657 | 0.000 | 100.000 | 5645.000 | 0.000 | 4.000 | 668.000 | 0.211 |
| | 1.000 | 177.225 | 401.699 | 50.319 | 0.000 | 100.000 | 5420.000 | 0.000 | 11.000 | 672.000 | 0.219 |
| | 2.000 | 235.255 | 710.997 | 67.763 | 0.000 | 100.000 | 5385.000 | 0.000 | 7.000 | 658.000 | 0.227 |

图 8-47 具体图像参数（1）

（4）单击“实况视频”快捷按钮，在视界内摆放 2 个工件，如图 8-48 所示。

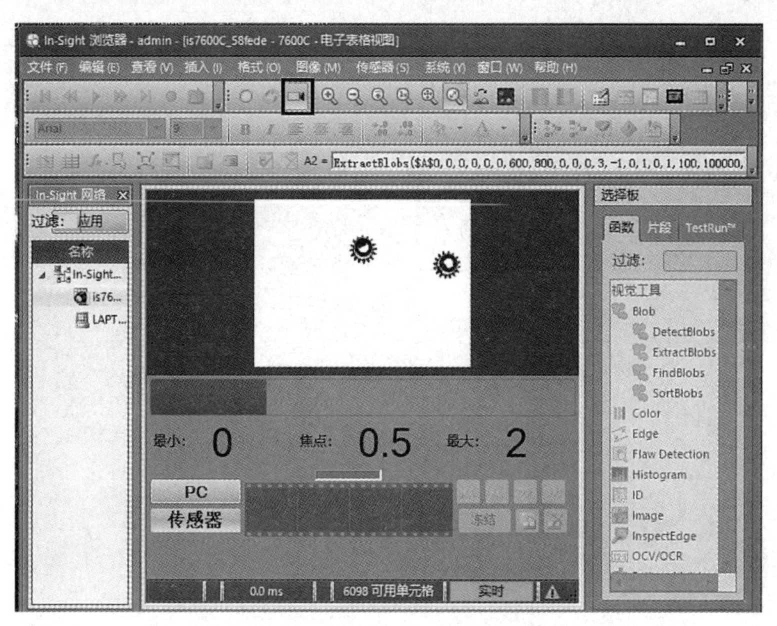


图 8-48　在视界内摆放 2 个工件

（5）再次单击“实况视频”快捷按钮，返回电子表格视图编程环境，单击“触发器”快捷按钮，使系统对当前视界内的实况图像执行程序，观察执行结果，2 个工件的检测参数均不为“#ERR”，1 个工件的检测参数为“#ERR”，系统通过程序检测到 2 个工件，如图 8-49 所示。

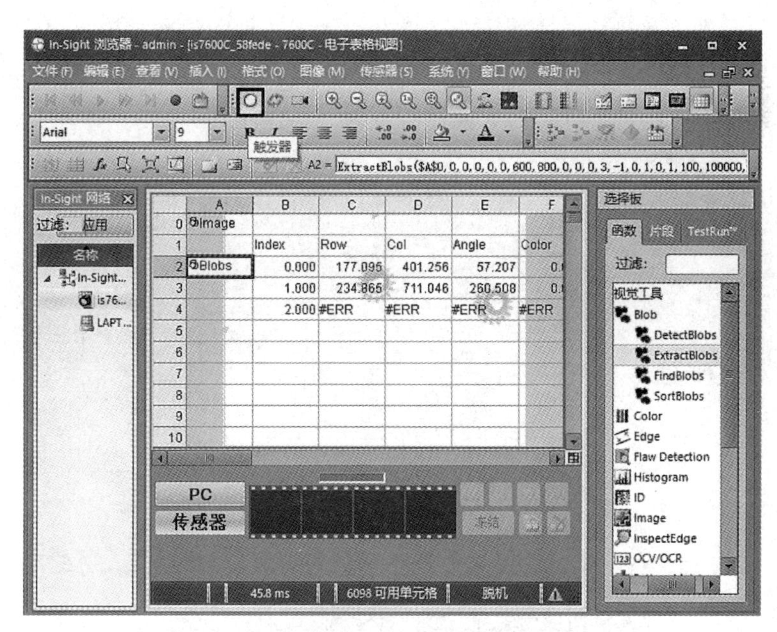


图 8-49　系统通过程序检测到 2 个工件

（6）查看检测到的工件的具体图像参数，如图 8-50 所示。

| | Index | Row | Col | Angle | Color | Score | Area | Elongation | Holes | Perimeter | Spread |
|---|---|---|---|---|---|---|---|---|---|---|---|
| Blobs | 0.000 | 177.095 | 401.256 | 57.207 | 0.000 | 100.000 | 5070.000 | 0.000 | 9.000 | 680.000 | 0.230 |
| | 1.000 | 234.865 | 711.046 | 260.508 | 0.000 | 100.000 | 5018.000 | 0.000 | 8.000 | 668.000 | 0.243 |
| | 2.000 | #ERR | #ERR | #ERR | #ERR | 0.000 | #ERR | #ERR | #ERR | #ERR | #ERR |

图 8-50　具体图像参数（2）

（7）单击“实况视频”快捷按钮，将 3 个工件从视界内全部移除，如图 8-51 所示。

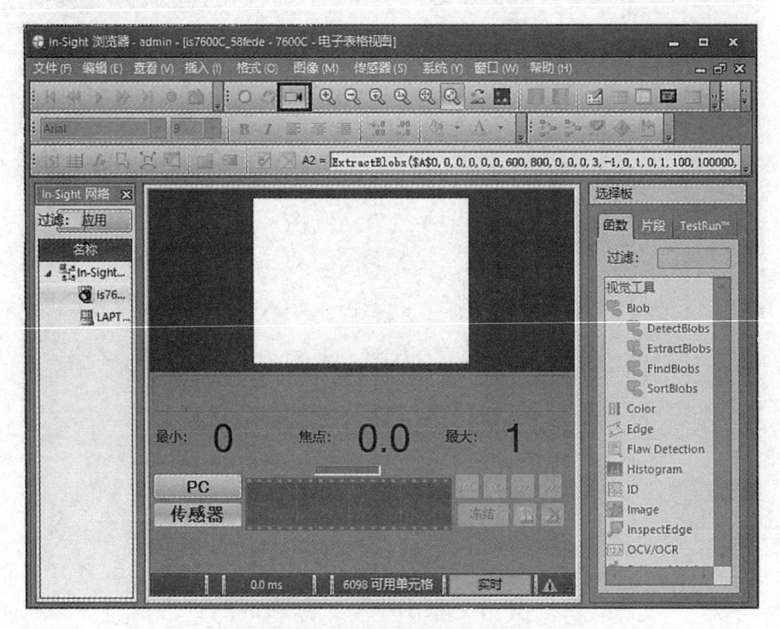


图 8-51　视界内无工件

（8）再次单击“实况视频”快捷按钮，返回电子表格视图编程环境，单击“触发器”快捷按钮，使系统对当前视界内的实况图像执行程序，观察执行结果，3 个工件的检测参数均为“#ERR”，系统通过程序检测到 0 个工件，如图 8-52 所示。

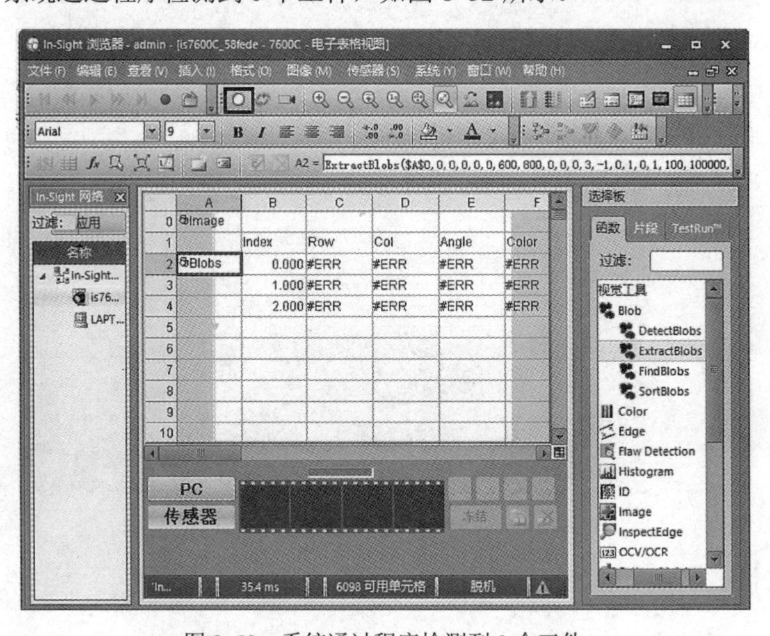


图 8-52　系统通过程序检测到 0 个工件

（9）查看检测到的工件的具体图像参数，如图 8-53 所示。

| | Index | Row | Col | | Angle | Color | Score | Area | Elongation | Holes | Perimeter | Spread |
|---|---|---|---|---|---|---|---|---|---|---|---|---|
| Blobs | 0.000 | #ERR | #ERR | | #ERR | #ERR | 0.000 | #ERR | #ERR | #ERR | #ERR | #ERR |
| | 1.000 | #ERR | #ERR | | #ERR | #ERR | 0.000 | #ERR | #ERR | #ERR | #ERR | #ERR |
| | 2.000 | #ERR | #ERR | | #ERR | #ERR | 0.000 | #ERR | #ERR | #ERR | #ERR | #ERR |

图 8-53　具体图像参数（3）

## 实训 8.5　利用图案匹配进行指定工件有无的检测

**【实训目的】**

（1）掌握工件特征检测的算法编程。

（2）测试程序的运行情况。

**【实训内容】**

通过算法编程，使系统捕捉工件的底部特征，并对 3 个工件的特征进行识别。

测试工件特征检测程序的运行情况。

**注意：**在测试过程中必须连接智能相机，且智能相机处于工作状态，智能相机与网络连接良好。

**【实训步骤】**

1）算法编程

（1）在电子表格视图的编程环境中新建作业，如图 8-54 所示。

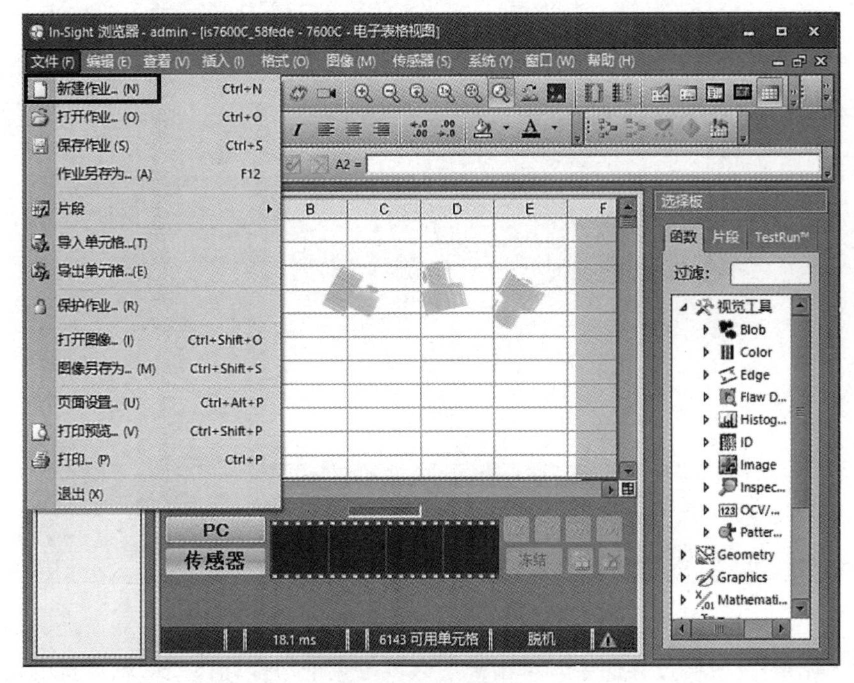


图 8-54　新建作业

（2）单击电子表格区域中任意一个单元格，选择编程位置，完成后，在右侧“选择板”

的“视觉工具”中的“Pattern Match”栏目下，双击“FindPatterns”选项，添加 FindPatterns 函数，如图 8-55 所示。

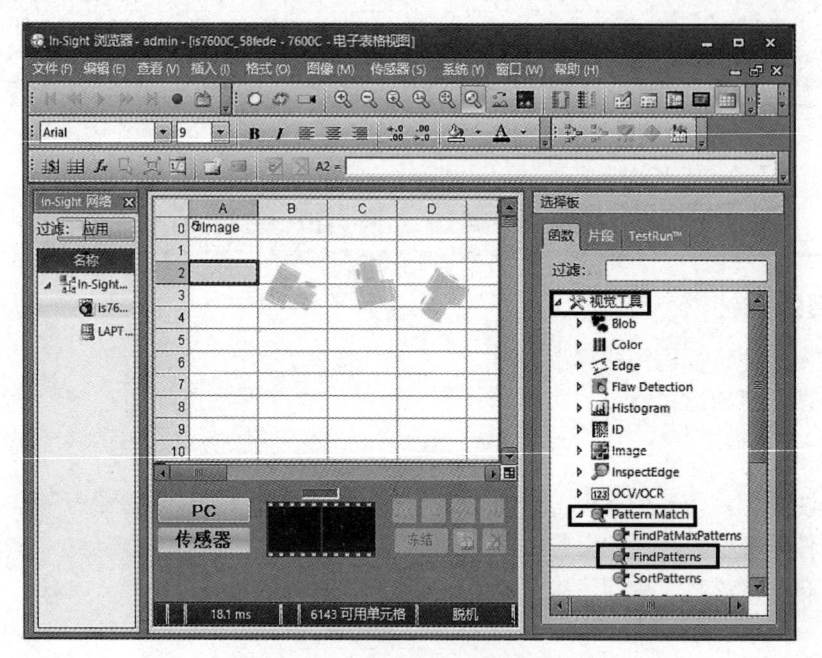


图 8-55 添加 FindPatterns 函数

（3）在弹出的参数设置窗口中，双击“Model Region”选项，如图 8-56 所示。

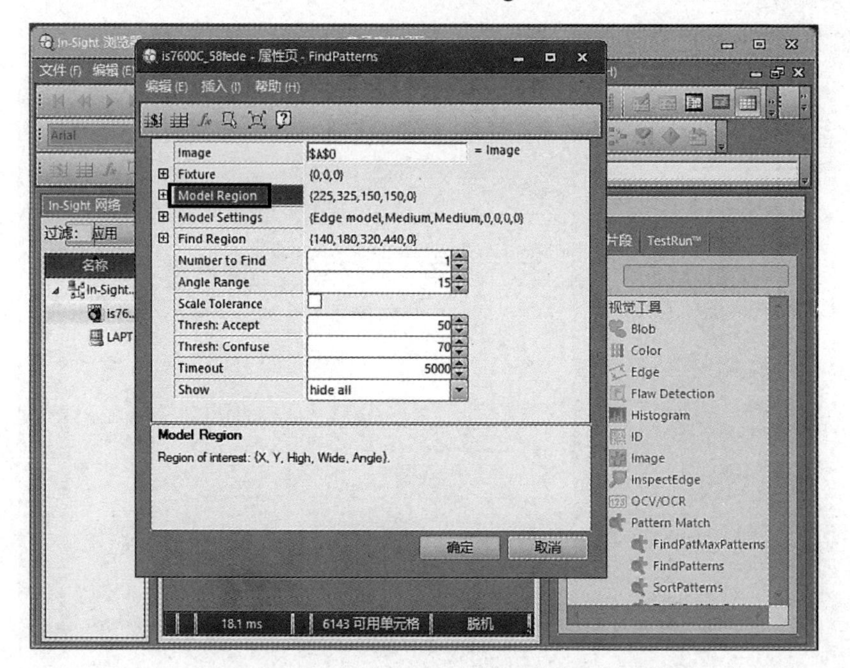


图 8-56 双击“Model Region”选项

（4）在弹出的区域设置界面中，单击模型区域设置框，拖动模型区域设置框至一个工件底部。特征区域的设置如图 8-57 所示。

**注意**：在进行此步骤操作前，可以通过设置路径加载图片的方式使系统获取设置使用的图片；也可通过实况视频采集的方式获取程序执行对象图片，具体方法为，单击“实况视频”快捷按钮，将工件按图 8-57 所示位置在视界内摆放好，单击“触发器”快捷按钮将实况视频的图片加载进系统中。

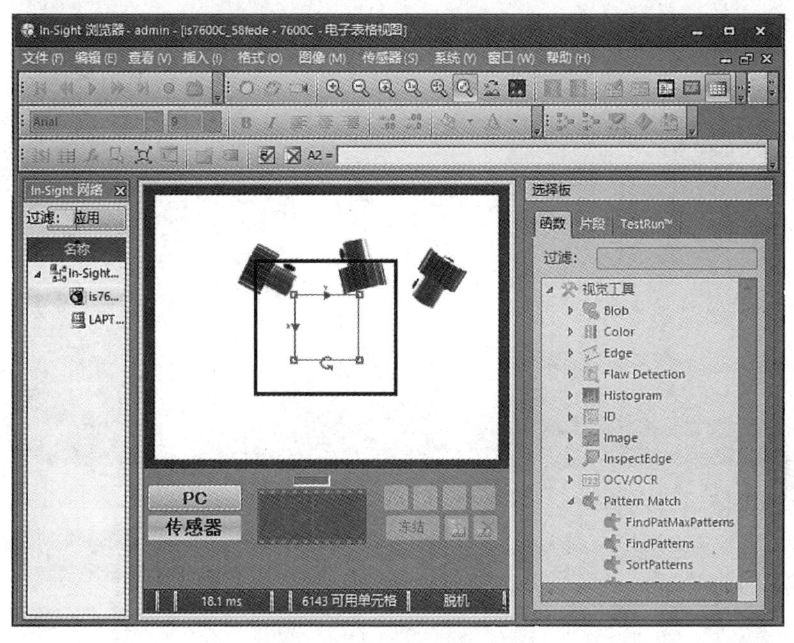


图 8-57　特征区域的设置

（5）使用旋转、移动等操作将完整的待识别模式纳入模型区域，如图 8-58 所示。

图 8-58　将完整的待识别模式纳入模型区域

（6）系统返回参数设置窗口，双击“Find Region”选项，完成搜寻区域的设置，如图 8-59 所示。

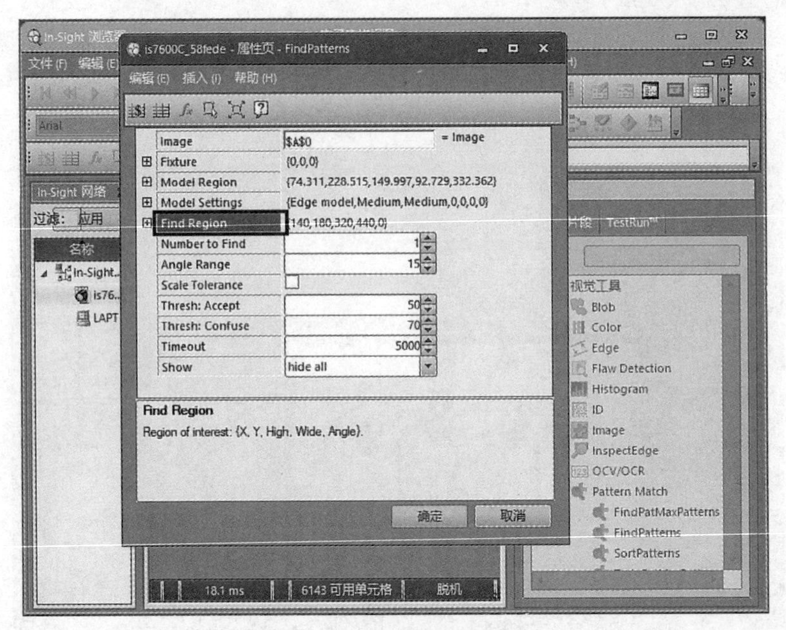

图 8-59　搜寻区域的设置

（7）在弹出的区域设置界面中，单击“最大化单元格区域”快捷按钮，单击“确定”快捷按钮，退出区域设置界面，如图 8-60 所示。

（8）系统返回参数设置窗口，在参数设置窗口中设置“Number to Find”为“3”，设置“Angle Range”为“180”，完成设置后，单击“确定”按钮，如图 8-61 所示。

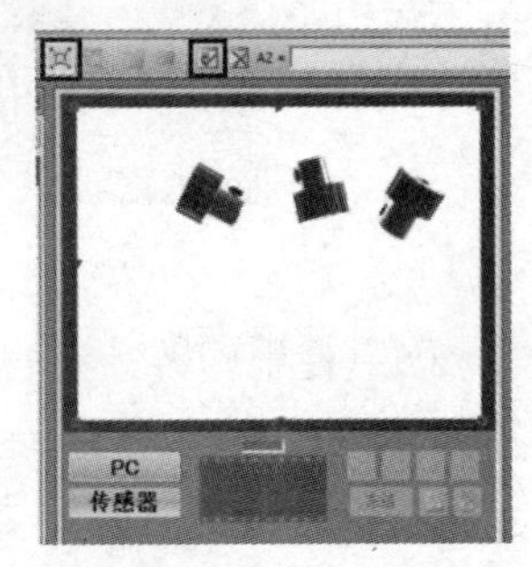

图 8-60　退出区域设置界面

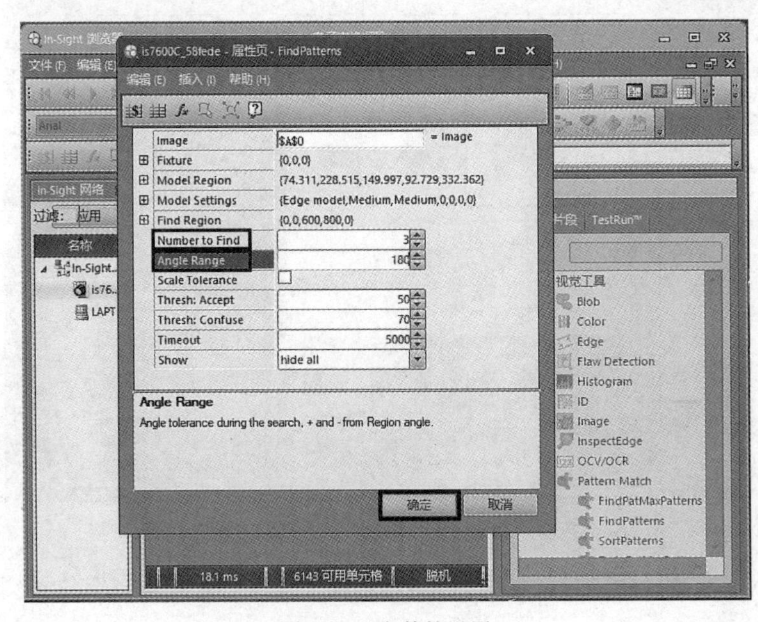

图 8-61　参数的设置

2）算法测试

（1）单击“实况视频”快捷按钮，将 3 个工件横向摆放到视界内，如图 8-62 所示。

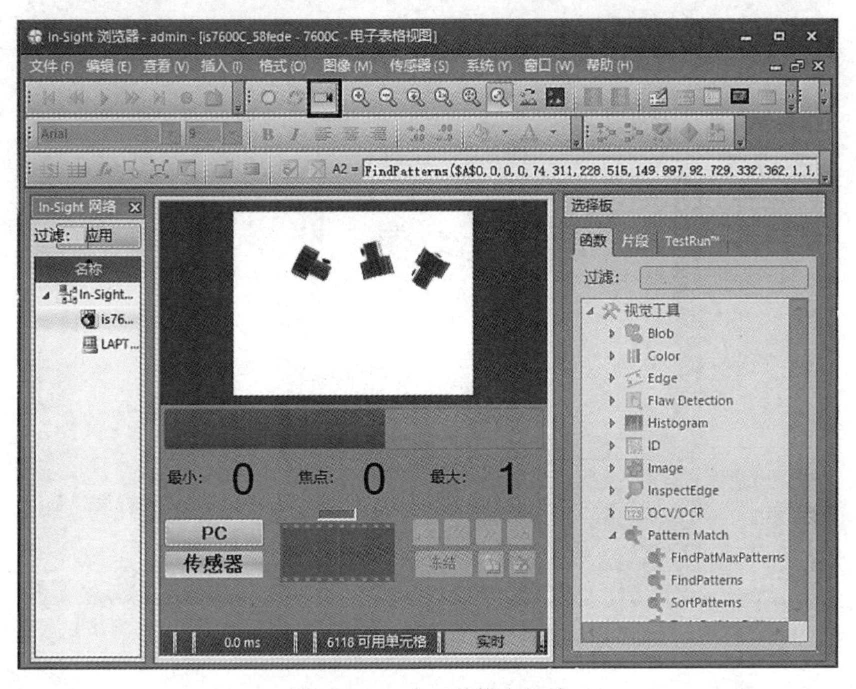


图 8-62　3 个工件横向摆放

（2）再次单击“实况视频”快捷按钮，返回电子表格视图编程环境，单击“触发器”快捷按钮，使系统对当前视界内的实况图像执行程序，观察执行结果，3 个工件的检测特征参数均不为“#ERR”，系统通过程序检测到 3 个工件具有设置的特征，如图 8-63 所示。

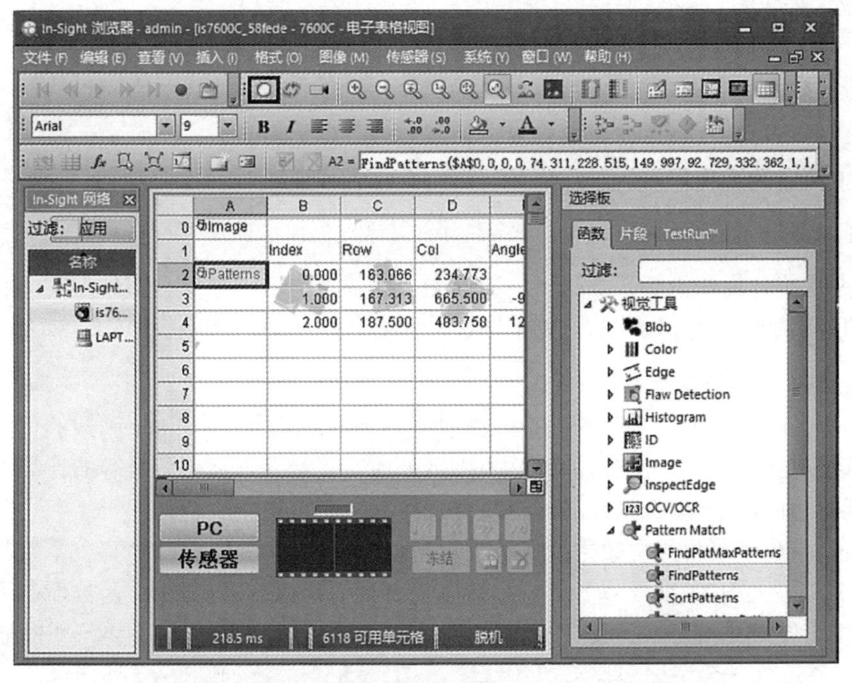


图 8-63　系统通过程序检测到 3 个工件具有设置的特征

（3）单击“重叠”快捷按钮，观察系统对检测到的特征的标记情况，如图 8-64 所示。

图 8-64　系统对检测到的特征的标记情况

## 实训 8.6　边的查找

**【实训目的】**

（1）掌握 Caliper 函数在工件边的查找中的算法编程。

（2）测试程序的运行情况。

**【实训内容】**

通过算法编程，检测工件在视界内边的情况。

测试工件边的查找程序的运行情况。

**【实训步骤】**

本实训主要分为两个部分：第一个部分为认识找边函数；第二个部分为实例展示，通过一个轴承底部宽度的像素尺寸的计算案例，来了解找边函数的实际应用。

1）Caliper 函数的参数介绍

在 In-Sight 软件中，可以选择 Caliper 函数进行边的查找。Caliper 函数的优点在于，此函数的参数设置较简单，可在边的计算中直接完成对直线间距离、角度等的计算，多数情况下，不需要另外设计辅助几何算法，应用方式便捷、应用范围广泛。

Caliper 函数是在软件中选择板“函数”选项卡里、“边”栏目下的第一个函数。当双击“Caliper”选项，打开 Caliper 函数的参数设置窗口时，可以看到 Caliper 函数配有许多设置参数，包括“图像”“固定”“区域”“边模式”“要查找的数量”“最小对比度”“Thresh：接受”“边宽度”“边：第一”“边：第二”“边缘距离”“显示”等，如图 8-65 所示。

在 Caliper 函数中，“图像”参数主要用于选择具体待处理的图像，一般为“$A$0”单元格中默认的 Image 值；而“固定”参数主要用于确定图像的相对原点，可通过设置“固定”参数中行、列和角度的值，获得图像的相对原点。图像的相对原点确定之后，图像中的很多像素点都可以根据此原点进行坐标输出。

在 Caliper 函数中，“区域”参数主要用于划定 Caliper 函数的计算区域。计算区域一般有两种确定方法。一种是对“区域”参数下的“X”“Y”“宽”“高”“角度”“曲线”等数值框进行数值的输入，通过量化方式确定计算区域，如图 8-66 所示。

| 参数 | 值 | |
|---|---|---|
| 图像 | $A$0 | = image |
| ⊞ 固定 | (0,0,0) | |
| ⊞ 区域 | (410.357,75.026,26.335,644.212,0.059,0) | |
| 边模式 | 边对 | |
| 要查找的数量 | 1 | |
| 最小对比度 | 5 | |
| Thresh:接受 | 5 | |
| 边宽度 | 2 | |
| 边：第一 | 白到黑 | |
| 边：第二 | 黑到白 | |
| 边缘距离 | 10 | |
| 显示 | 全部隐藏 | |

图 8-65　Caliper 函数的参数

| 参数 | 值 |
|---|---|
| ⊟ 区域 | (275,300,50,200,0,0) |
| X | 275.000 |
| Y | 300.000 |
| 高 | 50.000 |
| 宽 | 200.000 |
| 角度 | 0.000 |
| 曲线 | 0.000 |

图 8-66　通过量化方式确定计算区域

另一种是直接双击“区域”选项，进入区域设置界面，通过区域设置框来确定区域范围。这种方法比前一种更常被用到，图 8-67 所示的方框就是可拖曳区域设置框，可以使用鼠标来调整区域设置框四个边角所在的位置，以改变区域的大小，也可以使用区域设置框中的旋转按钮，以改变区域的角度。

图 8-67　区域设置框

如图 8-68 所示，“边模式”参数栏具有下拉列表，下拉列表中有“单一边”“边对”两个不同选项，可以通过选择边模式确定函数所要寻找的边是单一边，还是边对。一般情况下，Caliper 函数被用于边对查找。

如图 8-69 所示，可以通过设置“要查找的数量”参数，确定所要寻找的单一边或边对的数量；可以设置“最小对比度”参数，标准化对比度值的范围为 0～100；可以通过设置“Thresh：接受”参数，确定对系统检测结果评分的可接受程度；可以通过设置“边宽度”参数，确定图像的预期转换宽度。

| 参数 | 值 |
|---|---|
| 边模式 | 边对 |
| 要查找的数量 | 单一边 |
| 最小对比度 | 边对 |
| Thresh:接受 | |

图 8-68　“边模式”参数的下拉菜单

| 参数 | 值 |
|---|---|
| 要查找的数量 | 1 |
| 最小对比度 | 5 |
| Thresh:接受 | 5 |
| 边宽度 | 2 |

图 8-69　设置参数

如图 8-70 所示，可以通过设置“边：第一”参数，确定边区域的计算顺序。打开“边：第一”的下拉列表，可以看到“黑到白”“白到黑”及“二者之一”三个选项，选择其中一个确定边区域的计算顺序。

“边：第二”参数的作用与“边：第一”参数的类似，用于确定第二条边的区域界定情况。但是值得注意的是，“边：第二”参数受“边模式”参数的影响，当“边模式”参数选择

“单一边”时，“边：第二”参数显示灰色，不可用。

如图 8-71 所示，可以通过设置“边缘距离”参数，确定边对之间的预期距离，但是“边缘距离”参数与“边：第二”参数一样，仅在“边模式”参数为“边对”时可用；可以通过设置“显示”参数，确定重叠在图像上的图像类型。“显示”参数用于确定显示的元素种类，一般可选择默认的“全部隐藏”选项。

图 8-70　确定边区域的计算顺序

图 8-71　设置参数

2）算法编程

下面，具体通过一个轴承底部宽度的像素尺寸的计算案例，来介绍 Caliper 函数在边的查找中的使用和计算方法。

（1）如图 8-72 所示，单击可编程区域中的任意单元格，然后在右边的“视觉工具”栏目中选择 Caliper 函数，双击“Caliper”选项进入 Caliper 函数的参数设置界面。

（2）在函数的参数设置界面中双击“区域”选项，进入区域设置界面，如图 8-73 所示，对区域内的手动选择框进行操作设置。

（3）如图 8-74 所示，完成区域设置后，选择“边模式”参数为“边对”。将“边：第一”参数设为“白到黑”，将“边：第二”参数设为“黑到白”。其他参数默认设置，然后单击“确定”按钮。

（4）图 8-75 所示为计算机计算出的边对检测结果。其中，“距离”对应的检测值为两条边对距离的像素尺寸，即轴承底部宽度的像素尺寸。

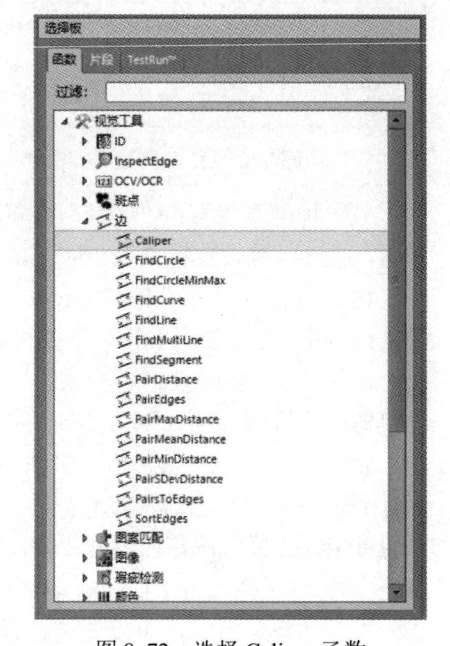


图 8-72　选择 Caliper 函数

图 8-73　区域设置界面

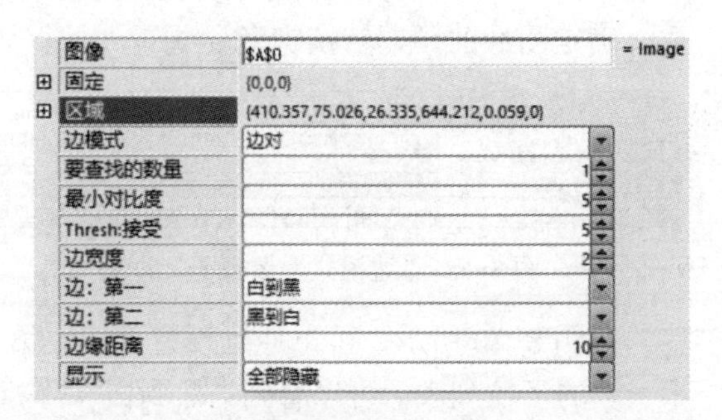


图 8-74　参数的设置

如图 8-76 所示，通过隐藏重叠，可以看到标记部分为轴承底部两条边对所在的位置。

| Image | | | | | | | | | |
|---|---|---|---|---|---|---|---|---|---|
| | 索引 | Row0 | Col0 | Row1 | Col1 | 得分 | 对比度 | 位置 | 距离 |
| Edges | 0.000 | 410.332 | 99.820 | 436.667 | 99.847 | 41.906 | 105.977 | 319.391 | 589.410 |
| | 1.000 | 409.731 | 689.229 | 436.066 | 689.256 | | | | |

图 8-75　计算机计算出的边对检测结果

图 8-76　标记部分

本实训主要介绍了边的查找，包括 Caliper 函数的一些参数设置，以及 Caliper 函数在实际边的查找案例中的应用。可结合 In-Sight 软件进行操作练习，并对下面的两个问题进行思考。

（1）如果使用软件中的其他函数，是否能完成边的查找工作？

（2）应如何将像素尺寸转化成实际尺寸呢？

## 实训 8.7　圆的查找

扫一扫看教学课件：机器视觉的检测、测量、识别及定位 2

【实训目的】

（1）掌握 FindCircle 函数在工件圆的查找中的算法编程。

（2）测试程序的运行情况。

【实训内容】

通过算法编程，检测工件在视界内圆的情况。

测试工件圆的查找程序的运行情况。

【实训步骤】

本实训从两个部分来了解圆的查找：第一部分为认识找圆函数；第二部分为实例展示，通过一个轴承内圈圆像素尺寸的计算案例，来了解找圆函数的实际应用。

1）FindCircle 函数的参数介绍

在 In-Sight 软件中，找圆函数有 FindCircle 函数、FindCircleMinMax 函数、FindCurve 函数等，最常用到的找圆函数为 FindCircle 函数，这个函数也是本实训重点介绍的函数，其他找圆函数的应用方式与 FindCircle 函数的类似，读者可参考 FindCircle 函数的应用方式自行学习。

找圆函数如图 8-77 所示，FindCircle 函数位于“选择板”的“视觉工具”栏目下的“边”栏目中。

双击“FindCircle”选项，在其相应的参数设置窗口中，可以看到仍然有“图像”“固定”“显示”等参数，但不同的是，FindCircle 函数中有“圆环”“极性”“查找依据”“合格阈值”“标准化得分”“边宽度”等参数，如图 8-78 所示。

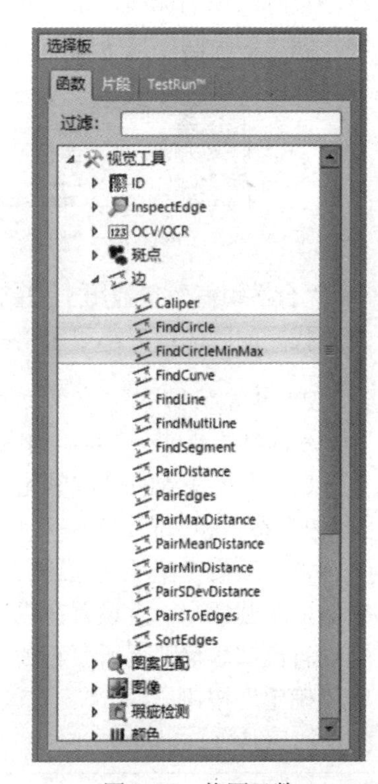


图 8-77　找圆函数

在 FindCircle 函数中，“图像”“固定”等参数的作用与 Caliper 函数中参数的作用类似。FindCircle 函数与 Caliper 函数不同的是，FindCircle 函数的计算区域主要以圆环设置的形式来确定，在圆环的设置中，可以看到，圆环有“X”“Y”“内半径”“外半径”四个参数，如图 8-79 所示。

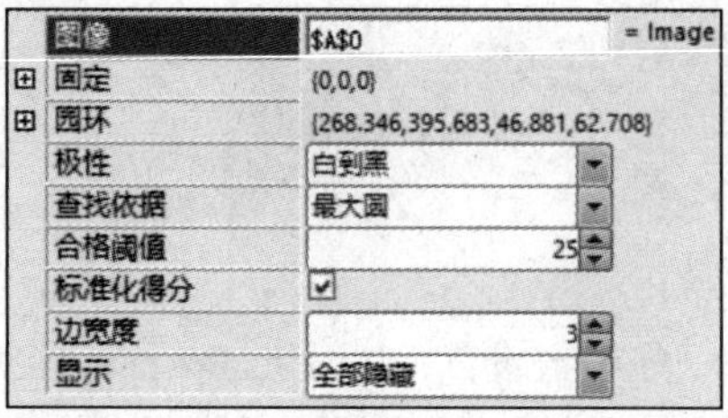

| 参数 | 值 |
| --- | --- |
| 图像 | $A$0 = Image |
| ⊞ 固定 | {0,0,0} |
| ⊞ 园环 | {268.346,395.683,46.881,62.708} |
| 极性 | 白到黑 |
| 查找依据 | 最大圆 |
| 合格阈值 | 25 |
| 标准化得分 | ☑ |
| 边宽度 | 3 |
| 显示 | 全部隐藏 |

图 8-78 FindCircle 函数的参数[①]

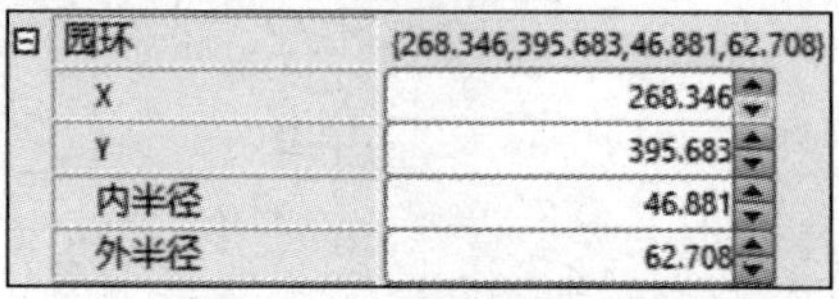

| 参数 | 值 |
| --- | --- |
| ⊟ 园环 | {268.346,395.683,46.881,62.708} |
| X | 268.346 |
| Y | 395.683 |
| 内半径 | 46.881 |
| 外半径 | 62.708 |

图 8-79 圆环设置的参数

除了直接输入参数，还可双击“圆环”选项，进入圆环区域设置界面，如图 8-80 所示，FindCircle 函数的计算区域为两个区域标记圆形成的圆环面积，可通过鼠标拖曳两个区域标记圆，移动其位置，改变其大小。

图 8-80 圆环区域设置界面

如图 8-81 所示，在 FindCircle 函数中，“极性”参数用于控制图像预期的灰度级数，系统提供“黑到白”“白到黑”及“二者之一”三个选项。

“查找依据”参数主要用于确定系统面对多个计算结果时选择的标准，系统提供“最佳得分”“最小圆”和“最大圆”三个选项，如图 8-82 所示。

| 极性 | 白到黑 |
| --- | --- |
| 查找依据 | 黑到白 |
| 合格阈值 | 白到黑 |
| 标准化得分 | 二者之一 |

图 8-81 “极性”参数

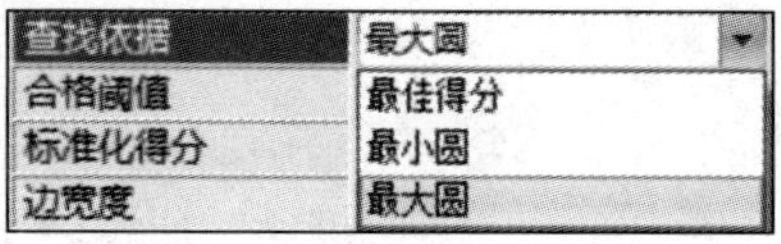

| 查找依据 | 最大圆 |
| --- | --- |
| 合格阈值 | 最佳得分 |
| 标准化得分 | 最小圆 |
| 边宽度 | 最大圆 |

图 8-82 “查找依据”参数

“合格阈值”参数用于控制系统对圆查找可接受结果的最小得分，其范围为 0～100，如果查找到的圆的得分小于合格阈值的设定值，此圆将被视作不合格，计算结果不输出。

2）算法编程

下面具体通过一个轴承内圈圆像素尺寸的计算案例，来介绍 FindCircle 函数的使用方法。

（1）指定任意的操作单元格，双击“FindCircle”选项，系统自动弹出函数参数设置界面。“图像”参数和“固定”参数可选择默认。

（2）双击“圆环”选项，进入圆环区域设置界面。为了查找到轴承内圈，将区域设置框中的两个圆环，一个设置在内圈圆边缘的内部，另一个设置在内圈圆边缘的外部，同时，两个设置圆都尽量贴近所要查找的轴承内圈圆，计算区域设置如图 8-83 所示。设置完成后，单击“确定”按钮。

① 软件图中“园环”的正确写法应为“圆环”。

图 8-83　计算区域设置

（3）计算区域设置完成后，观察所设置的区域，以轴承内圈圆为分界，内部为白色区域，外部为黑色区域，将其“极性”参数设为“白到黑”，如图 8-84 所示。

（4）参数设置如图 8-85 所示，将“查找依据”参数设为“最佳得分”，在“合格阈值”参数中，设置所需要的阈值（依据现场检测要求而定），“标准化得分”参数和“边宽度”参数选择默认值。这样就完成了轴承内圈圆的检测设置。

| 极性 | 白到黑 |
| --- | --- |
| 查找依据 | 黑到白 |
| 合格阈值 | 白到黑 |

图 8-84　“极性”参数

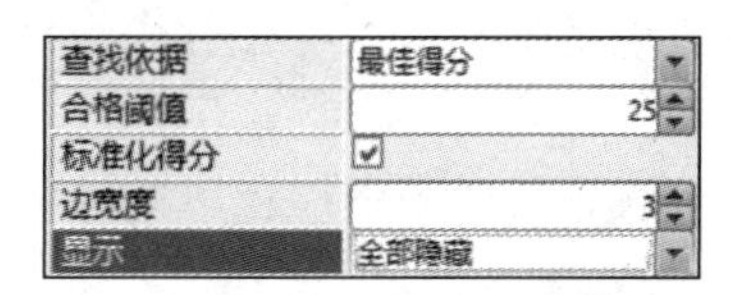


图 8-85　参数设置

（5）设置完成后，可以在单元格中看到，系统已查找到轴承内圈圆并反馈出圆的像素尺寸半径，如图 8-86 所示。

（6）如图 8-87 所示，通过去重叠设置，可清晰地看到，被标记圆弧表示计算得出的轴承内圈圆的位置。

|  | CentRow | CentCol | 半径 | 得分 |
| --- | --- | --- | --- | --- |
| Edges | 267.942 | 395.208 | 53.513 | -81.974 |

图 8-86　算法的执行结果

图 8-87　算法执行结果

本实训主要学习了 FindCircle 函数，并且通过一个轴承内圈圆像素尺寸的计算案例具体展示了 FindCircle 函数的编程使用方法，读者可结合 In-Sight 软件进行操作练习，并对下面的两个问题进行思考。

（1）圆的查找计算过程与边的查找计算过程有何区别？

（2）如何完成多个圆的同时检测？

# 实训 8.8　工件的尺寸测量及标定转换

【实训目的】

（1）掌握简单的标定方法。

（2）掌握工件的像素尺寸与实际尺寸的换算。

（3）测试程序的运行情况。

【实训内容】

通过算法编程，使系统捕捉标定板的圆特征，并进行标定计算；通过算法编程，使系统捕捉齿轮柱面边线，并进行像素尺寸计算；完成齿轮柱面边线间距离的实际尺寸换算。

实施过程：智能相机标定、柱面轮廓计算、实际尺寸换算。

**注意**：在测试过程中必须连接智能相机，且智能相机处于工作状态，智能相机的网络连接良好。

【实训步骤】

1）智能相机标定

（1）准备好智能相机的标定板，如图 8-88 所示。

**注意**：选择标定板应符合智能相机的视界情况，在本示例中选择孔中心距为 7.5 mm 的标定板。

（2）将标定板置于智能相机的视界内，使用顶部光源，工况的设置如图 8-89 所示。

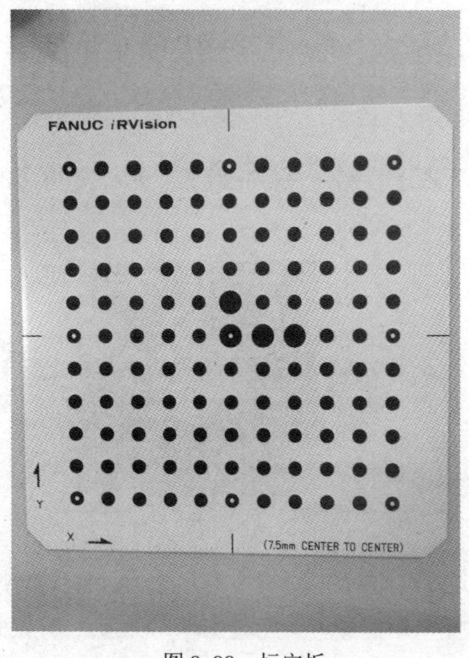


图 8-88　标定板

图 8-89　工况的设置

（3）打开 In-Sight 软件，进入电子表格视图编程环境，单击“实况视频”快捷按钮，标定板采集的图像如图 8-90 所示。

（4）选择合适的编程位置，双击“FindCircle”选项，选择 FindCircle 函数，进行第一个圆斑位置的计算编程，函数的选择如图 8-91 所示。

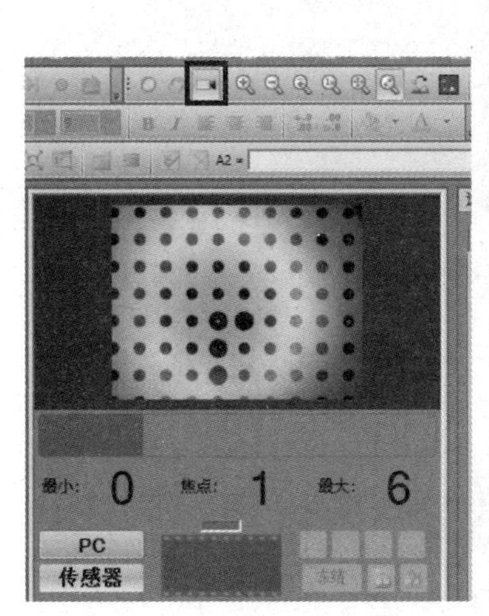

图 8-90　标定板采集的图像

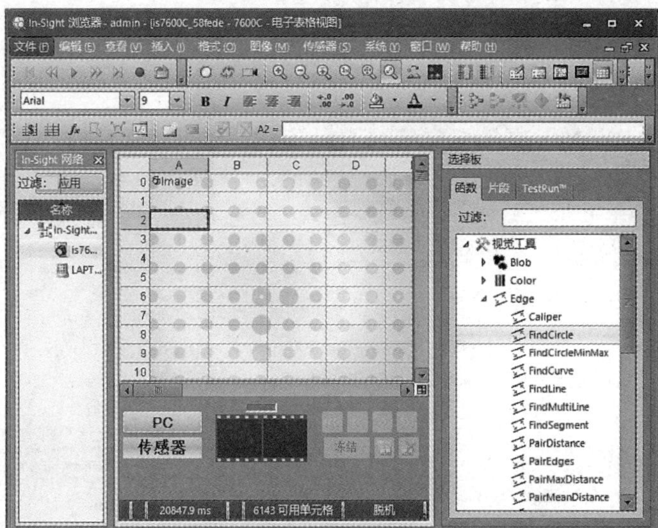

图 8-91　函数的选择

（5）在 FindCircle 函数的参数设置窗口中，双击“Annulus”选项，进行计算区域的设置，如图 8-92 所示。

（6）在计算区域的设置界面中，选择视界中心位置的实心圆斑，进行计算区域的设置，将小环置于圆斑内部，将大环置于圆斑外部，单击“确定”按钮，如图 8-93 所示。

**注意：** 此处标定圆斑的选择，须选择视界内完整的圆斑，所选圆斑也可为空心圆斑，具体根据实际需求而定。

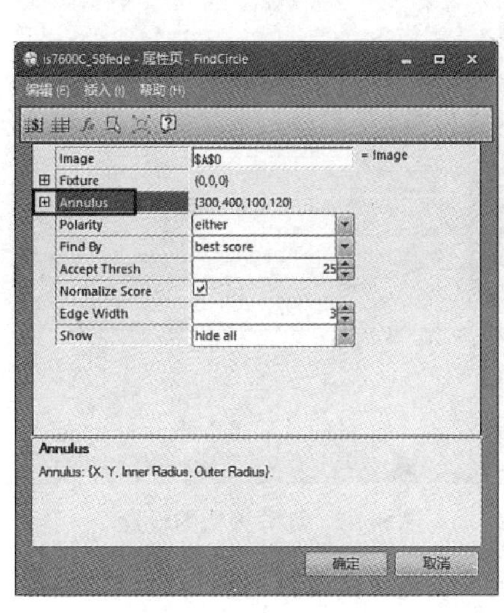

图 8-92　计算区域的设置

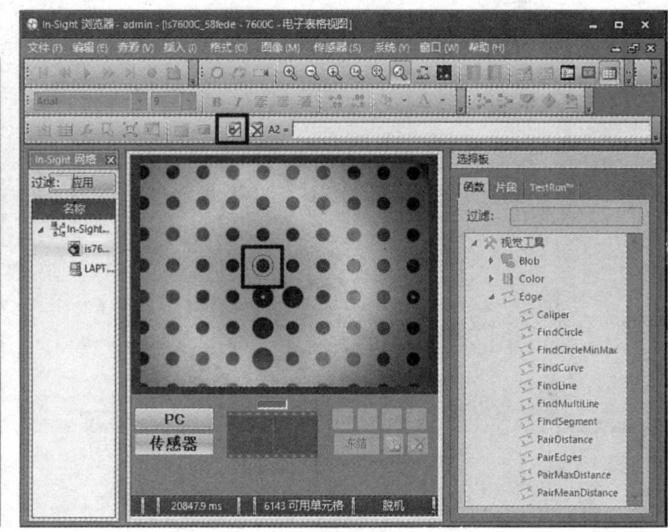

图 8-93　设置圆斑的计算区域

（7）在 FindCircle 函数的参数设置窗口中，设置“Polarity”为“black-to-white”，设置“Find By”为“best score”，设置“Accept Thresh”为“50”，如图 8-94 所示。

**注意：** 设置参数时可按具体工况的要求而定。

（8）查看第一个圆斑的计算结果，如图 8-95 所示。

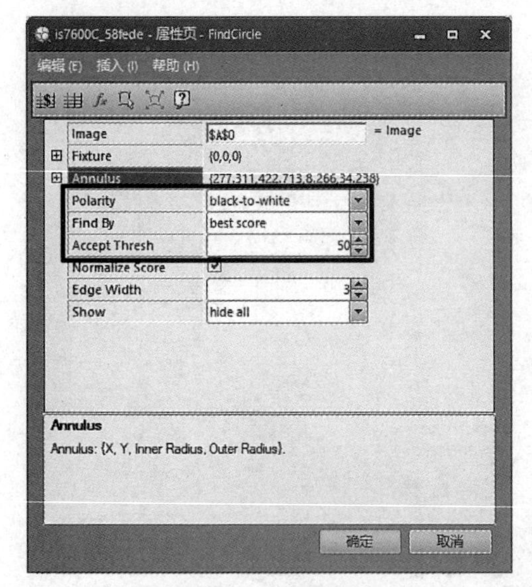


图 8-94 参数的设置

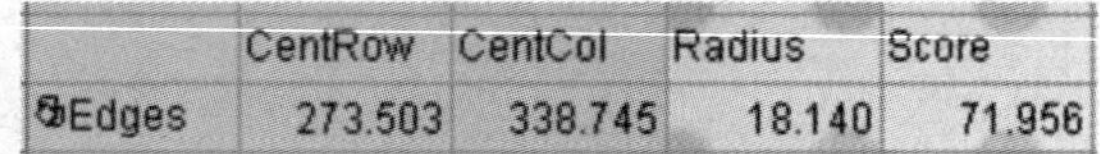

| | CentRow | CentCol | Radius | Score |
|---|---|---|---|---|
| Edges | 273.503 | 338.745 | 18.140 | 71.956 |

图 8-95 查看计算结果

（9）再次选择合适的电子表格区域编程，双击“FindCircle”选项，选择 FindCircle 函数，进行相邻圆斑位置的算法编程，如图 8-96 所示。

（10）再次在 FindCircle 函数的参数设置窗口中，双击“Annulus”选项，进行计算区域的设置，如图 8-97 所示。

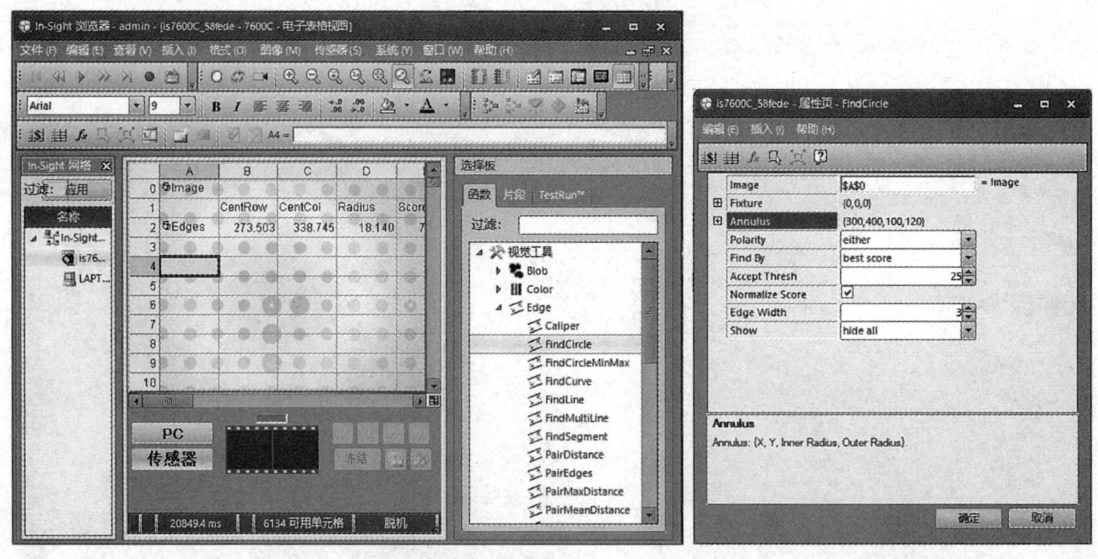


图 8-96 选择函数　　　　图 8-97 计算区域的设置

（11）在与所选第一个圆斑相邻的圆斑上进行计算区域的设置，其设置方法与第一个圆斑的设置方法一致，如图 8-98 所示。

（12）与第一个圆斑位置计算的设置相同，在 FindCircle 函数的参数设置窗口中，设置“Polarity”为“black-to-white”，设置“Find By”为“best score”，设置“Accept Thresh”为“50”，如图 8-99 所示。

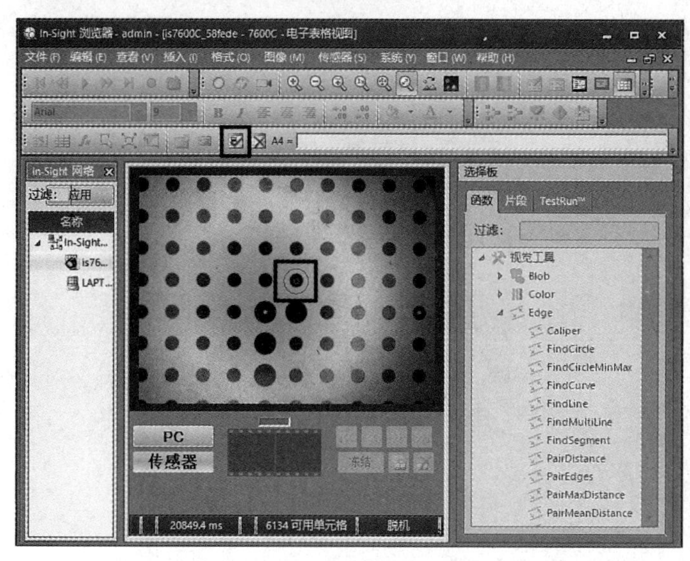


图 8-98　设置圆斑的计算区域

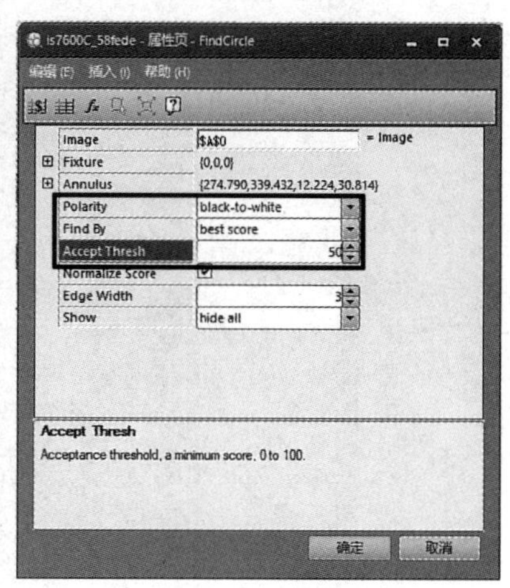


图 8-99　参数的设置

（13）查看第二个圆斑的计算结果，如图 8-100 所示。

| | CentRow | CentCol | Radius | Score |
|---|---|---|---|---|
| Edges | 273.671 | 422.097 | 18.265 | 68.833 |

图 8-100　查看计算结果

（14）将两次计算结果进行对比，如图 8-101 所示。

| | CentRow | CentCol | Radius | Score |
|---|---|---|---|---|
| Edges | 273.503 | 338.745 | 18.140 | 71.956 |
| | CentRow | CentCol | Radius | Score |
| Edges | 273.671 | 422.097 | 18.265 | 68.833 |

图 8-101　对比两次计算结果

观察可知，两个圆斑中心的 CentRow 值，即两个圆心的横坐标值相差 0.168 像素，二者几乎相同，两个圆斑中心的 CentCol 值，即两个圆心的纵坐标值相差 83.352 像素。

因为标定板的两个圆心在横坐标方向上的实际距离为 7.5 mm，所以在示例工况中，单位像素表示的实际距离为

$$\text{单位像素表示的实际距离}=\frac{\text{两点之间的实际距离}}{\text{两点之间的像素数}}$$

即

$$\frac{7.5\text{毫米}}{83.352\text{像素}}\approx 0.09\text{毫米/像素}$$

**注意：**标定算法为，计算出标定板上已知实际距离的某两个位置间的像素数，用实际距离除以像素数，求得当前工况下单位像素表示的实际距离。上述的标定算法较简单，在实际工程应用中常使用更复杂的标定算法，但其标定原理基本与上述算法的一致。

2）像素尺寸计算

（1）在电子表格视图编程环境中，单击“实况视频”快捷按钮，按照齿轮圆柱与横坐标的平行方向，放置齿轮，且将齿轮置于中心位置，如图 8-102 所示。

图 8-102　齿轮的放置

（2）选择 Caliper 函数，计算齿轮圆柱的直径，如图 8-103 所示。

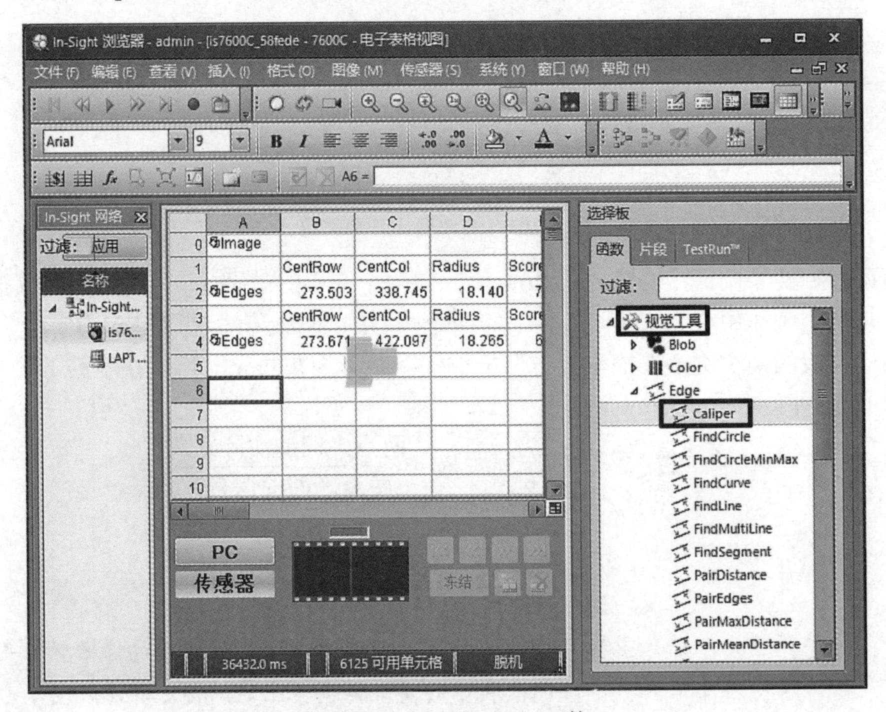


图 8-103　选择 Caliper 函数

（3）在 Caliper 函数的参数设置窗口中，双击“Region”选项，设置计算区域，如图 8-104 所示。

**注意：**在联机情况下，In-Sight 浏览器以英文方式显示各参数。

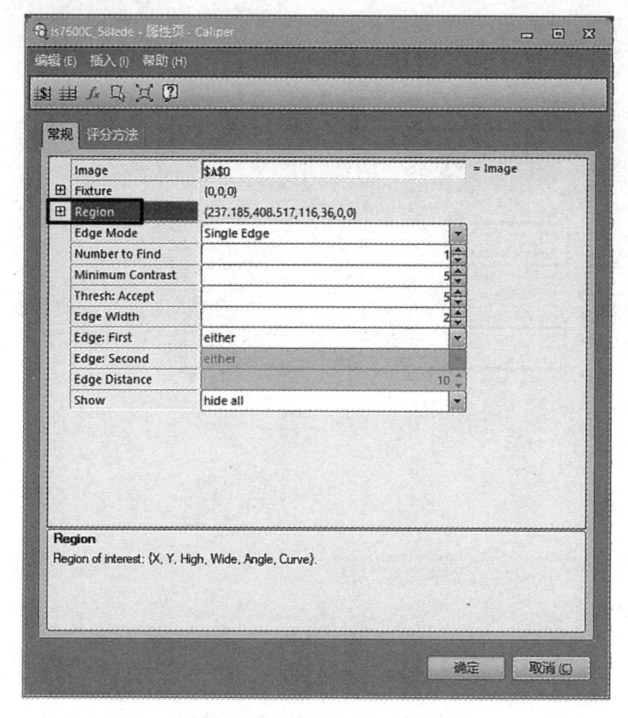


图 8-104　计算区域的设置

（4）选择计算区域，并单击“确定”按钮，如图 8-105 所示。

图 8-105　选择计算区域

（5）在 Caliper 函数的参数设置窗口中设置参数，设置完毕后，单击“确定”按钮，如图 8-106 所示。

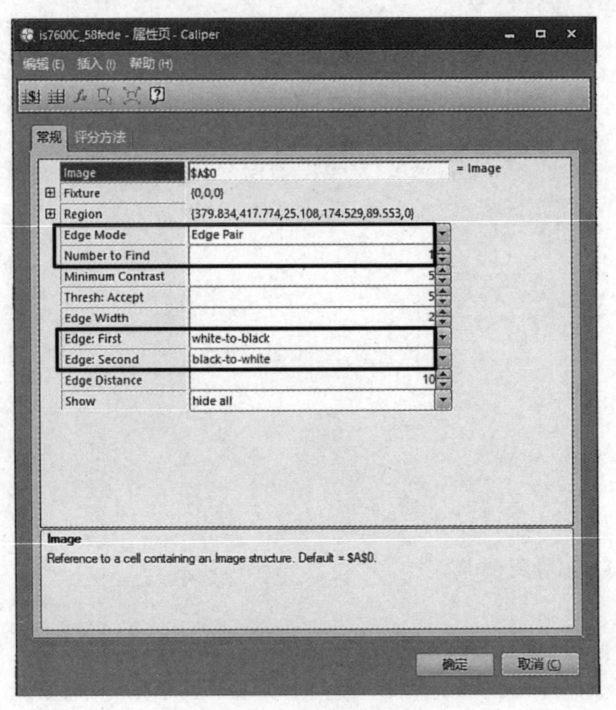


图 8-106　参数的设置

（6）查看计算结果，如图 8-107 所示。

| | Index | Row0 | Col0 | Row1 | Col1 | Score | Contrast | Position | Distance |
|---|---|---|---|---|---|---|---|---|---|
| Edges | 0.000 | 323.521 | 418.213 | 323.716 | 443.320 | 20.422 | 51.000 | 88.140 | 63.188 |
| | 1.000 | 260.335 | 418.706 | 260.531 | 443.813 | | | | |

图 8-107　查看计算结果

3）实际尺寸换算

计算得出齿轮柱面边线间的像素距离为 63.19 像素，而在先前的标定中，计算得出单位像素表示的实际距离为 0.09 毫米/像素，那么 63.19 像素的实际尺寸，也就是齿轮柱面边线间的实际距离应为：像素数×单位像素表示的实际距离，即

$$63.19\text{像素}\times\frac{0.09\text{毫米}}{\text{像素}}\approx 5.69\text{毫米}$$

从本实训中可以看出对工件实际尺寸的测量是通过三个步骤完成的：

（1）通过标定，得到实际工况下单位像素表示的实际尺寸；

（2）通过像素尺寸计算，得到被测物体的像素尺寸；

（3）完成上述两个步骤后，通过换算，可得被测物体的实际尺寸。

## 实训 8.9　圆环面积的测量

**【实训目的】**

（1）掌握圆环面积测量的基本方法。

（2）掌握视觉计算方案设计的论证过程。

【实训内容】

通过算法编程，计算得出圆环的面积，并且通过像素尺寸与实际尺寸的换算获得实际的圆环面积。

测试程序的运行情况。

【实训步骤】

1）视觉计算方案设计论证

在进入方案设计之前，需要先确定计算目的。其目的为计算得出图 8-108 中细实圆线所标出的黑色圆环的面积，并且通过像素尺寸与实际尺寸的换算获得实际的圆环面积。

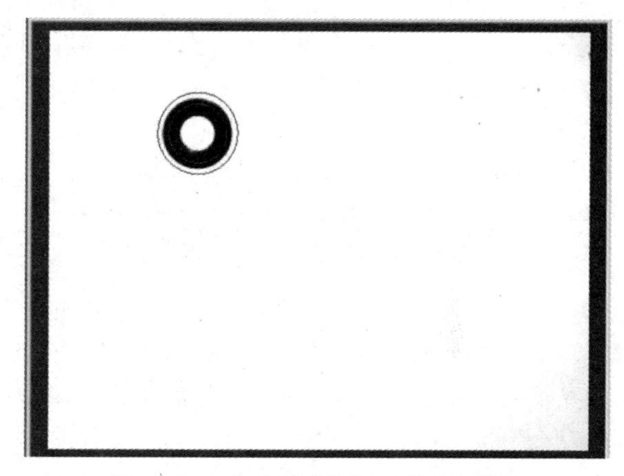

图 8-108　细实圆线所标出的黑色圆环

为了实现计算目的，根据前期的学习内容，提出两种方案来完成圆环面积的检测，并论证。第一种方案，利用 Blob 函数，检测出圆环斑点的面积。第二种方案，采用几何计算的方法得到圆环的面积，其步骤为，先分别求出圆环上两个圆的半径，然后用大圆的面积减去小圆的面积，从而得到圆环的面积。

提出这两个方案后，需要对方案进行论证分析，以便选出较优方案。在视觉检测中，论证分析通常从两方面进行：一方面是准确性，另一方面是稳定性。

首先，从准确性来讲，利用 Blob 函数来计算圆环的面积较容易受到反光等因素的影响，从而使圆环中有部分反光点不能被统计在面积内，容易造成误差；而采用几何计算的方法，就可以在一定程度上避免因反光而造成的面积损失。

另外，从稳定性来讲，利用 Blob 函数容易受到其他几何体的干扰。在 Blob 函数的计算过程中，需要划定圆环的查找范围，如果在计算执行过程中，有外来物体靠近圆环，出现在函数的查找范围内，Blob 函数很可能不能及时排除干扰，将接近的外来物体的面积也计算在圆环的面积中，从而造成误差；而采用几何计算的方法就可以有效地避免这种情形，当其他物体接近圆环，出现在计算范围中时，也很难影响圆环中两圆半径的计算，因此其对圆环面积计算准确率的影响较小。通过以上论证，可以得出，在圆环面积的计算过程中，几何计算的方法是更优方案。

2）算法编程

（1）使用视觉工具中的 FindCircle 函数来计算外圆环的两圆半径。

双击“FindCircle”选项，进入参数设置窗口，如图 8-109 所示，在参数设置窗口中，主要设置“圆环”“极性”“查找依据”的参数。

（2）双击“圆环”选项，进入圆环设置界面。先进行外圆的查找，将设置的两个圆放置在外圆附近，一个放置在圆环内，另一个放置在圆环外，均贴近圆环外圆，如图 8-110 所示。设置完成后，单击“确定”按钮，退出圆环设置界面。

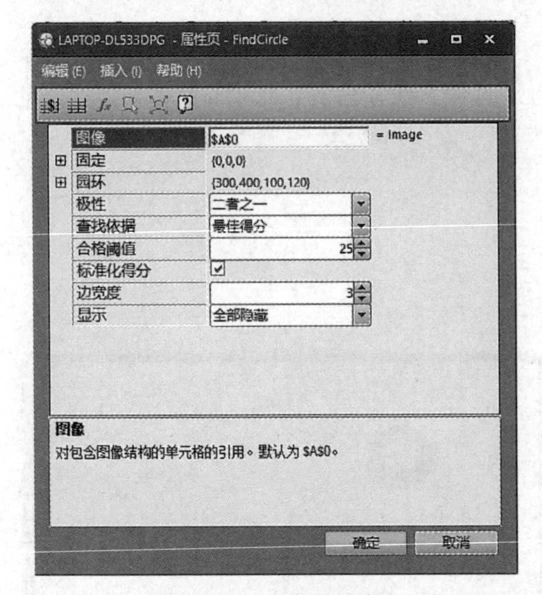


图 8-109　参数设置窗口

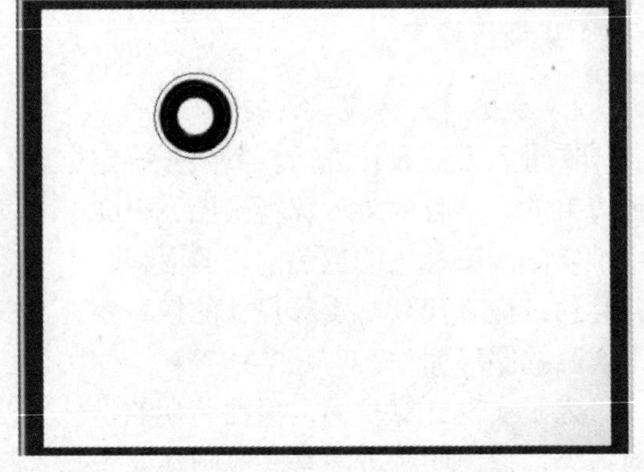

图 8-110　圆环外圆的计算区域

（3）进行极性的设置，在外圆的计算中，首先将“极性”参数设为“黑到白”，将“查找依据”参数设为“最大圆”，然后单击“确定”按钮，系统自动执行计算。

（4）进行内圆的计算，双击“FindCircle”选项，进入参数设置窗口，在参数设置窗口中，主要设置“圆环”“极性”“查找依据”的参数。双击“圆环”选项，进入圆环设置界面，将设置的两个圆放置在内圆附近，一个放置在圆环内，另一个放置在圆环外，均贴近圆环内圆，如图 8-111 所示。设置完成后，单击“确定”按钮，退出圆环设置界面。

（5）进行极性的设置，在内圆的计算中，首先将“极性”参数设为“白到黑”，将“查找依据”参数设为“最小圆”。然后单击“确定”按钮，系统自动执行计算。

（6）在选择板中单击“数学”栏目中的“三角学”按钮，从中找到 Pi 函数，如图 8-112 所示。

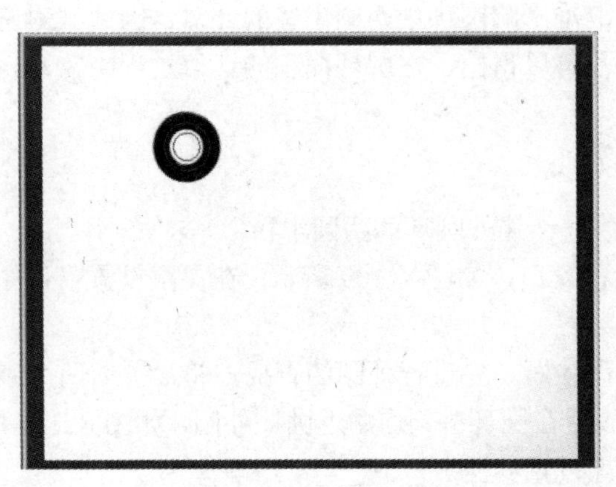

图 8-111　圆环内圆的计算区域

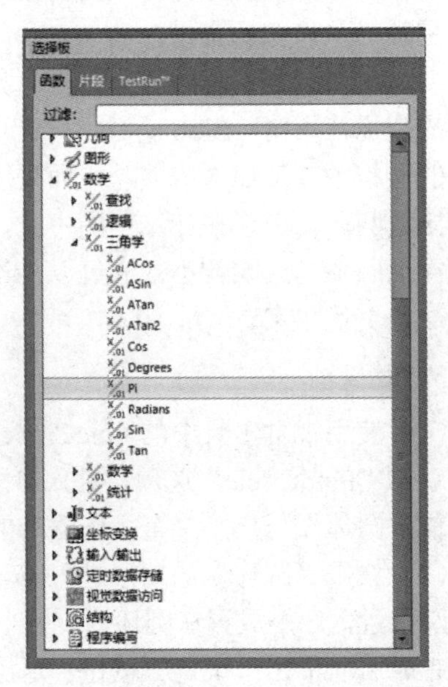


图 8-112　Pi 函数

（7）根据圆的面积等于圆周率乘以半径平方的几何计算方法，双击 Pi 函数，使之与外圆半径的平方相乘，求出外圆的面积；然后再次双击 Pi 函数，使之与内圆半径的平方相乘，求出内圆面积；然后以大圆面积减去小圆面积得到圆环面积，如图 8-113 所示。

| Image | | | | |
|---|---|---|---|---|
| | CentRow | CentCol | 半径 | 得分 |
| Edges | 145.724 | 215.807 | 50.642 | 81.207 |
| | CentRow | CentCol | 半径 | 得分 |
| Edges | 145.396 | 215.709 | 25.368 | -80.725 |
| | Pi()*D2*D2 | | | |
| | 6035.198 | | | |

（a）小圆面积的计算

| Image | | | | |
|---|---|---|---|---|
| | CentRow | CentCol | 半径 | 得分 |
| Edges | 145.724 | 215.807 | 50.642 | 81.207 |
| | CentRow | CentCol | 半径 | 得分 |
| Edges | 145.396 | 215.709 | 25.368 | -80.725 |
| | 8056.884 | Pi()*D4*D4 | | |
| | 6035.198 | | | |

（b）大圆面积的计算

| Image | | | | |
|---|---|---|---|---|
| | CentRow | CentCol | 半径 | 得分 |
| Edges | 145.724 | 215.807 | 50.642 | 81.207 |
| | CentRow | CentCol | 半径 | 得分 |
| Edges | 145.396 | 215.709 | 25.368 | -80.725 |
| | 8056.884 | 2021.685 | | |
| | B6-C6 | | | |

（c）两圆面积相减

图 8-113　面积的计算方法一

（8）整个计算过程，也可以用一步计算完成，如图 8-114 所示。

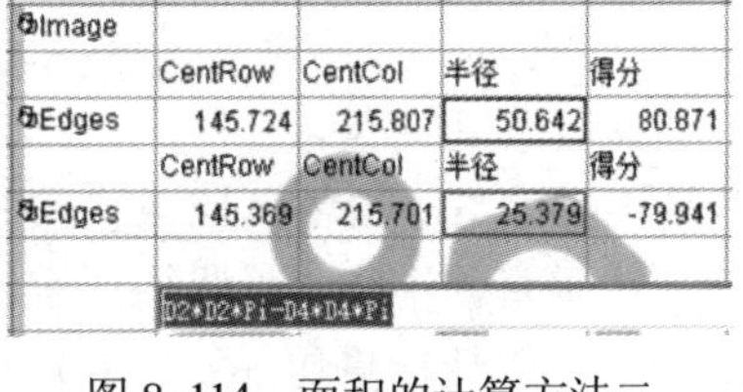

| Image | | | | |
|---|---|---|---|---|
| | CentRow | CentCol | 半径 | 得分 |
| Edges | 145.724 | 215.807 | 50.642 | 80.871 |
| | CentRow | CentCol | 半径 | 得分 |
| Edges | 145.369 | 215.701 | 25.379 | -79.941 |
| | D2*D2*Pi-D4*D4*Pi | | | |

图 8-114　面积的计算方法二

本实训以圆环面积的计算为例介绍了一个较复杂的视觉工程应用的编程过程。通过其中的方案论证分析，展示了在实际方案论证过程中，应该从哪些角度去分析和选择计算方法，以找到较优的测量方案。

可结合 In-Sight 软件操作练习本实训介绍的圆环面积测量的计算过程，并对下面的问题进行思考：

（1）对于不规则图形应该怎样设计视觉面积测量方案？

（2）二维几何要素的计算与一维几何要素的计算有何异同？

## 实训 8.10　圆心到两条直线交点距离的测量

**【实训目的】**

（1）掌握圆心到两条直线交点距离的编程方法。

（2）掌握基础计算算法的设计方法。

**【实训内容】**

通过算法编程，计算圆心到两条直线交点的距离，测试程序的运行情况。

**【实训步骤】**

本实训主要介绍圆心到两条直线交点距离的计算实例。前面已经介绍了一些简单的几何体工件，如长方形或圆形工件的视觉检测方法，也进一步介绍了稍微复杂的计算情形，如圆环面积的视觉检测方法。在本实训中，如图 8-115 所示，以圆心到两条直线交点距离的计算为例，介绍在普遍意义上，更为复杂情况下的一些工况的视觉检测方法。

图 8-115　圆心到两条直线交点的距离

本实训内容大致分为三个方面，第一个方面是向大家介绍 FindLine 函数，第二个方面是检测方案设计分析，第三个方面是进行具体的算法编程及测试。

1）FindLine 函数的介绍

FindLine函数位于选择板视觉工具下的“边”栏目中，双击“FindLine”选项后，系统自动弹出FindLine函数的参数设置窗口。窗口中有“图像”“固定”“区域”“极性”“查找依据”“合格阈值”等参数，如图8-116所示。

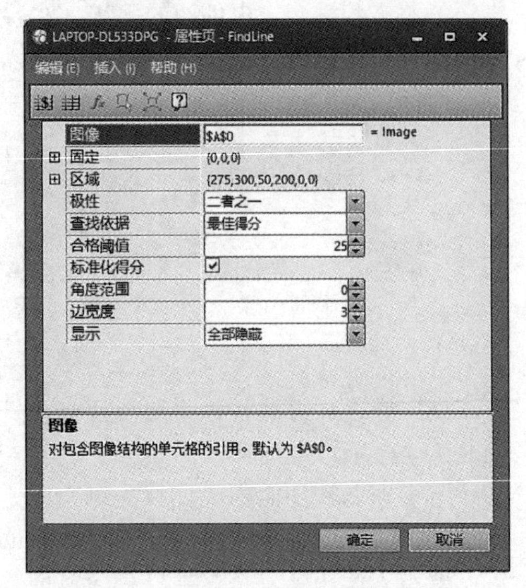


图8-116　FindLine函数的参数设置窗口

其中“图像”“固定两个参数和先前所介绍函数中的情况类似，图像”用于确定函数计算的应用图像，“固定”用于确定相对原点。在Find Line函数中，区域设置既可以按值输入，又可以手动调整，若采用手动调整的形式，只需要双击“区域”选项，即可进入区域手动调整界面。

需要注意的是，在区域手动调整界面中，若检测一条直线，须将区域调整框的箭头调整为与该直线垂直，并且区域调整框应包含所选择直线的两端，以使计算更加稳定和准确。

FindLine函数的极性设置和先前介绍的函数类似，仍然有“黑到白”“白到黑”和“二者之一”三个选项，可根据实际工况进行选择。“查找依据”下拉菜单中有三个选项，分别为“最佳得分”“第一边”和“最后一边”，可根据所要寻找的直线的实际工况设置。“合格阈值”参数用于判断检测分数是否合格，淘汰算法执行过程中分数过低的检测结果。

值得注意的是，在使用FindLine函数完成计算后，系统反馈的是线段两个端点横向和纵向的坐标位置。也就是说，在In-Sight系统中，系统通过给出线段两个端点的横、纵坐标来完成一条直线位置的定义。请大家注意这个部分，这个部分是下面解题的一个重要基础。

2）检测方案的设计分析

下面进入本实训内容的第二个部分，检测方案的设计分析。在进入具体分析之前，首先来看检测需求，检测需求是，计算六角螺母的一个角到轴承圆心的距离。

根据先前的学习已经知道，如果知道了圆心坐标和六角螺母的角的坐标，就可以用两个点间的距离公式求出两个点间的距离。轴承的圆心是容易通过计算得到的，可以用FindCircle函数算出。

但是，如何求得六角螺母的角的坐标呢？可以注意到，六角螺母的角其实是六角螺母两个边的交点，那么问题就转化为，如何求得两条相交直线的交点。具体的方法是，先用FindLine函数求得两条相交直线，如图8-117所示。

然后，利用直线端点的坐标，求出在整个平面坐标中两条直线各自的一元一次方程，再利用两个一元一次方程求公共解的方法，求得两条相交直线的交点。具体方法如下：

$$k_1 = \frac{y_1 - y_2}{x_1 - x_2} \quad b_1 = y_1 - \frac{y_1 - y_2}{x_1 - x_2} x_1 \tag{8-1}$$

$$k_2 = \frac{y_3 - y_4}{x_3 - x_4} \quad b_2 = y_2 - \frac{y_3 - y_4}{x_3 - x_4} x_3 \tag{8-2}$$

$$x_0 = \frac{b_2 - b_1}{k_1 - k_2} \quad y_0 = k_1 x_0 + b_1 \tag{8-3}$$

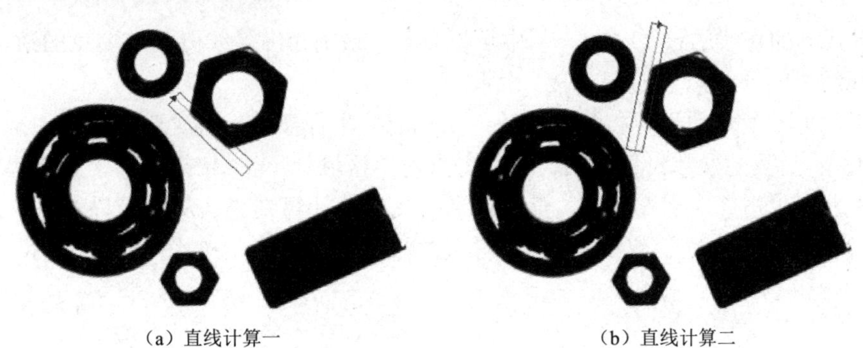

（a）直线计算一　　（b）直线计算二

图 8-117　求两条相交直线

式中，$k_1$、$b_1$ 分别为第一条直线的斜率及截距；$k_2$、$b_2$ 分别为第二条直线的斜率及截距；$(x_1,y_1)$、$(x_2,y_2)$ 为第一条直线线段的起始点和终点，$(x_3,y_3)$、$(x_4,y_4)$ 为第二条直线线段的起始点和终点，$(x_0,y_0)$ 为两条直线的交点。

在求出交点后，再使用两点间的距离公式，求出圆心到交点的距离。

$$\begin{aligned}&\text{SQRT}[(\text{CentRow}0-\text{Row}0)(\text{CentRow}0-\text{Row}0)+\\&(\text{CentCol}0-\text{Col}0)(\text{CentCol}0-\text{Col}0)]\end{aligned} \tag{8-4}$$

式中，SQRT() 为开平方函数；(CentRow0,CentCol0) 为圆心；(Row0,Col0) 为两条直线的交点。以上为算法的设计思路。

3）算法编程及测试

具体的编程为，首先使用 FindCircle 函数计算轴承圆心的位置。

（1）双击 FindCircle 函数，对圆环的参数进行相应的设定后，单击“确定”按钮，就可以得到圆心的坐标，圆心的测量如图 8-118 所示。

|  | CentRow | CentCol | 半径 | 得分 |
| --- | --- | --- | --- | --- |
| Edges | 332.907 | 139.025 | 46.688 | -75.008 |

图 8-118　圆心的测量

圆在图像中的标记如图 8-119 所示。

（2）在完成圆心坐标的计算之后，着手求两条直线的一元一次方程。

双击“FindLine”选项，进入 FindLine 函数的参数设置窗口。对 FindLine 函数设置的重点是对计算区域的设置，须将区域调整框的箭头调整为与待检测直线垂直，第一条直线线段的测量如图 8-120 所示。

图 8-119　圆在图像中的标记　　图 8-120　第一条直线线段的测量

设置完成后，首先分别对“查找依据”参数和“阈值”参数进行设置，然后单击“确定”

按钮，查看找到的直线的计算结果。从中可以看到，系统给出了线段两个端点的横、纵坐标，第一条直线线段的计算结果如图 8-121 所示。

用同样的办法对六角螺母待测角的另一个相邻边进行检测，再次双击“FindLine”选项，进入 FindLine 函数的参数设置窗口。首先分别对“区域”“查找依据”和“合格阈值”参数进行设置，然后单击“确定”按钮，查看找到的线段的计算结果。从中可以看到，系统同样给出了线段两个端点的横、纵坐标，第二条直线线段的计算结果如图 8-122 所示。

| | Row0 | Col0 | Row1 | Col1 | 得分 |
|---|---|---|---|---|---|
| Edges | 79.389 | 303.176 | 271.549 | 264.570 | -34.588 |

图 8-121　第一条直线线段的计算结果

| | Row0 | Col0 | Row1 | Col1 | 得分 |
|---|---|---|---|---|---|
| Edges | 196.638 | 251.801 | 302.363 | 363.776 | -42.095 |

图 8-122　第二条直线线段的计算结果

之后，按照一元一次直线方程的计算公式，如图 8-123 所示，求出两条直线方程中的固定参数 $k_1$、$b_1$、$k_2$、$b_2$。

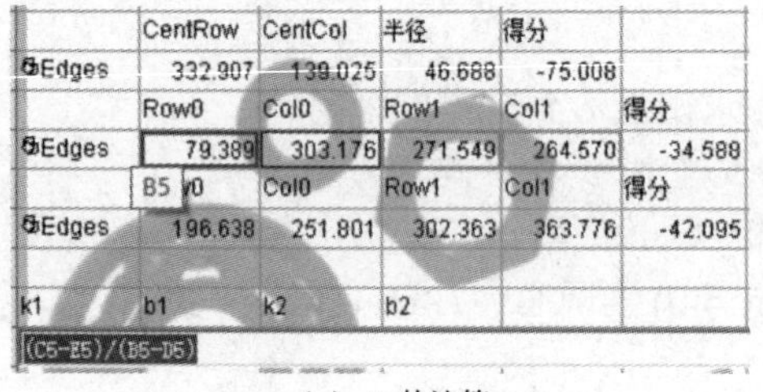

| | CentRow | CentCol | 半径 | 得分 | |
|---|---|---|---|---|---|
| Edges | 332.907 | 139.025 | 46.688 | -75.008 | |
| | Row0 | Col0 | Row1 | Col1 | 得分 |
| Edges | 79.389 | 303.176 | 271.549 | 264.570 | -34.588 |
| | B5 | Col0 | Row1 | Col1 | 得分 |
| Edges | 196.638 | 251.801 | 302.363 | 363.776 | -42.095 |
| k1 | b1 | k2 | b2 | | |
| (C5-E5)/(B5-D5) | | | | | |

（a）$k_1$ 的计算

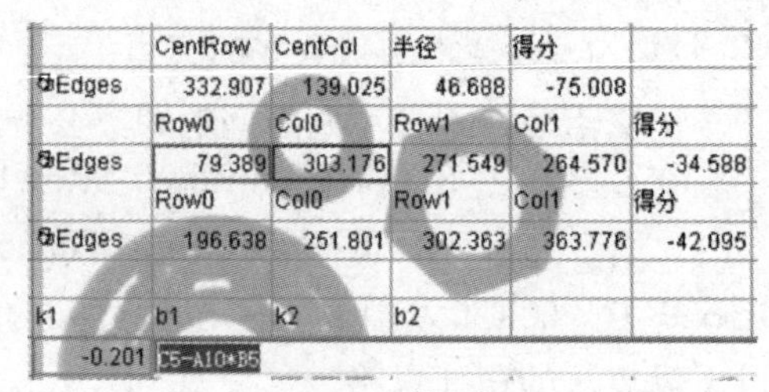

| | CentRow | CentCol | 半径 | 得分 | |
|---|---|---|---|---|---|
| Edges | 332.907 | 139.025 | 46.688 | -75.008 | |
| | Row0 | Col0 | Row1 | Col1 | 得分 |
| Edges | 79.389 | 303.176 | 271.549 | 264.570 | -34.588 |
| | Row0 | Col0 | Row1 | Col1 | 得分 |
| Edges | 196.638 | 251.801 | 302.363 | 363.776 | -42.095 |
| k1 | b1 | k2 | b2 | | |
| -0.201 | C5-A10*B5 | | | | |

（b）$b_1$ 的计算

| | CentRow | CentCol | 半径 | 得分 | |
|---|---|---|---|---|---|
| Edges | 332.907 | 139.025 | 46.688 | -75.008 | |
| | Row0 | Col0 | Row1 | Col1 | 得分 |
| Edg 单击以插入引用 A3 | | 303.176 | 271.549 | 264.570 | -34.588 |
| | Row0 | Col0 | Row1 | Col1 | 得分 |
| Edges | 196.638 | 251.801 | 302.363 | 363.776 | -42.095 |
| k1 | b1 | k2 | b2 | | |
| -0.201 | 319.126 | (E7-C7)/(D7-B7) | | | |

（c）$k_2$ 的计算

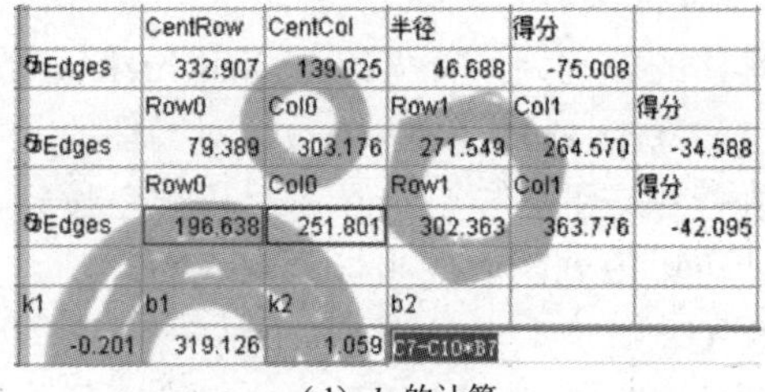

| | CentRow | CentCol | 半径 | 得分 | |
|---|---|---|---|---|---|
| Edges | 332.907 | 139.025 | 46.688 | -75.008 | |
| | Row0 | Col0 | Row1 | Col1 | 得分 |
| Edges | 79.389 | 303.176 | 271.549 | 264.570 | -34.588 |
| | Row0 | Col0 | Row1 | Col1 | 得分 |
| Edges | 196.638 | 251.801 | 302.363 | 363.776 | -42.095 |
| k1 | b1 | k2 | b2 | | |
| -0.201 | 319.126 | 1.059 | C7-C10*B7 | | |

（d）$b_2$ 的计算

图 8-123　参数的计算

当得到 $k_1$、$b_1$、$k_2$、$b_2$ 这些固定参数后，根据一元一次直线方程公共交点的计算公式，求出公共交点的横坐标 $x_0$，通过 $x_0$ 进一步求出公共交点的纵坐标 $y_0$，如图 8-124 所示。

| | CentRow | CentCol | 半径 | 得分 | |
|---|---|---|---|---|---|
| Edges | 332.907 | 139.025 | 46.688 | -75.008 | |
| | Row0 | Col0 | Row1 | Col1 | 得分 |
| Edges | 79.389 | 303.176 | 271.549 | 264.570 | -34.588 |
| | Row0 | Col0 | Row1 | Col1 | 得分 |
| Edges | 196.638 | 251.801 | 302.363 | 363.776 | -42.095 |
| k1 | b1 | k2 | b2 | | |
| -0.201 | 319.126 | 1.059 | 43.538 | | |
| x0 A10 | y0 | | | | |
| (D10-B10)/(A10-C10) | | | | | |

（a）$x_0$ 的计算

| | CentRow | CentCol | 半径 | 得分 | |
|---|---|---|---|---|---|
| Edges | 332.907 | 139.025 | 46.688 | -75.008 | |
| | Row0 | Col0 | Row1 | Col1 | 得分 |
| Edges | 单击以插入引用 B3 | | 271.549 | 264.570 | -34.588 |
| | Row0 | Col0 | Row1 | Col1 | 得分 |
| Edges | 196.638 | 251.801 | 302.363 | 363.776 | -42.095 |
| k1 | b1 | k2 | b2 | | |
| -0.201 | 319.126 | 1.059 | 43.538 | | |
| x0 | y0 | | | | |
| 218.716 | A10*A12+B10 | | | | |

（b）$y_0$ 的计算

图 8-124　公共交点坐标的计算

然后，用两点间的距离公式就可以计算出轴承圆心与六角螺母角点间的距离，如图 8-125 所示。

本实训主要学习了圆心到两条直线交点距离的计算实例，介绍了更为复杂情况下的一些工况的视觉检测方法，可结合 In-Sight 软件进行操作练习，并对下面的两个问题进行思考：

（1）在 In-Sight 软件中，如何求出抛物线、双曲线等规则曲线的方程？

（2）是否还有其他方法可以用来完成本实训中案例的检测？

| | CentRow | CentCol | 半径 | 得分 | |
|---|---|---|---|---|---|
| ⊕Edges | 332.907 | 139.025 | 46.688 | -75.008 | |
| | Row0 | Col0 | Row1 | Col1 | 得分 |
| ⊕E 单击以插入引用 A3 | | 303.176 | 271.549 | 264.570 | -34.588 |
| | Row0 | Col0 | Row1 | Col1 | 得分 |
| ⊕Edges | 196.638 | 251.801 | 302.363 | 363.776 | -42.095 |
| | | | | | |
| k1 | b1 | k2 | b2 | | |
| -0.201 | 319.126 | 1.059 | 43.538 | | |
| x0 | y0 | | | | |
| 218.716 | 275.184 | | | | |
| 距离 | | | | | |
| Sqrt((B3-A12)*(B3-A12)+(B12-C3)*(B12-C3)) | | | | | |

图 8-125　轴承圆心与六角螺母角点间距离的计算

## 实训 8.11　二维码的识别

【实训目的】

（1）掌握二维码识别的算法编程。

（2）测试程序的运行情况。

【实训内容】

通过算法编程，识别二维码信息，将其以字符串的形式输出。

测试二维码识别程序的运行情况。

**注意：**在测试过程中必须连接智能相机，且智能相机处于工作状态，智能相机的网络连接良好。

【实训步骤】

算法编程的步骤如下。

（1）将待检测二维码置于智能相机的视界区域，架设顶部观光源，工况设置如图 8-126 所示。

（2）在电子表格视图的编程环境中，新建项目，并进入实况视图界面，二维码的放置如图 8-127 所示。

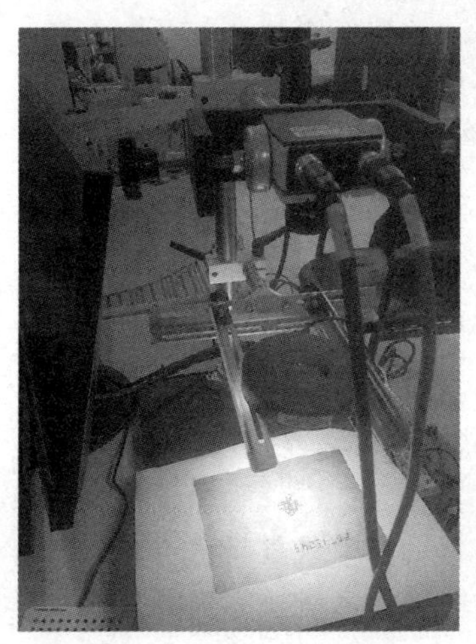

图 8-126　工况设置

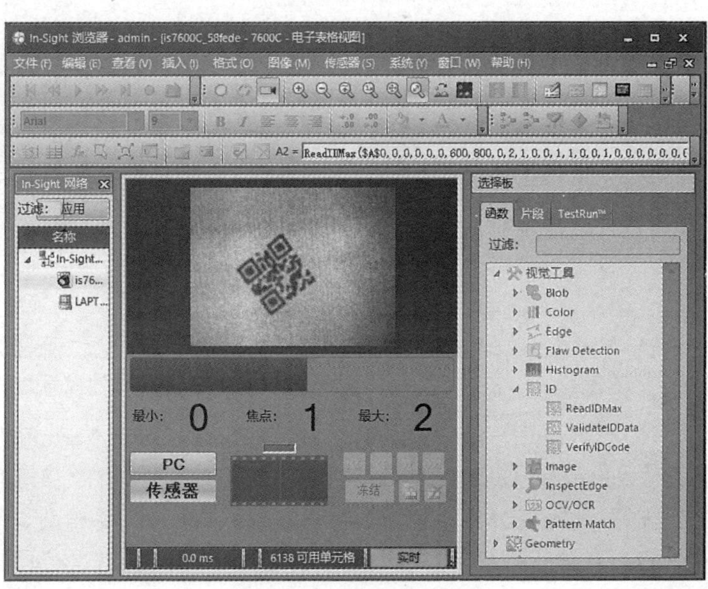


图 8-127　二维码的放置

（3）返回电子表格视图的编程环境，选择合适的编程位置，在“视觉工具”的“ID”栏目中选择“ReadIDMax”选项并双击，如图 8-128 所示。

（4）在 ReadIDMax 函数的参数设置窗口中，双击“Region”选项，设置计算区域，如图 8-129 所示。

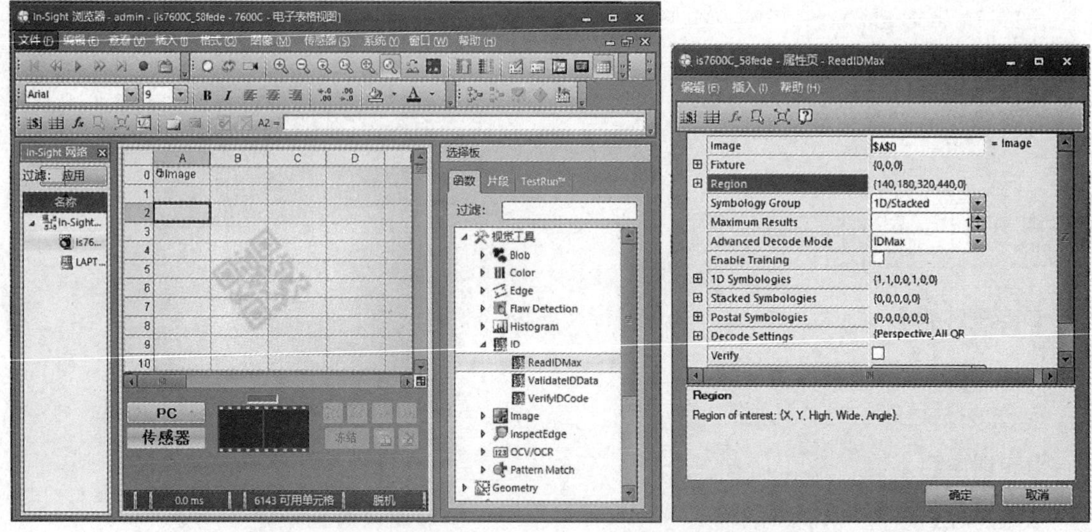


图 8-128　选择函数　　　　图 8-129　设置计算区域

（5）在区域设置界面中，单击“最大化单元格区域”快捷按钮，设置检测区域为视界整体，单击“确定”按钮，如图 8-130 所示。

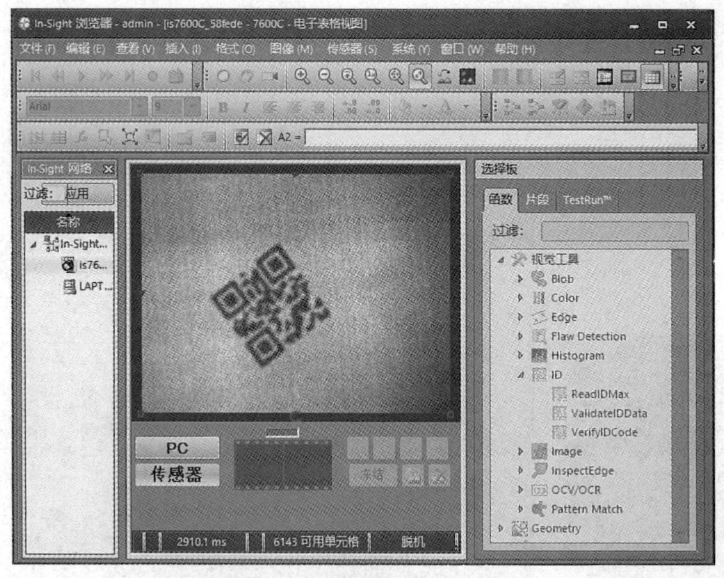


图 8-130　设置检测区域为视界整体

（6）在 ReadIDMax 函数的参数设置窗口中，设置“Symbology Group”参数为“QR Code”，设置“Advanced Decode Mode”参数为“IDMax”，如图 8-131 所示。

**注意：**ReadIDMax 函数的参数设置情况须与所要识别二维码的参数设置情况一致。

（7）查看计算结果，可以通过算法计算、识别出二维码信息，并将其以字符串的形式呈现，如图 8-132 所示。

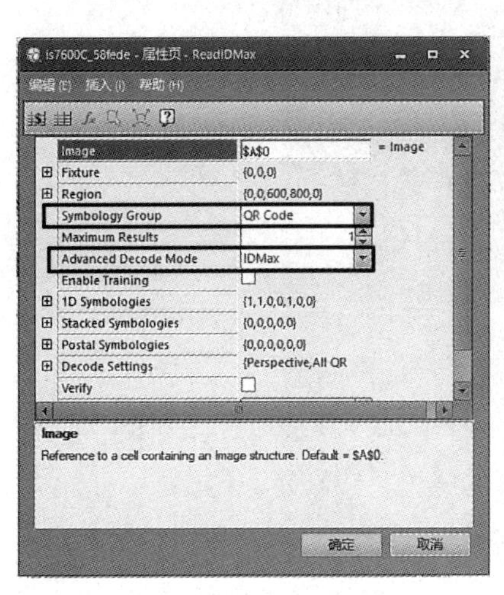

图 8-131　参数设置

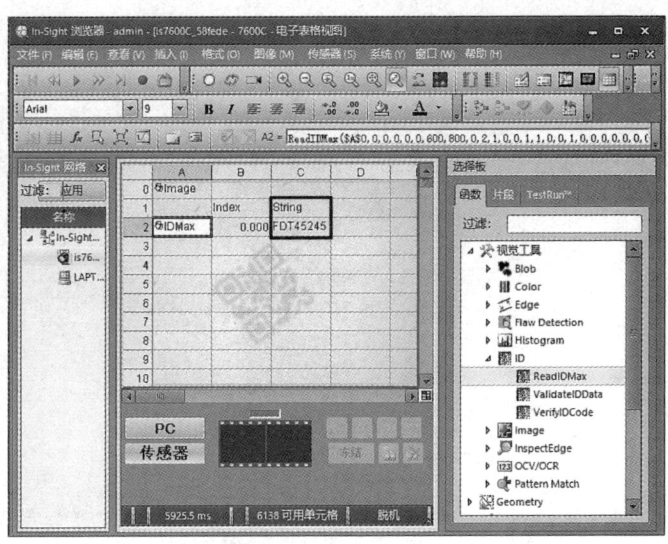

图 8-132　查看计算结果

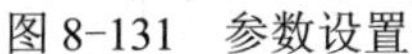

## 实训 8.12　字符的识别

【实训目的】

（1）掌握字符识别的算法编程。

（2）测试程序的运行情况。

【实训内容】

通过算法编程，识别字符信息，将其以字符串的形式输出。

测试字符识别程序的运行情况。

**注意：**在测试过程中必须连接智能相机，且智能相机处于工作状态，智能相机的网络连接良好。

【实训步骤】

算法编程的步骤如下。

（1）设置检测工况，并将打印有待检测字符的纸张放入智能相机视界；在电子表格视图的编程环境中新建项目，并进入实况视图界面，字符的放置如图 8-133 所示。

（2）在电子表格视图的编程环境中，选择合适的编程位置，选择“视觉工具”下“OCV/OCR”栏目中的“OCRMax”选项并双击，如图 8-134 所示。

（3）在 OCRMax 函数的参数设置窗口，双击“Region”选项，设置计算区域，如图 8-135 所示。

（4）在区域设置界面中，将字符文本框选到设定的区域内，单击“确定”按钮，如图 8-136 所示。

（5）在 OCRMax 函数的参数设置窗口中，将“Train Mode”参数设为“Add New Character”，在“Train String”文本框中输入被测影像中的代表字符，单击“Train Font”按钮，字符训练如图 8-137 所示。

**注意：**首次识别字符需要有训练过程，训练后，再次识别相同字符，则不再需要训练。

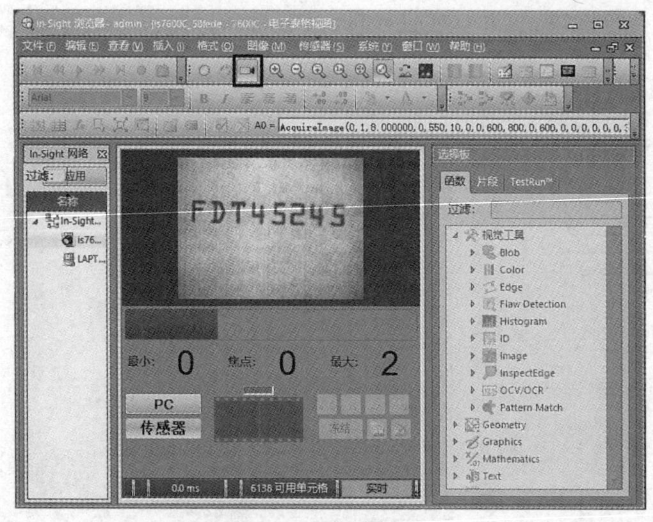


图 8-133　字符的放置

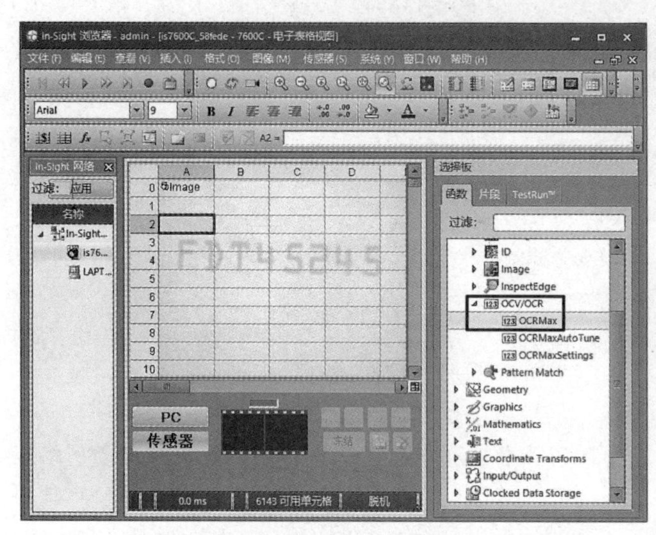


图 8-134　选择函数

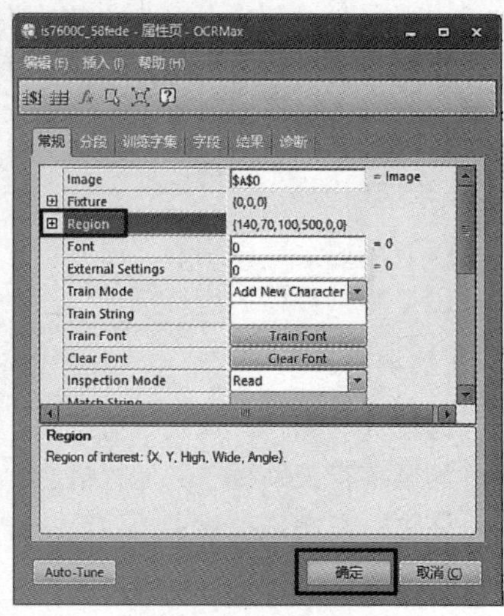


图 8-135　设置计算区域

图 8-136　将字符文本框选到设定的区域内

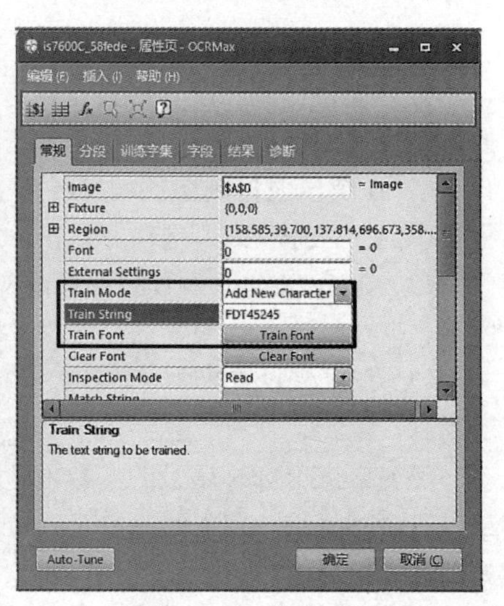


图 8-137　字符训练

（6）查看利用识别算法计算后的结果，结果显示，算法找到了每个字符，并将字符准确地识别出来，如图 8-138、图 8-139、图 8-140 所示。

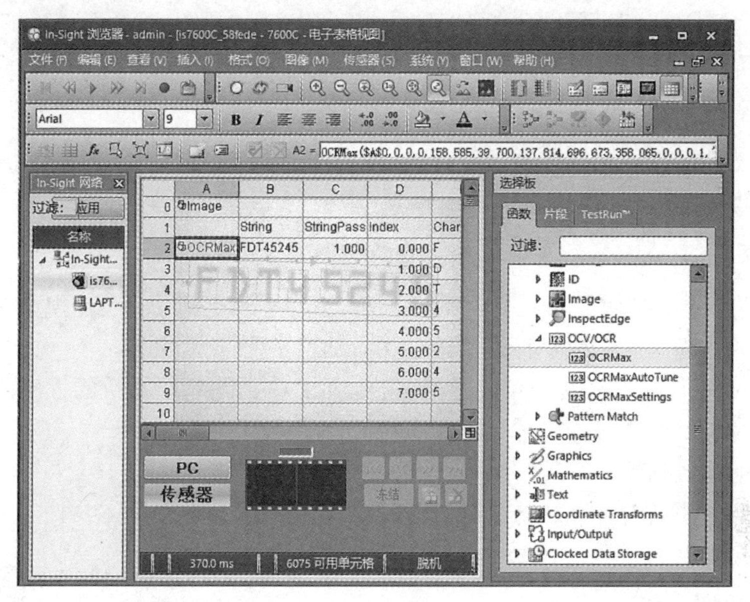


图 8-138　查看结果（1）

| | String | StringPass | Index | Char | Score | Passed | 2nd Char | 2nd Score | Char Difference |
|---|---|---|---|---|---|---|---|---|---|
| OCRMax | FDT45245 | 1.000 | 0.000 | F | 100.000 | 1.000 | 2 | 49.609 | 50.391 |
| | | | 1.000 | D | 100.000 | 1.000 | 5 | 38.672 | 61.328 |
| | | | 2.000 | T | 100.000 | 1.000 | D | 28.906 | 71.094 |
| | | | 3.000 | 4 | 100.000 | 1.000 | 5 | 28.906 | 71.094 |
| | | | 4.000 | 5 | 100.000 | 1.000 | 2 | 53.906 | 46.094 |
| | | | 5.000 | 2 | 100.000 | 1.000 | 5 | 56.250 | 43.750 |
| | | | 6.000 | 4 | 98.047 | 1.000 | 5 | 26.563 | 71.484 |
| | | | 7.000 | 5 | 98.438 | 1.000 | 2 | 54.297 | 44.141 |

图 8-139　查看结果（2）

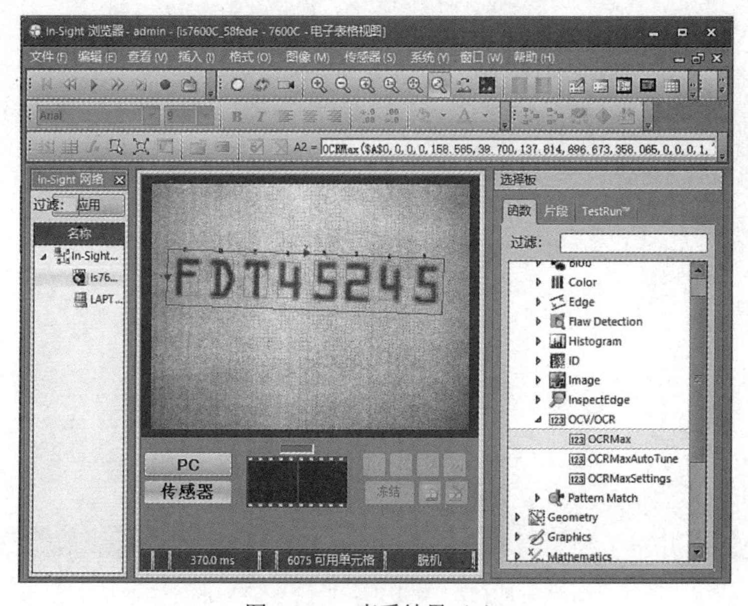


图 8-140　查看结果（3）

# 综合实训 8.1　通过智能相机与 PLC 实现根据形状分拣工件的任务

【实训目的】

（1）掌握智能相机与 PLC 通信的设置方法。

（2）掌握工件的识别与分拣算法编程。

（3）测试程序的运行情况。

【实训内容】

在设计的工况中，放置三个工件，其中有两个齿轮，一个螺母，通过视系统与 PLC 配合，识别出螺母，并将螺母的像素坐标发送给 PLC，PLC 接收像素坐标。

具体实施过程：①建立 PLC 和智能相机的通信；②编写智能相机的程序，识别螺母的像素坐标；③将螺母的像素坐标传输到 PLC 中。

测试程序的运行情况。

**注意：**本实训中的智能相机为康耐视智能相机，PLC 为西门子 S7-1200PLC，在测试过程中必须连接智能相机，且智能相机处于工作状态，智能相机的网络连接良好。

【实训步骤】

1）建立 PLC 和智能相机的通信

（1）双击打开博途软件，如图 8-141 所示。

（2）单击左下方“项目视图”按钮，如图 8-142 所示。

图 8-141　打开博途软件

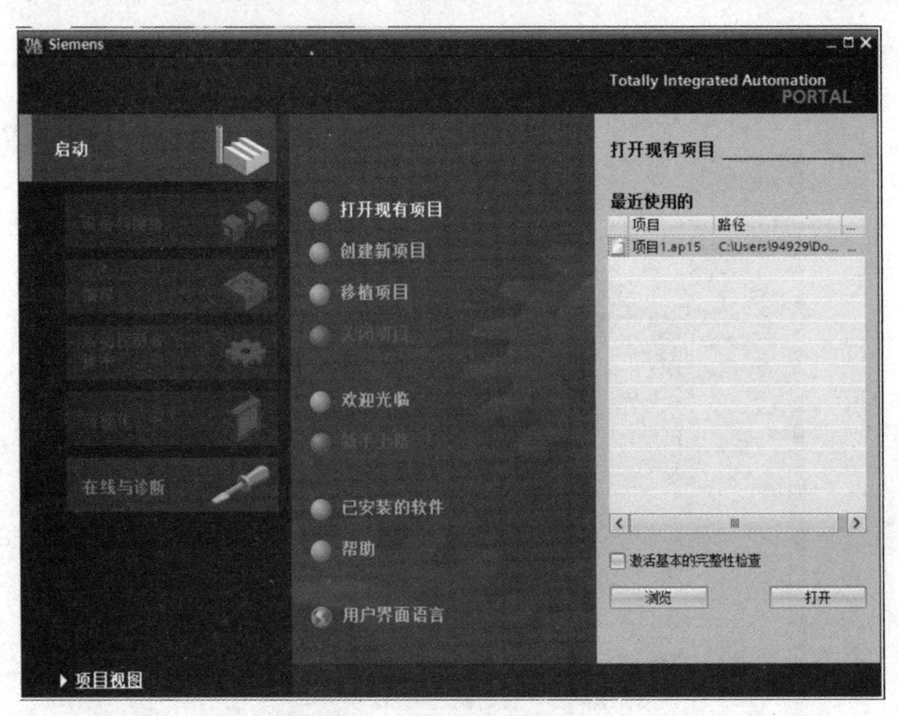


图 8-142　单击“项目视图”按钮

（3）单击“项目”菜单中的“新建”选项，新建 PLC 程序，如图 8-143 所示。

图 8-143　新建 PLC 程序

（4）在“创建新项目”对话框中设置“项目名称”和“路径”，如图 8-144 所示。

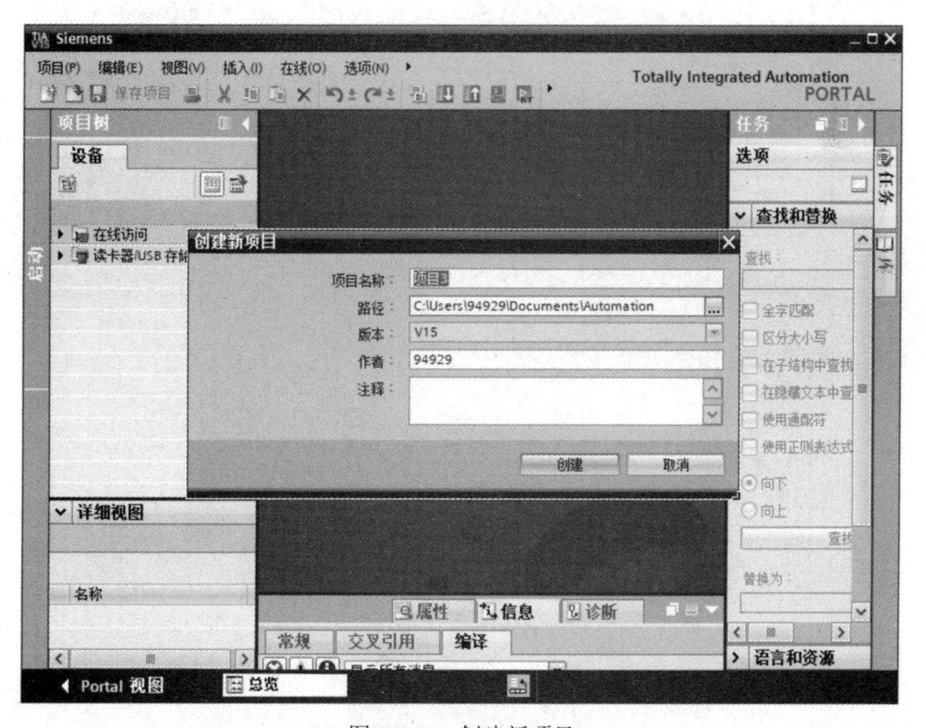


图 8-144　创建新项目

（5）在“项目树”栏中双击“添加新设备”选项，添加新设备如图 8-145 所示。

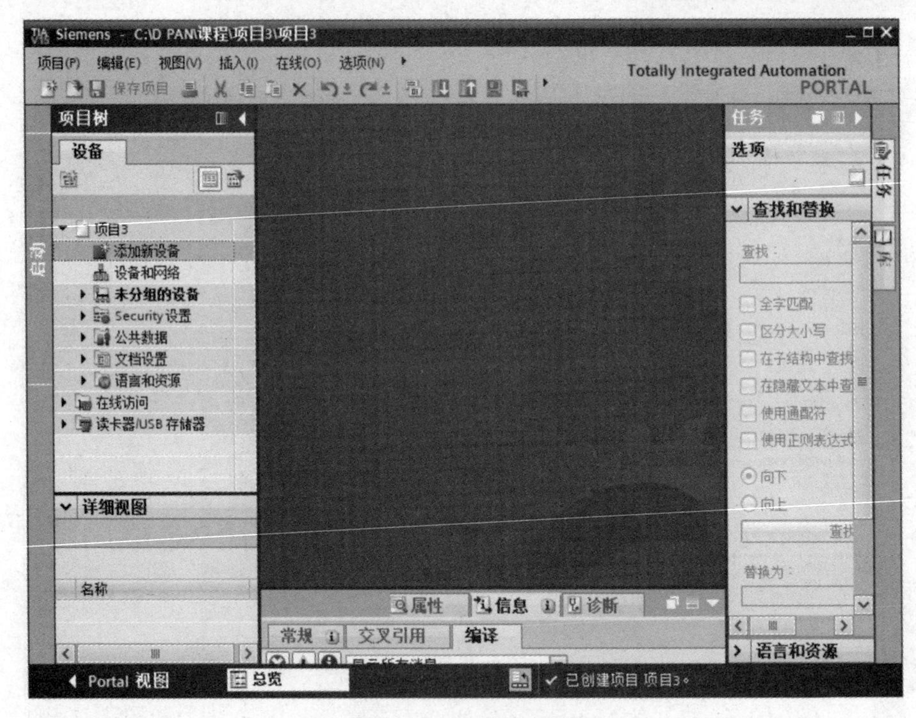


图 8-145 添加新设备

（6）在“控制器”设备列表中选择 PLC，如图 8-146 所示。

**注意：**本实训中使用的 PLC 为 S7-1200 CPU 1212C DC/DC/DC。

图 8-146 选择 PLC

（7）双击新添加的设备，设置 IP 地址及子网掩码，如图 8-147 所示。

**注意**：In-Sight 智能相机的默认地址为 192.168.1.88，所以 PLC 的 IP 地址尽量设置为 192.168.1.××（××为根据自己工况需要设置的 0～255 的数值）。

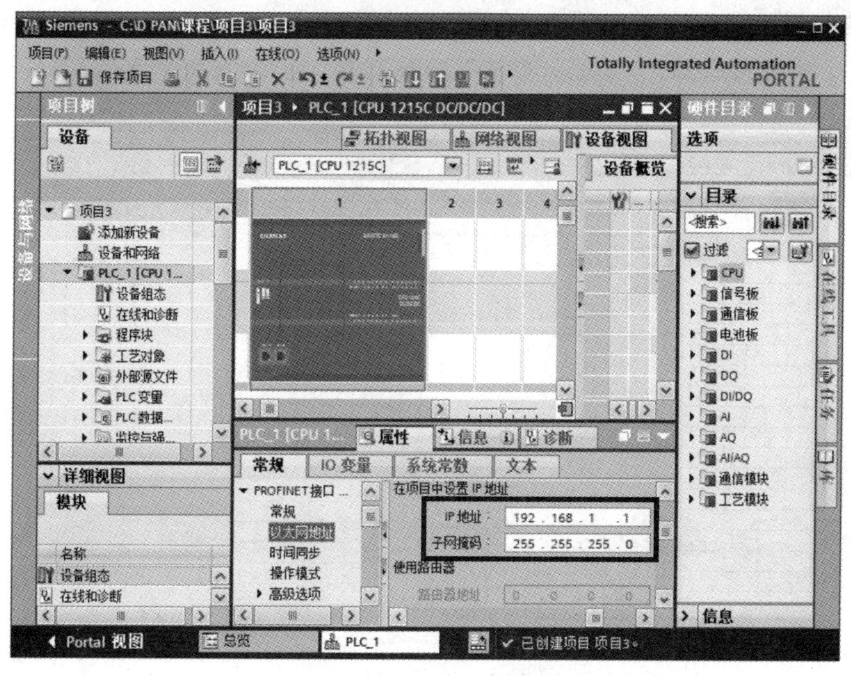

图 8-147　设置 IP 地址及子网掩码

（8）单击“选项”菜单中的“管理通用站描述文件（GSD）”选项，添加 GSD，如图 8-148 所示。

图 8-148　添加 GSD

（9）选择 In-Sight 智能相机中 GSD 的存储路径，勾选“导入路径的内容”选区中的“文件”复选框，单击“安装”按钮，添加 GSD，如图 8-149 所示。

**注意：**In-Sight 智能相机中的 GSD 位于 In-Sight 智能相机的安装路径下的特定文件夹内，找到后可复制文件到任意位置，便于添加。

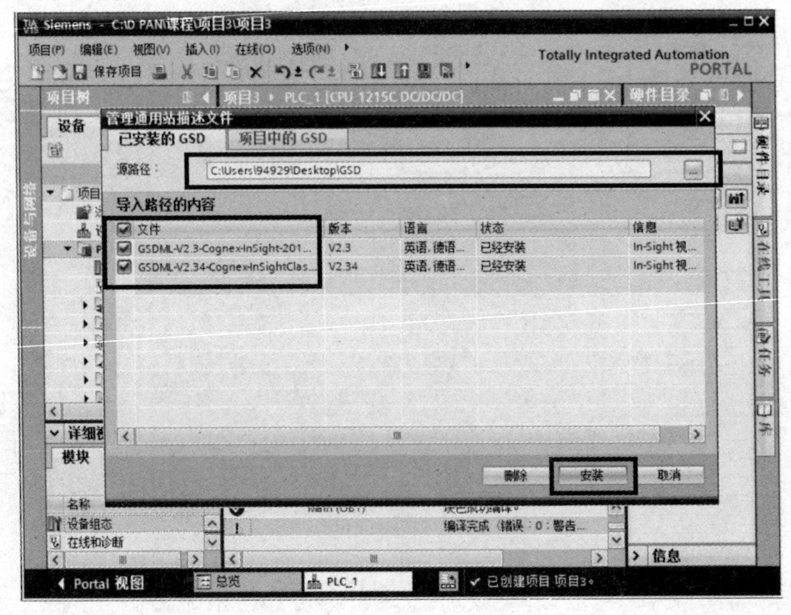


图 8-149　添加 GSD

（10）在“硬件目录”栏中双击“其他[①]现场设备”选项，在展开的栏目中，双击“Sensors”选项，添加智能相机设备，如图 8-150 所示。

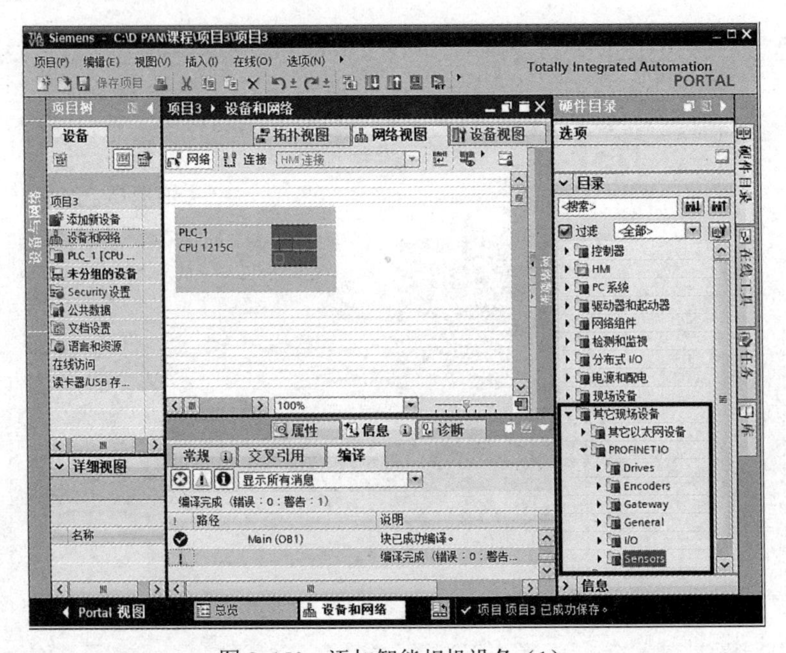


图 8-150　添加智能相机设备（1）

① 软件图中“其它”的正确写法为“其他”。

（11）在展开的“Sensors”栏目中，选择与所使用智能相机对应的硬件型号，并将其拖到“设备和网络”窗口的“网络视图”选项卡中的“PLC_1”旁边的空白处，如图 8-151 所示。

**注意：**此处 In-Sight 智能相机的硬件型号须根据实际使用智能相机的型号做选择，否则下面的操作不能组态成功。

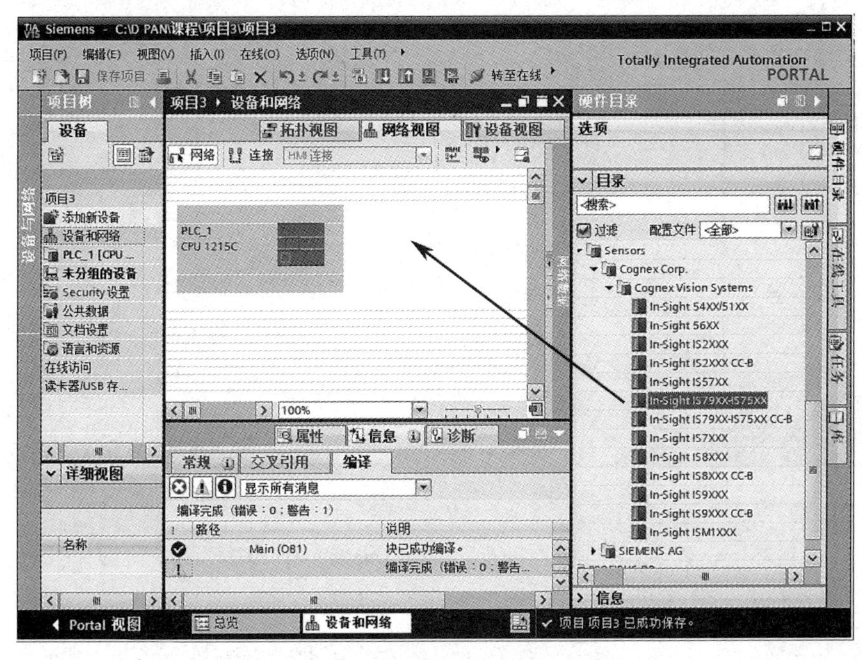


图 8-151　添加智能相机设备（2）

（12）长按显示的 In-Sight 智能相机图标的网口，并且持续拖动，连接 PLC_1 设备图标的网口，松开鼠标，组态连接如图 8-152、图 8-153 所示。

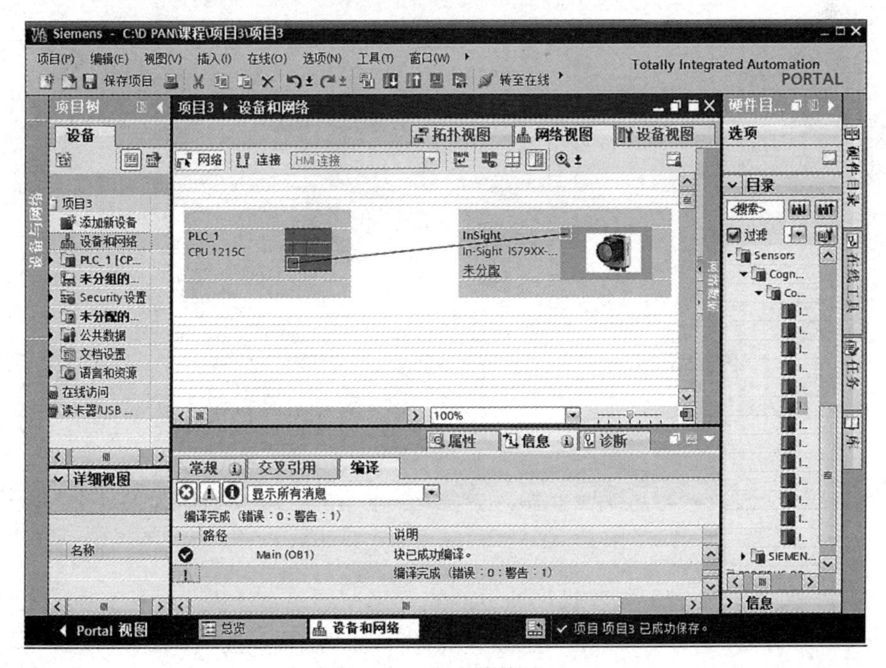


图 8-152　组态连接（1）

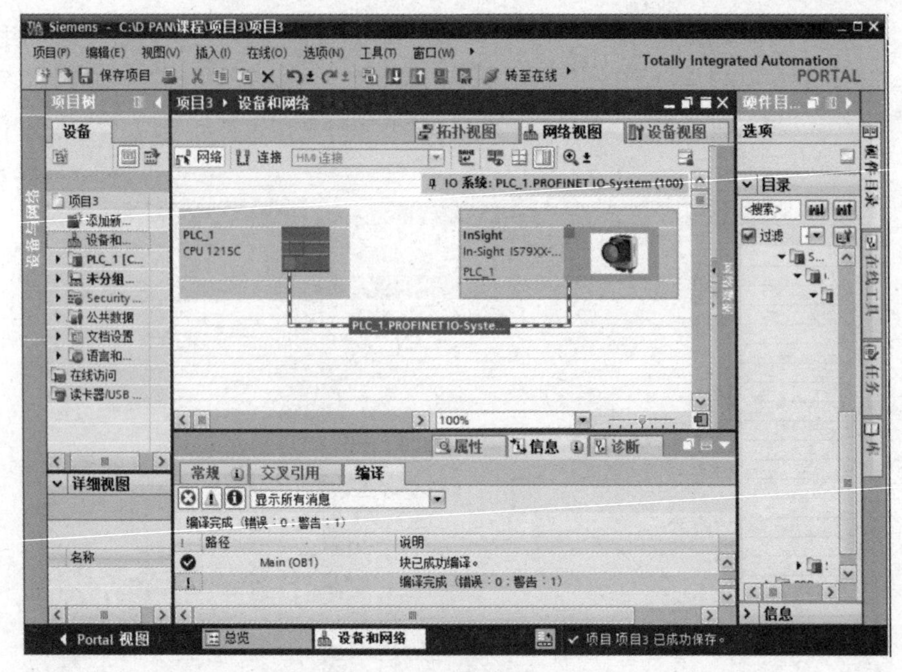


图 8-153　组态连接（2）

（13）双击 In-Sight 智能相机图标，在“PROFINET 接口[X1]”的“以太网地址”中设置 IP 地址及子网掩码，如图 8-154 所示。

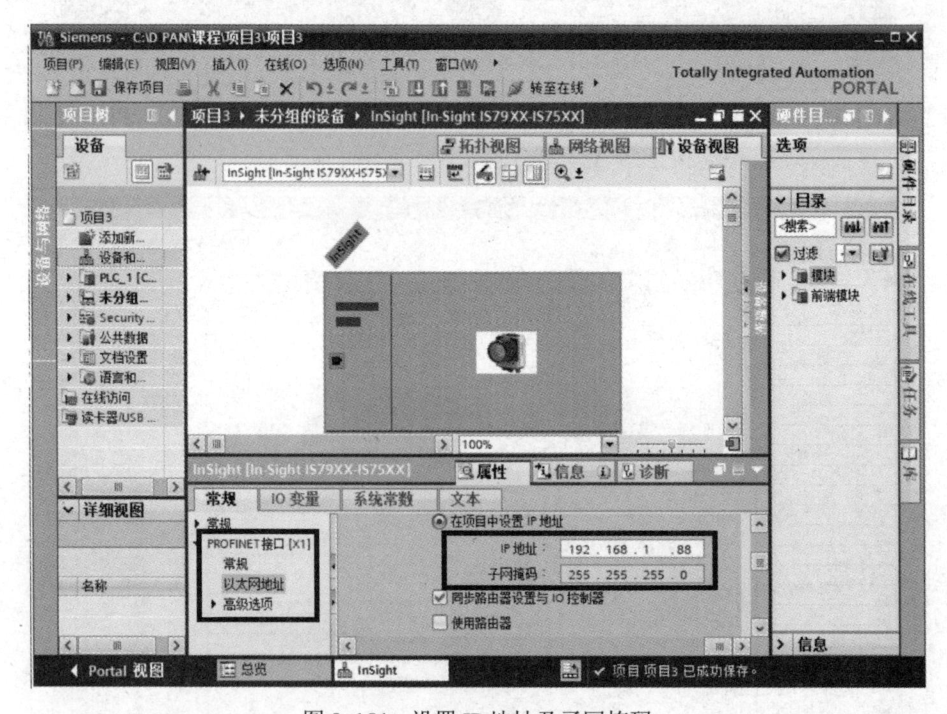


图 8-154　设置 IP 地址及子网掩码

（14）将 PLC、In-Sight 智能相机均通过网线连接在同一交换机上，从交换机上引出一根网线连于编程使用的计算机上，确认连接无误后，单击“编译”按钮，编译程序，再单击“下载”按钮，将程序下载到 PLC 中，如图 8-155 所示。

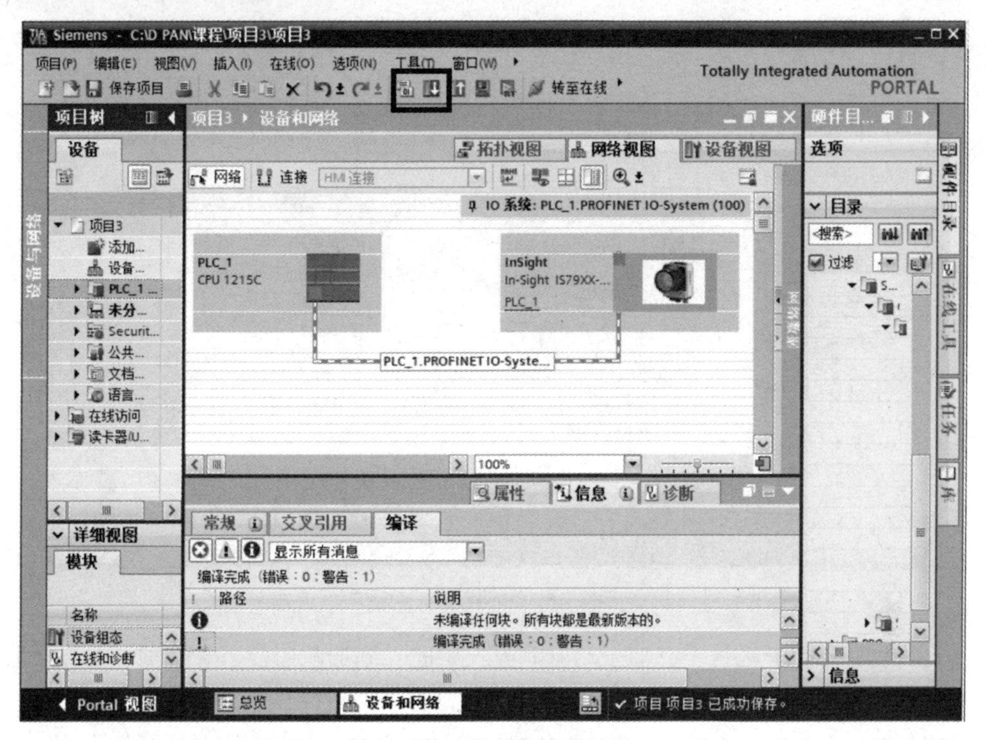


图 8-155　编译和下载程序

（15）进行下载设置，将程序下载至 PLC，如图 8-156、图 8-157 所示。

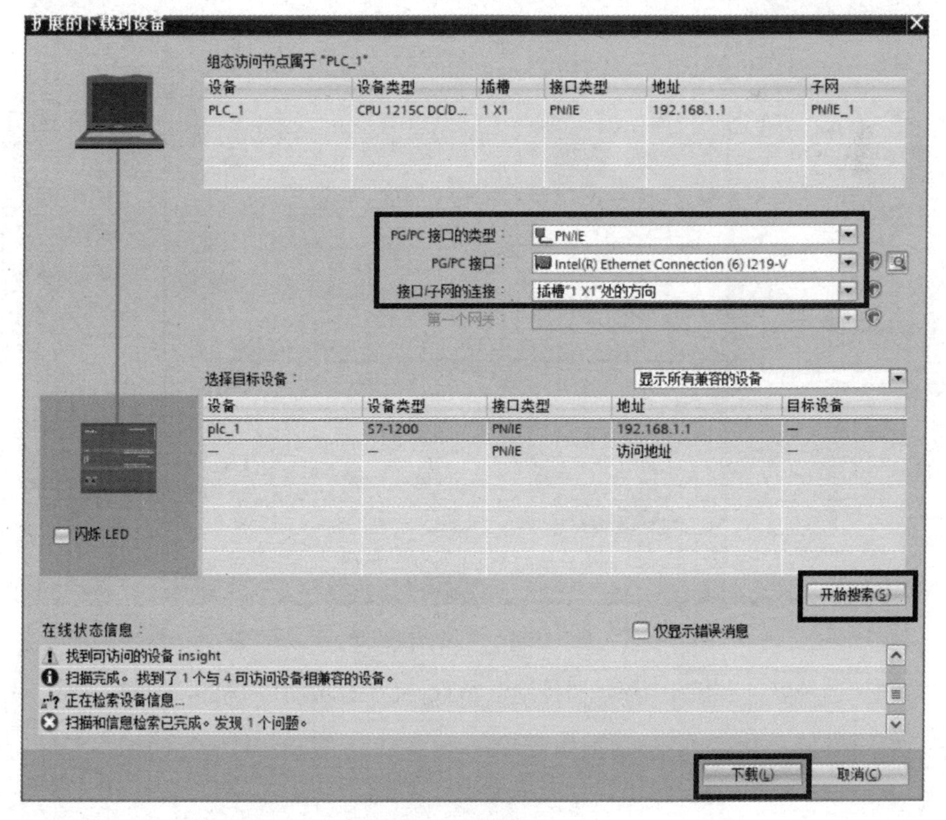


图 8-156　下载程序（1）

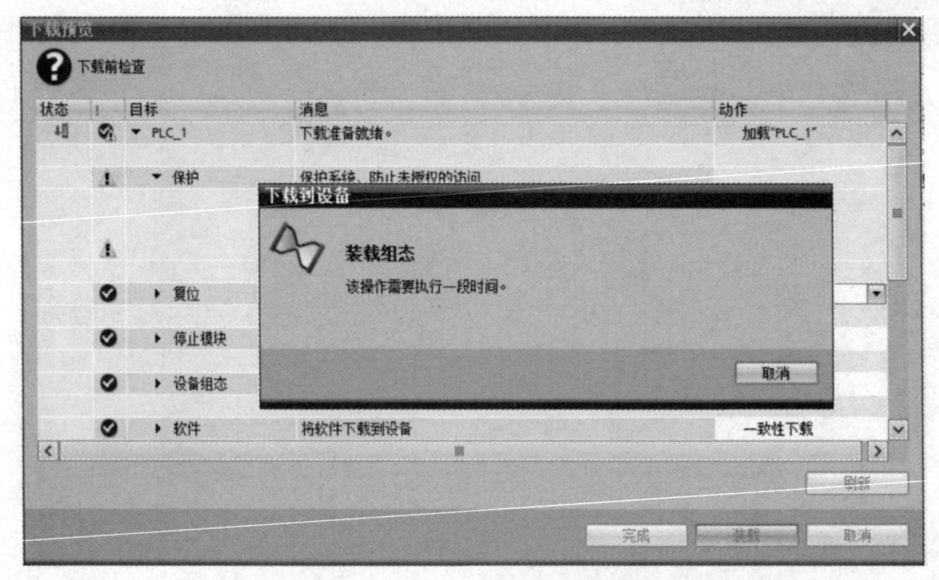


图 8-157　下载程序（2）

（16）单击 PLC_1 栏目下“监控与强制表”中的“添加新监控表”选项，添加新监控表如图 8-158 所示。

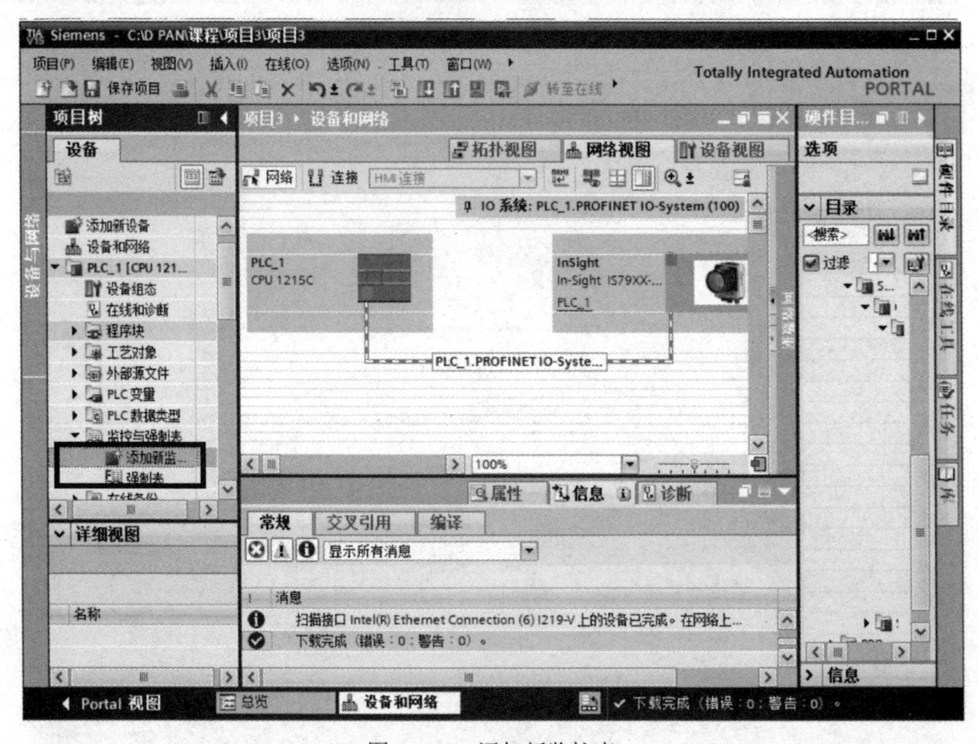


图 8-158　添加新监控表

（17）在“监控表_1”窗口中添加监控地址 Q2.0～Q3.2、IB70～IB80，如图 8-159、图 8-160 所示。

图 8-159　添加监控地址（1）

图 8-160　添加监控地址（2）

2）编写智能相机的程序，识别螺母的像素坐标

（1）双击打开 In-Sight 软件，如图 8-161 所示。

（2）在电子表格视图的编程环境中，新建项目，并进入实况视图界面，放置 1 个待识别螺母后，返回编程环境；选择合适的位置，双击“FindPatterns”选项，选择 FindPatterns 函

数，如图 8-162 所示。

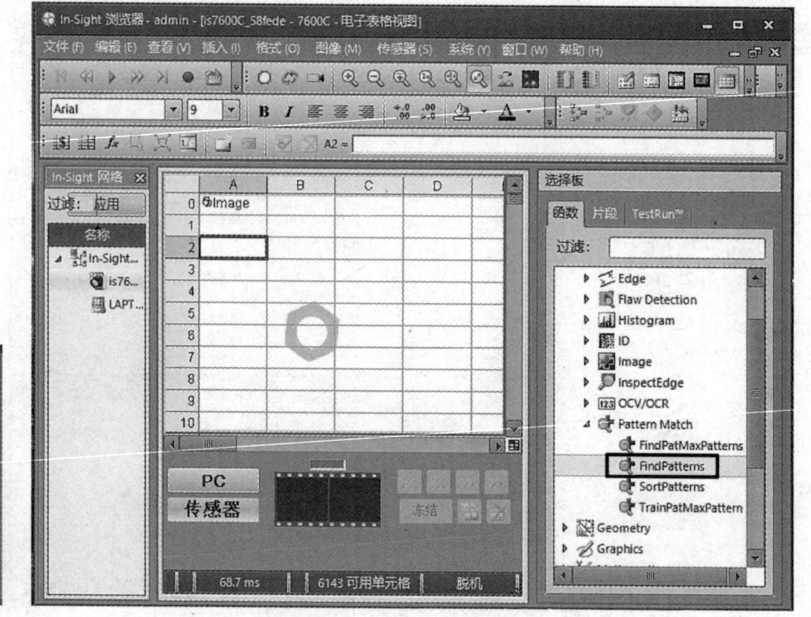


图 8-161　打开 In-Sight 软件　　　　图 8-162　选择 FindPatterns 函数

（3）在 FindPatterns 函数的参数设置窗口中，双击“Model Region”选项，设置特征区域，如图 8-163、图 8-164 所示。

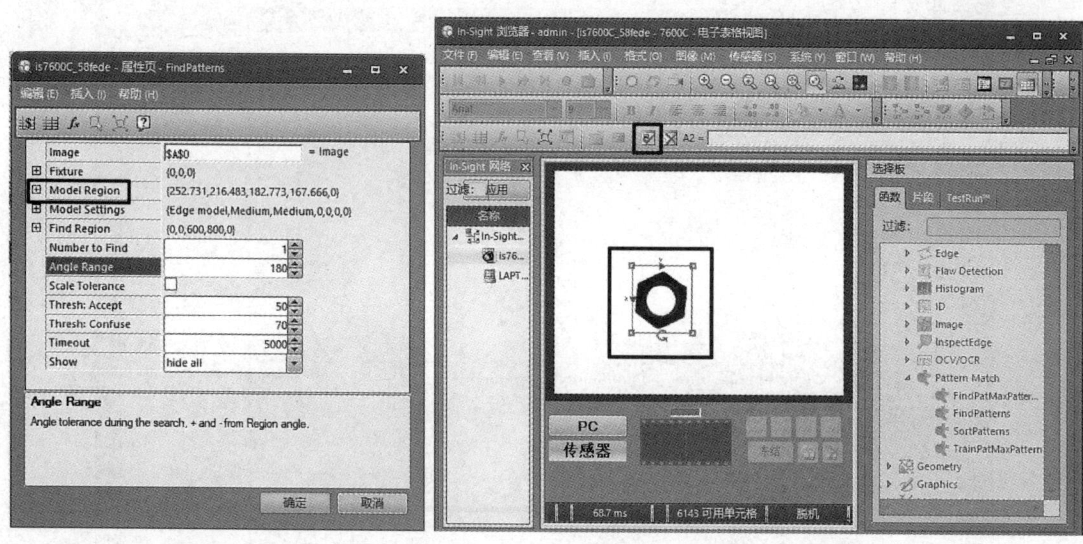


图 8-163　特征区域的设置（1）　　　　图 8-164　特征区域的设置（2）

（4）在 FindPatterns 函数的参数设置窗口中，双击“Find Region”选项，设置搜索区域，如图 8-165、图 8-166 所示。

（5）在 FindPatterns 函数的参数设置窗口中，对其他相关参数进行设置，如图 8-167 所示。

（6）查看结果，螺母的特征成功被检测出，如图 8-168 所示。

（7）单击“实况视频”快捷按钮，重新摆放螺母，并在视界内摆放两个齿轮，如图 8-169 所示。

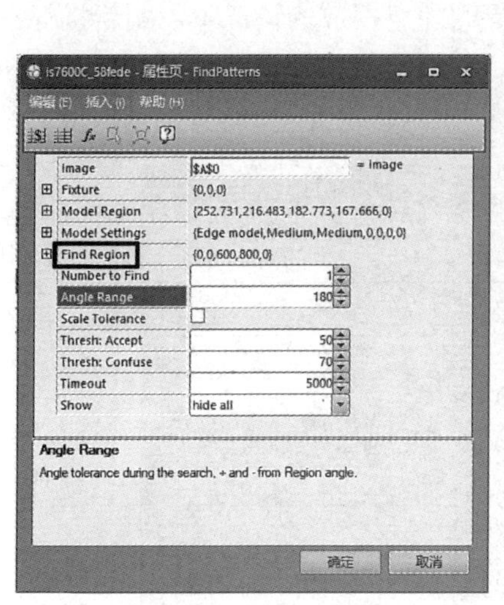


图 8-165　搜索区域的设置（1）

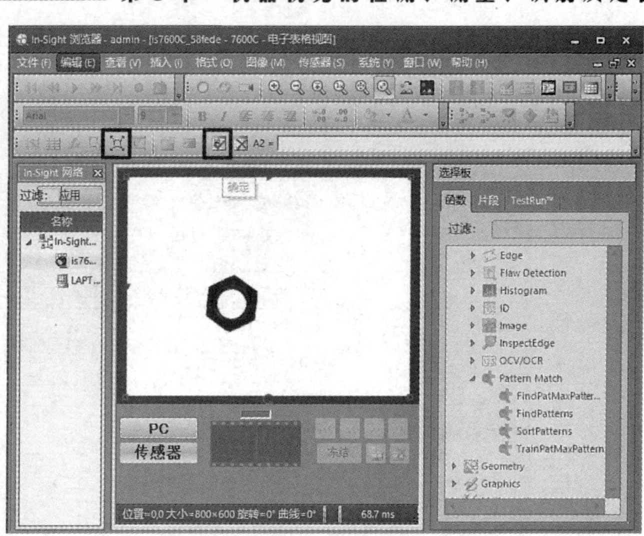


图 8-166　搜索区域的设置（2）

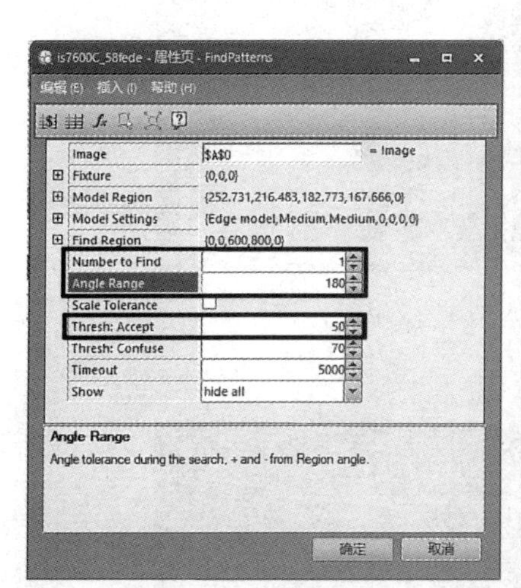


图 8-167　参数设置

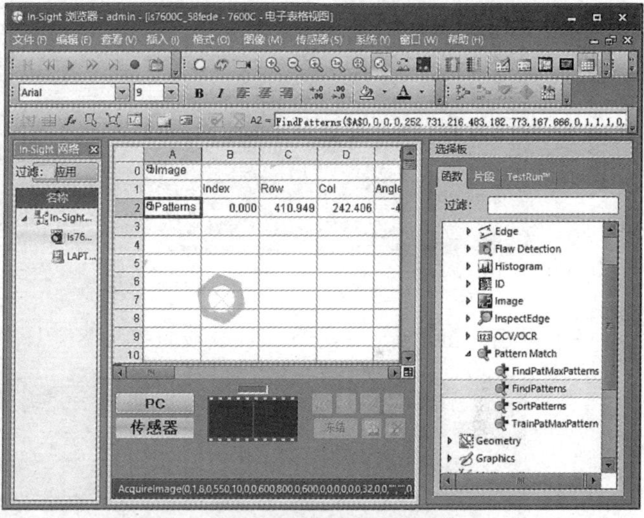


图 8-168　查看结果

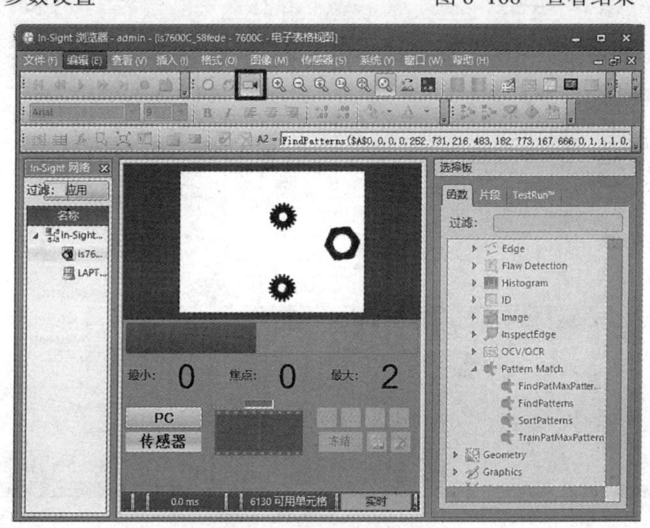


图 8-169　摆放螺母和齿轮

（8）单击“触发器”快捷按钮，在螺母和齿轮在视界内随意摆放的情况下，刷新执行程序，发现程序在齿轮进行干扰的情况下依然能找出螺母，并能给出新螺母的位置坐标，如图8-170所示。

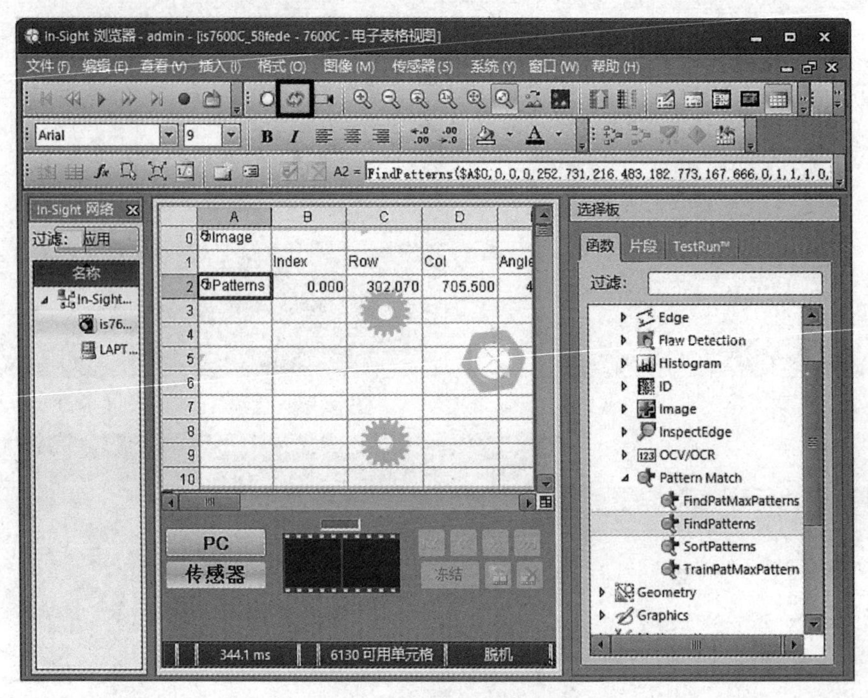


图 8-170　刷新执行程序

（9）双击“Image”单元格，触发设置如图8-171所示。

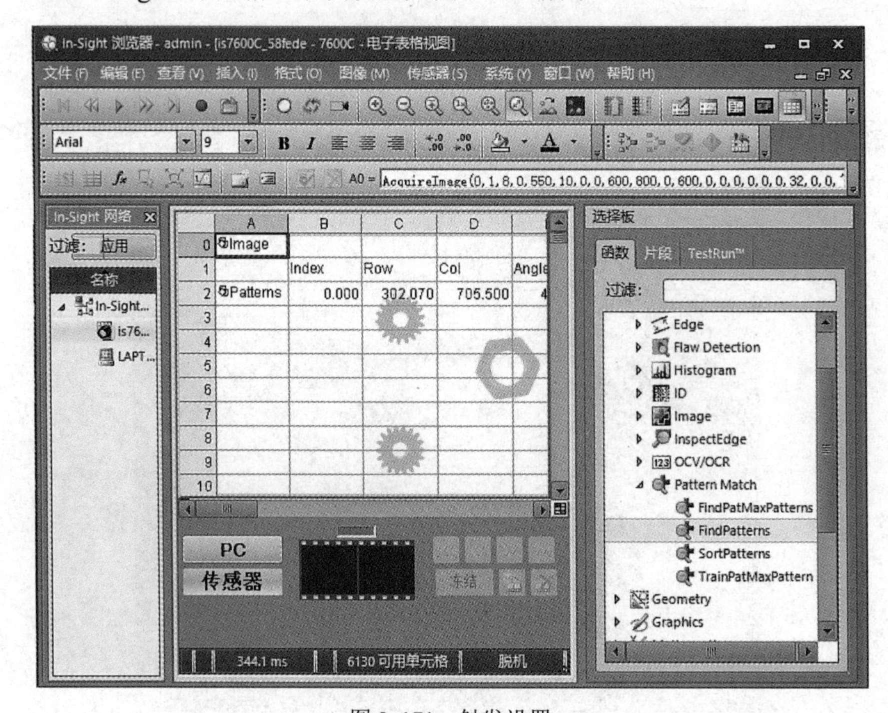


图 8-171　触发设置

（10）在弹出的 Image 的参数设置窗口中将“Trigger”参数设为“Industrial Ethernet”，如图 8-172 所示。

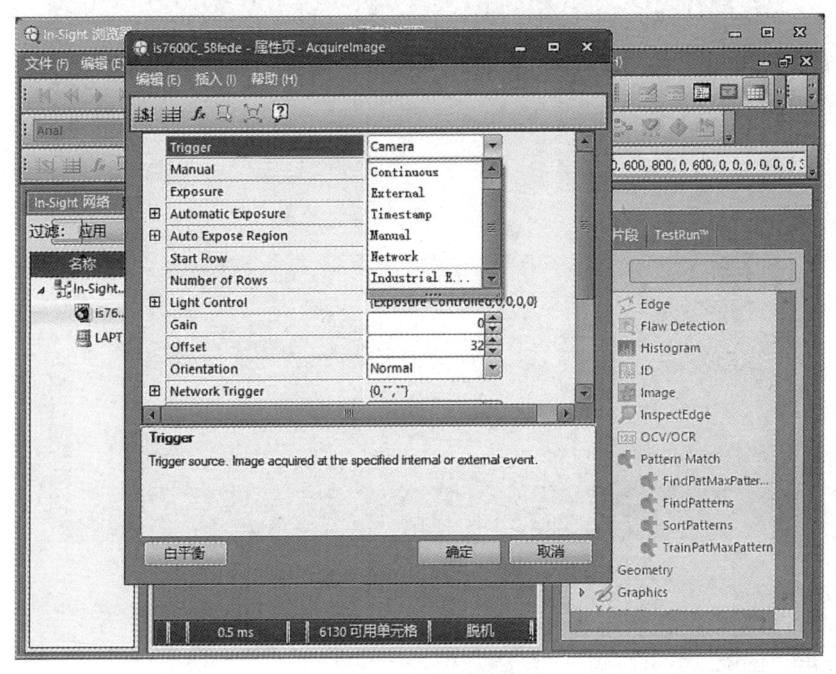


图 8-172　设置参数

（11）选择合适的编程位置，双击单元格并输入“format”，在系统弹出的备选菜单中单击“FormatOutputBuffer”选项，选择 FormatOutputBuffer 函数，如图 8-173 所示。

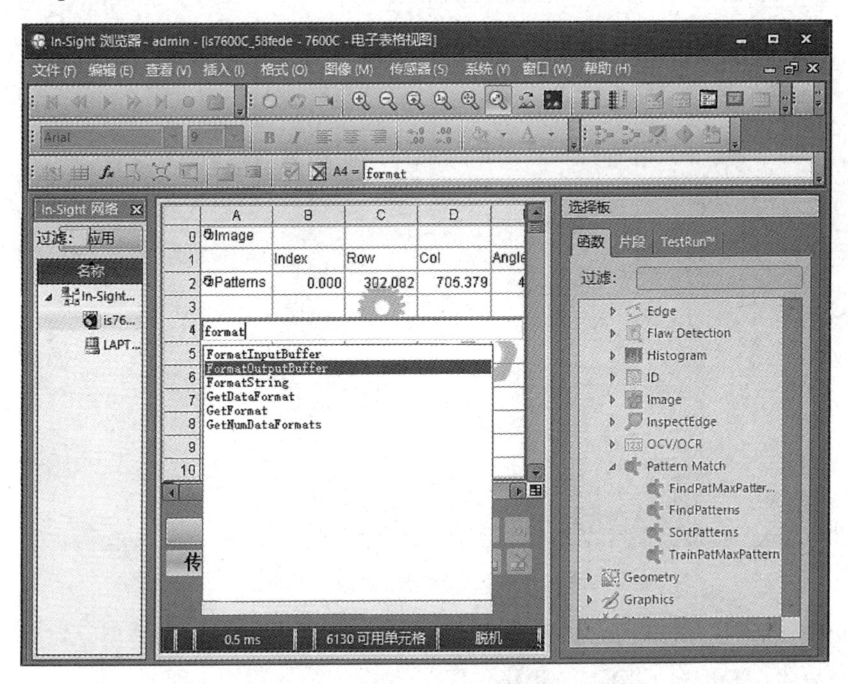


图 8-173　选择 FormatOutputBuffer 函数

（12）在系统弹出的“FormatOutputBuffer”对话框中，单击“添加”按钮，添加数据如

图 8-174 所示。

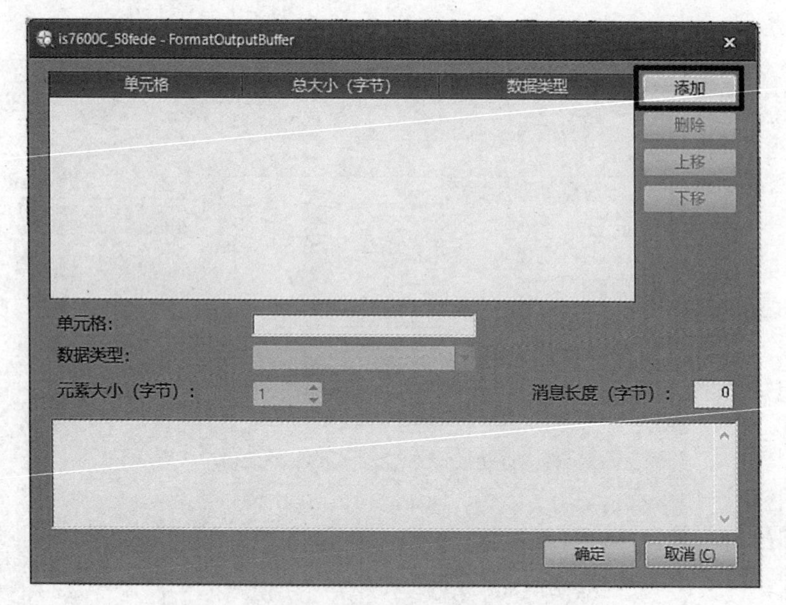


图 8-174　添加数据

（13）在“添加”选择界面中，单击螺母中心“Row”下的值作为第一个添加数据，选择完成后，单击“确定”按钮，如图 8-175 所示。

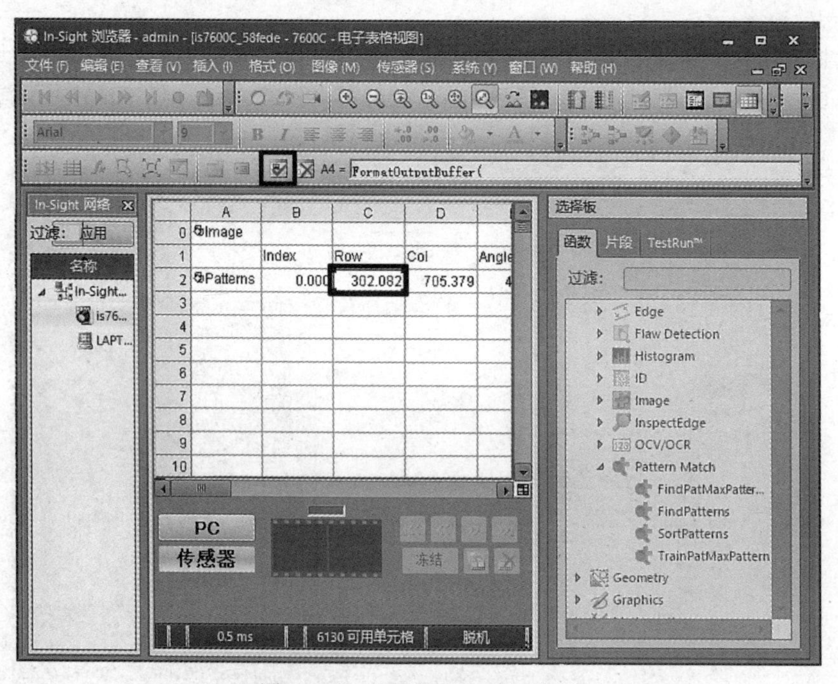


图 8-175　选择第一个添加数据

（14）在自动返回的“FormatOutputBuffer”对话框中，设置数据类型，完成后，继续单击“添加”按钮，添加新的数据，如图 8-176 所示。

**注意：**数据类型的选择须根据实际需求确定。

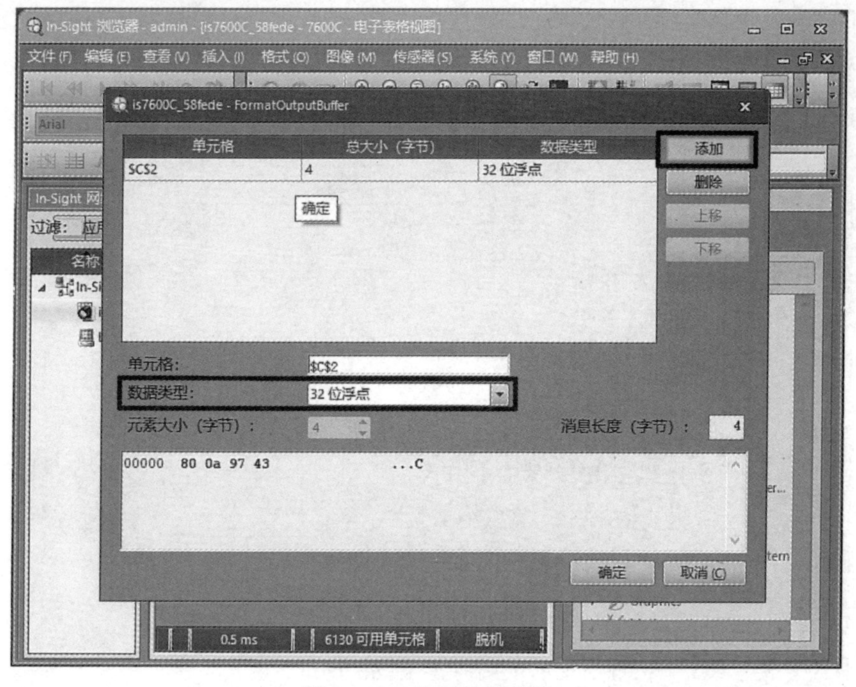


图 8-176　设置数据类型

（15）在“添加”选择界面中，单击螺母中心“Col”下的值作为第二个添加数据，选择完成后，单击“确定”按钮，如图 8-177 所示。

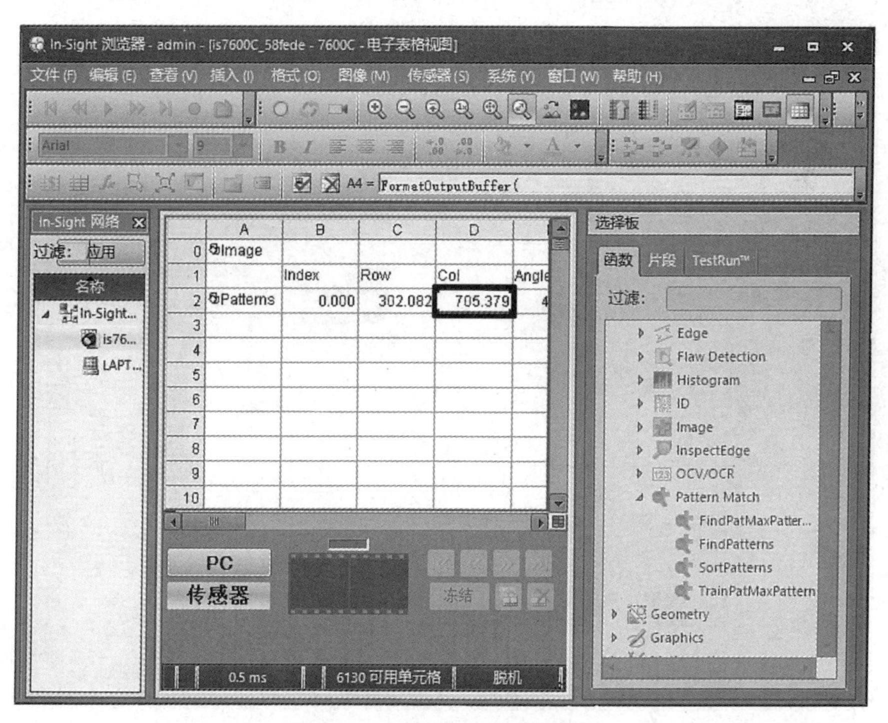


图 8-177　选择第二个添加数据

（16）在自动返回的“FormatOutputBuffer”对话框中，设置数据类型，完成后，继续单击“添加”按钮，添加新的数据，如图 8-178 所示。

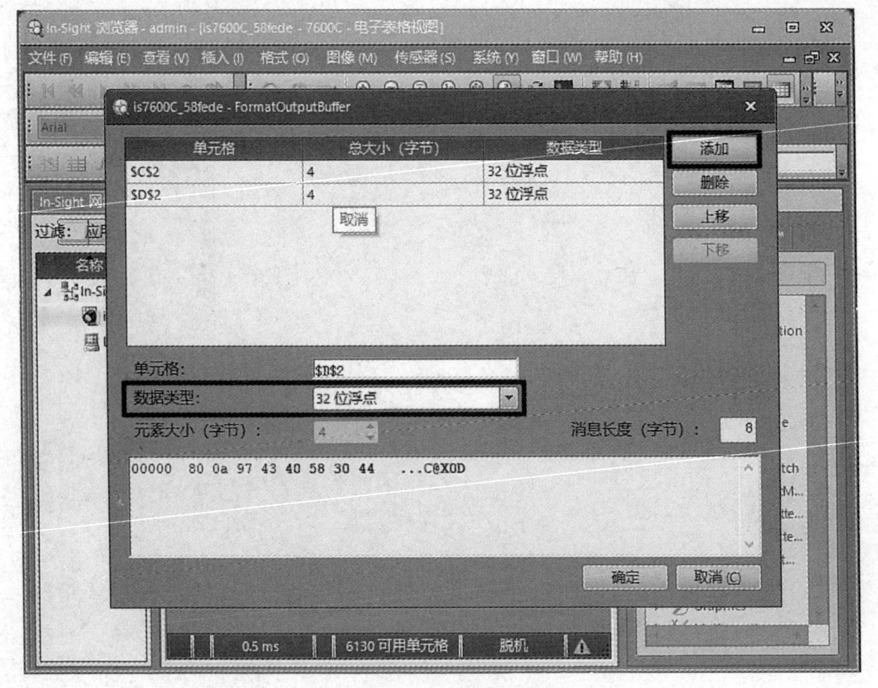


图 8-178　设置数据类型

（17）在“添加”选择界面中，单击螺母中心“Angle”下的值作为第三个添加数据，选择完成后，单击“确定”按钮，如图 8-179 所示。

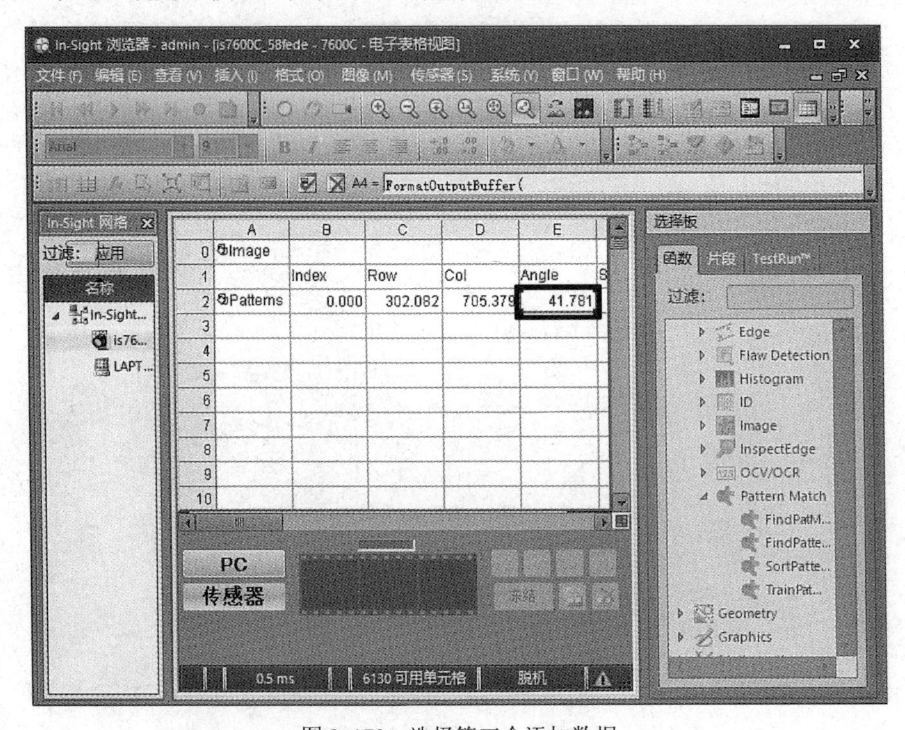


图 8-179　选择第三个添加数据

（18）在自动返回的“FormatOutputBuffer”对话框中，设置数据类型，完成后，单击“确定”按钮，如图 8-180 所示。

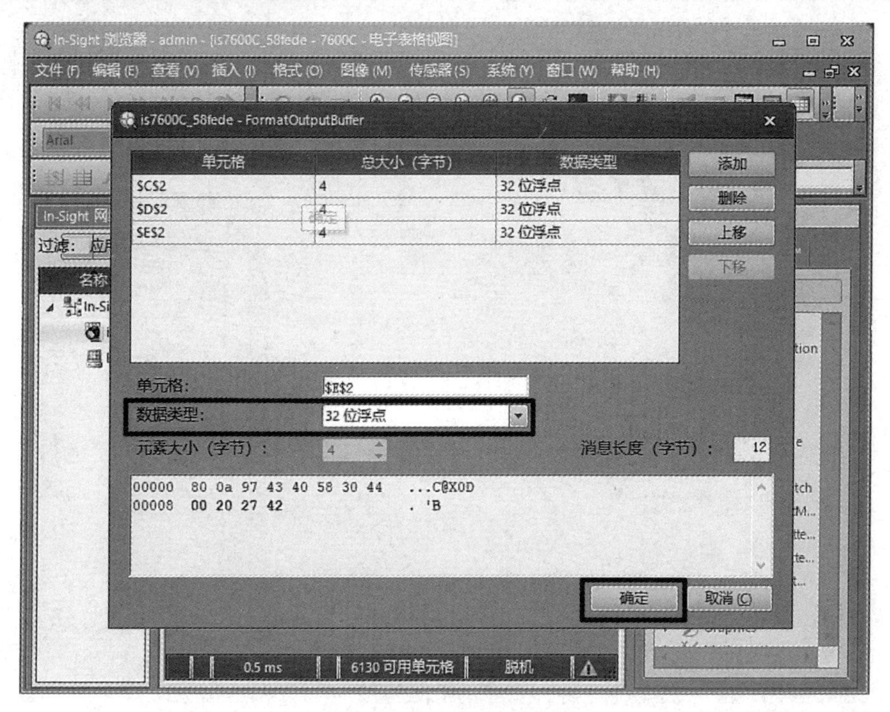


图 8-180　设置数据类型

（19）选择合适的编程位置，双击单元格并输入“writ”，在系统弹出的备选菜单中单击“WriteResultsBuffer”选项，选择 WriteResultsBuffer 函数，如图 8-181 所示。

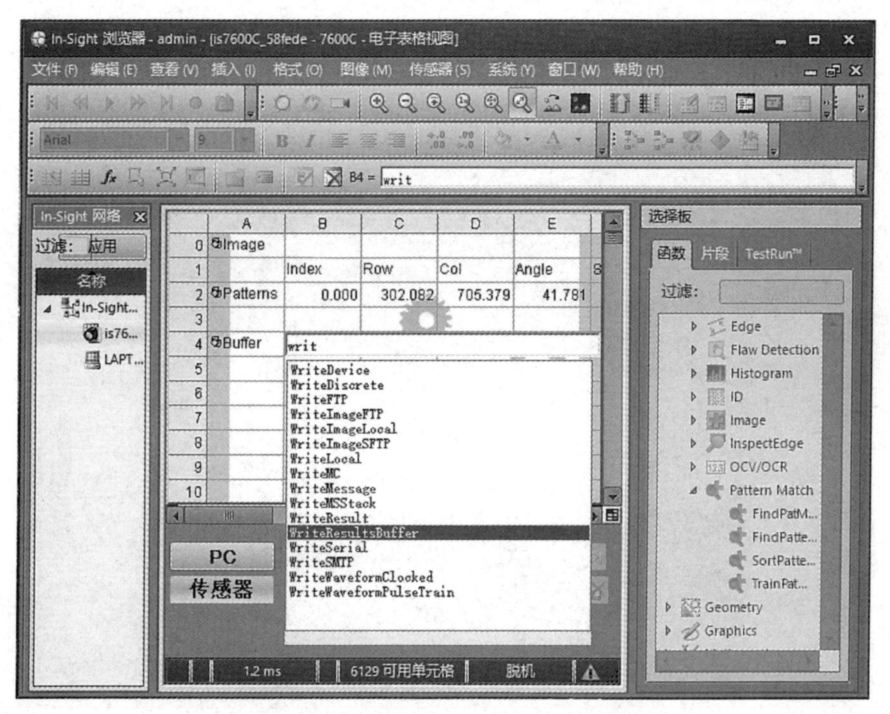


图 8-181　选择 WriteResultsBuffer 函数

（20）在系统弹出的 WriteResultsBuffer 函数的参数设置窗口中，双击“Buffer”选项，设置缓冲区如图 8-182 所示。

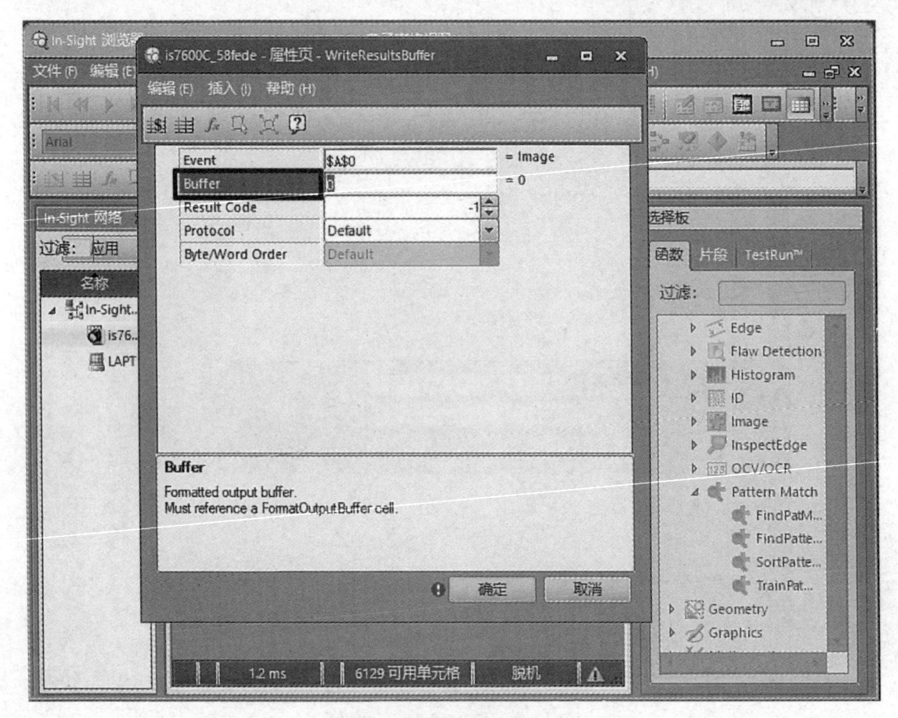


图 8-182　设置缓冲区

（21）在“Buffer”选择界面中，单击通过 FormatOutputBuffer 函数已生成的“Buffer”单元格，完成后，单击“确定”按钮，选择缓冲区如图 8-183 所示。

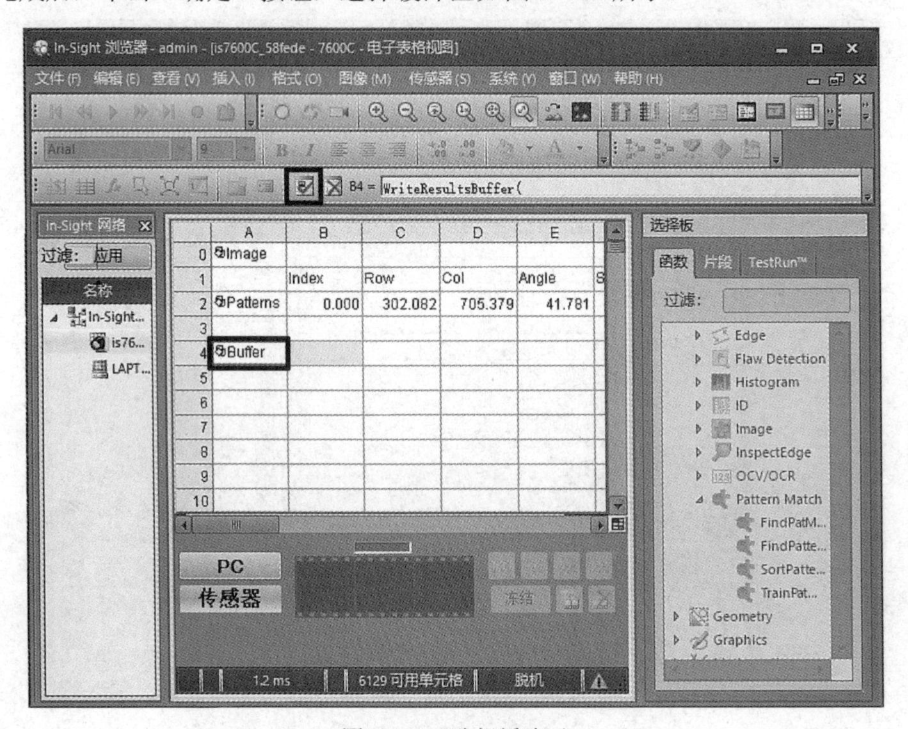


图 8-183　选择缓冲区

（22）在自动返回的 WriteResultsBuffer 函数的参数设置窗口中，展开“Protocol”下拉列表，在下拉列表中选择“PROFINET”选项，完成后，单击“确定”按钮，选择通信协议如图 8-184 所示。

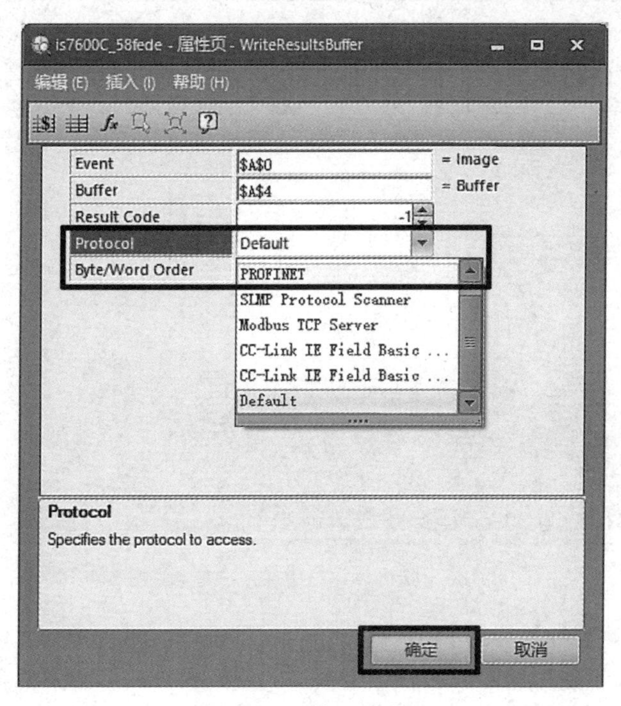


图 8-184 选择通信协议

（23）单击系统界面右上角的“联机”按钮，在弹出的对话框中单击“是”按钮，设置联机如图 8-185 所示。

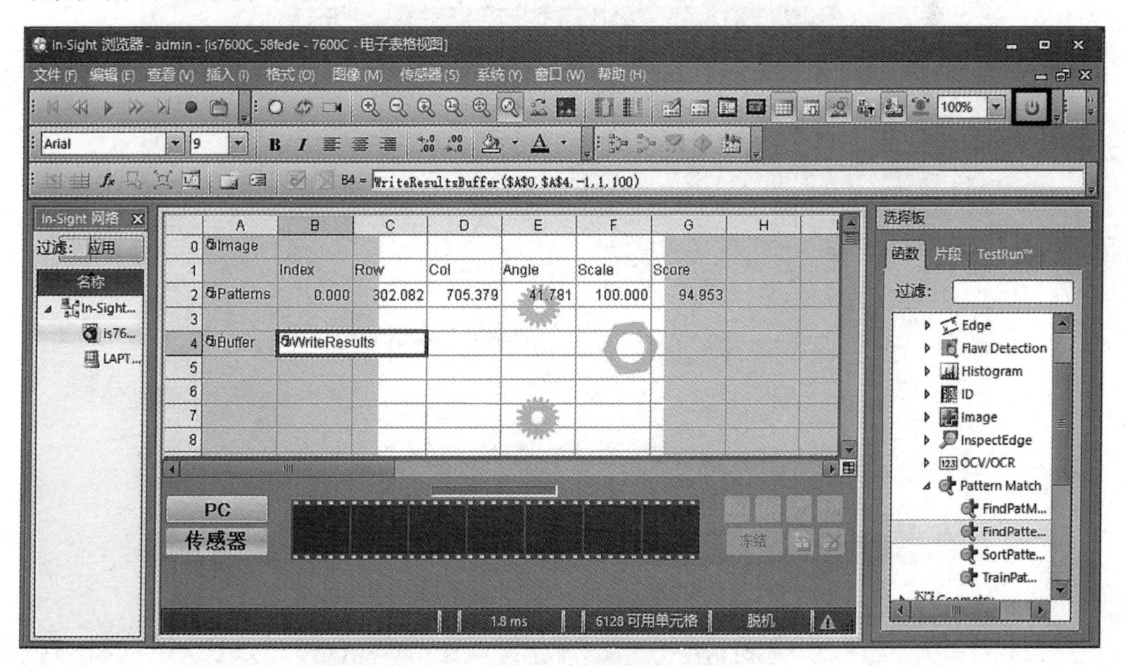


图 8-185 设置联机

（24）观察到页面右下角的联机标识栏中显示“联机”字样，如图 8-186 所示。

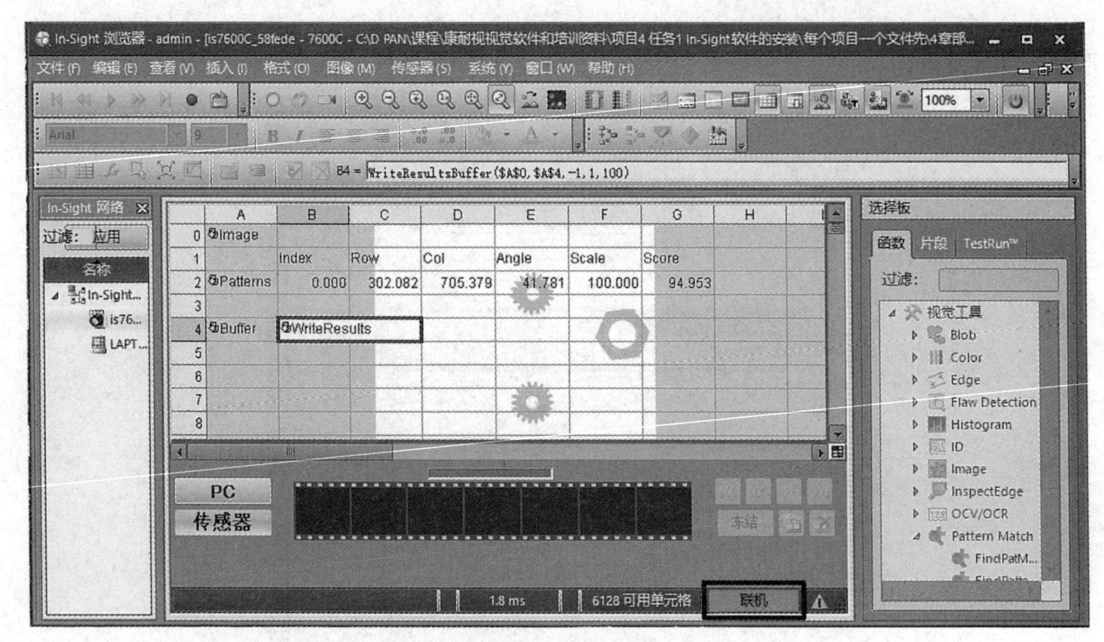


图 8-186　联机标识栏中显示“联机”字样

3）将螺母的像素坐标传输到 PLC 中

（1）完成以上两步后，返回博途软件中程序的监控表_1，单击“转至在线”按钮将程序转至在线状态，如图 8-187 所示。

图 8-187　将程序转至在线状态

（2）当程序处于在线状态时，单击“实时监控”按钮，并将 Q2.0、Q2.1、Q2.7 的监视值强制设为“TRUE”，如图 8-188 所示。

图 8-188　实时监控与强制

（3）观察监控表，发现 IB70～IB80 字段的监视值变化，IB70～IB80 字段以十六进制的方式接收了 In-Sight 智能相机的数据传输，传输结果如图 8-189 所示。

图 8-189　传输结果

4）扩展应用

In-Sight 智能相机现在将数据传输到 PLC 中，但是，传输数据是以多个字段分段的方式存储的。思考：如何编写 PLC 程序，将已经获得的十六进制坐标数据进行多字段拼接，并将拼接结果转换成十进制数据发送给其他设备？

# 综合实训 8.2　通过智能相机与 PLC 实现根据条码分拣工件的任务

【实训目的】

（1）掌握包裹的条码识别与分拣（与 PLC 结合使用）的算法编程。

（2）测试程序的运行情况。

【实训内容】

通过算法编程，识别一个快递包裹的条码，并将条码传送到 PLC 中，具体实施过程：编写智能相机的程序，读取条码；利用所做的程序，传递条码内容。

**注意**：本实训中的智能相机为康耐视智能相机，PLC 为西门子 S7-1200PLC，在测试过程中必须连接智能相机，且智能相机处于工作状态，智能相机的网络连接良好。

【实训步骤】

1）编写智能相机的程序，读取条码

（1）将待检测包裹的条码置于智能相机的视界区域，架设顶部观光源，工况设置如图 8-190 所示。

图 8-190　工况设置

（2）在电子表格视图的编程环境中，新建项目，并进入实况视图的界面，调整条码在视界中的位置，保证条码的图像清晰完整，如图 8-191 所示。

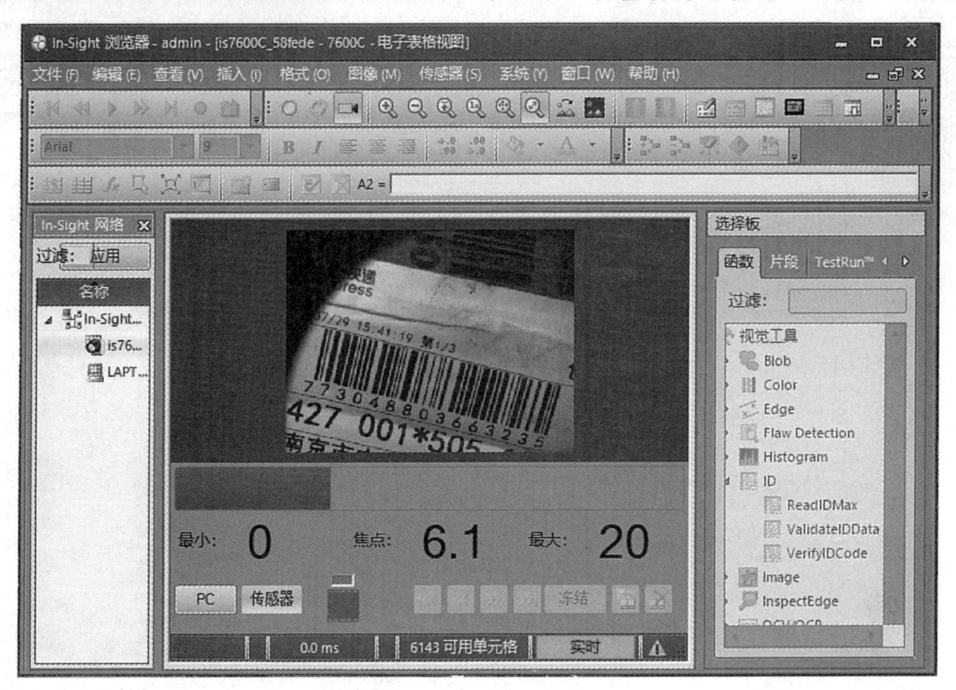


图 8-191　包裹条码的放置

（3）选择合适的编程区域，双击“ReadIDMax”选项，选择 ReadIDMax 函数如图 8-192 所示。

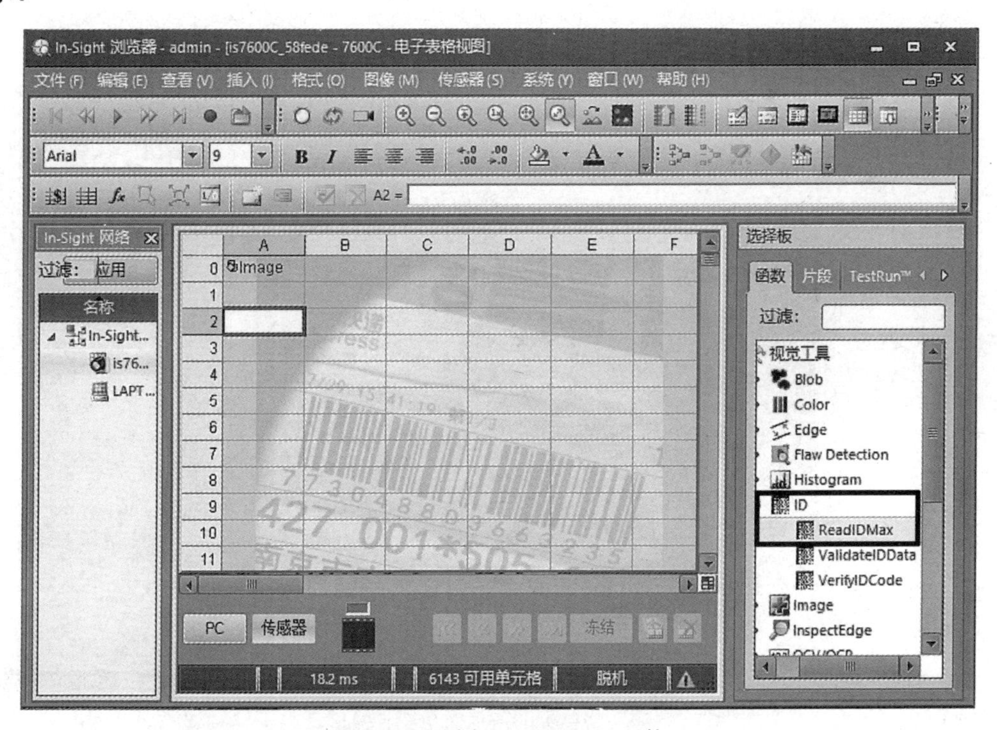


图 8-192　选择 ReadIDMax 函数

（4）在 ReadIDMax 函数的参数设置窗口中双击“Region”选项，设置计算区域，如图 8-193 所示。

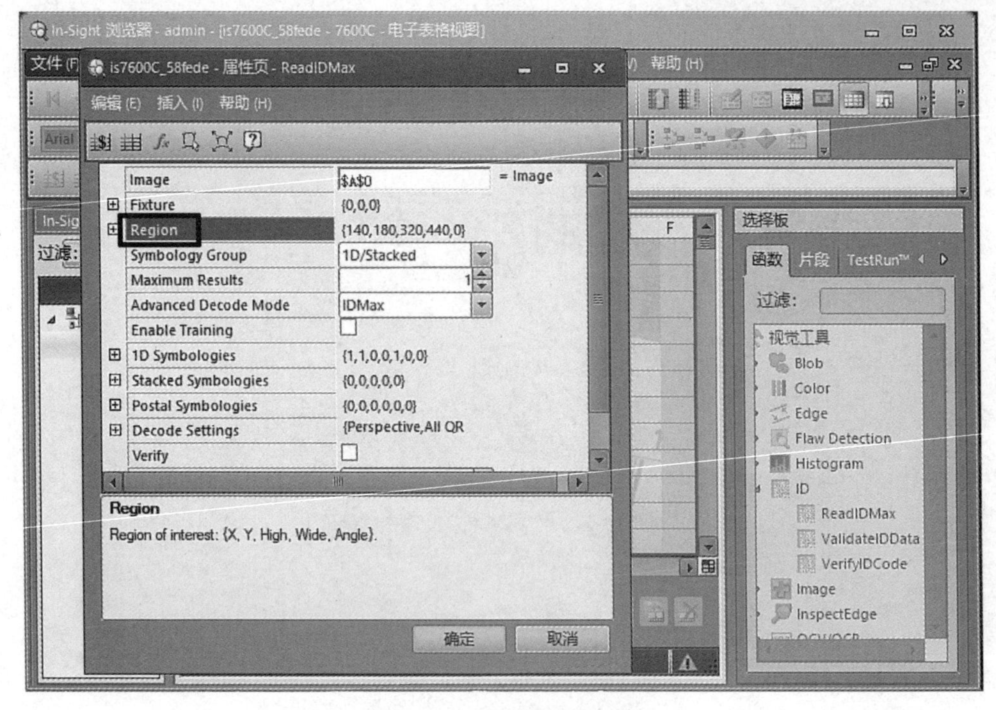


图 8-193 设置计算区域

（5）将包裹的条形码放在计算区域内，单击“确定”按钮，如图 8-194 所示。

图 8-194 将包裹的条形码放在计算区域内

（6）设置“Symbology Group”参数为“1D/Stacked”，设置“Advanced Decode Mode”为“IDMax”，如图 8-195 所示。

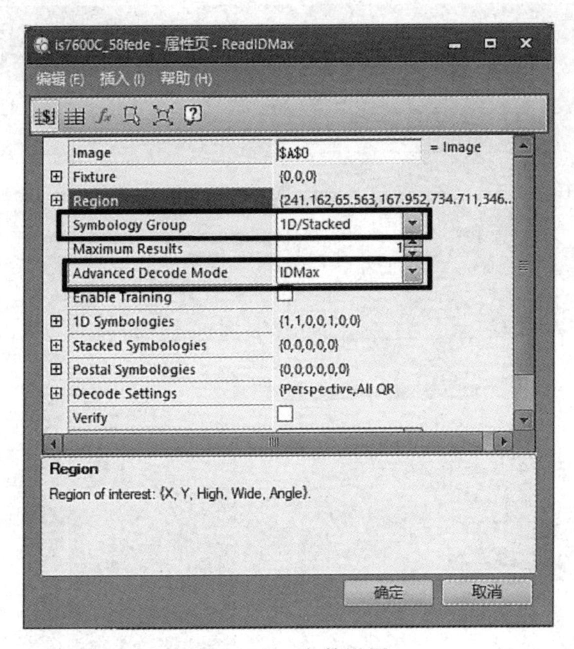


图 8-195　参数设置

（7）查看条码的读取结果，如图 8-196 所示。

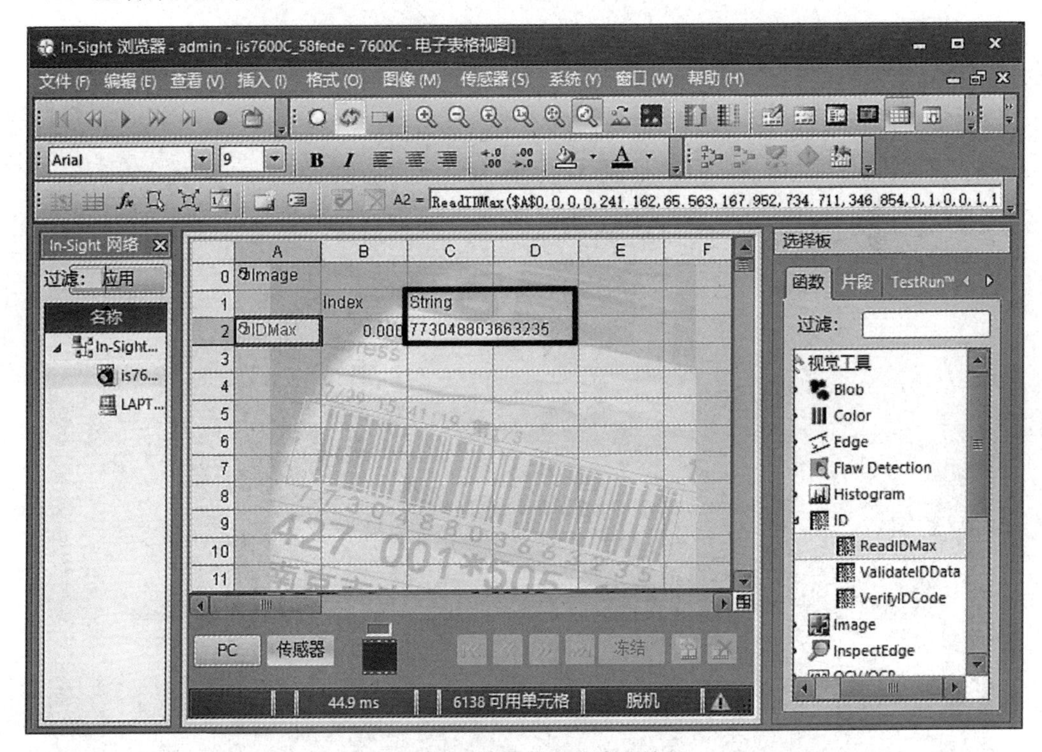


图 8-196　查看条码的读取结果

（8）选择合适的编程位置，双击单元格并输入“for”，在系统弹出的备选菜单中选择 FormatOutputBuffer 函数，如图 8-197 所示。

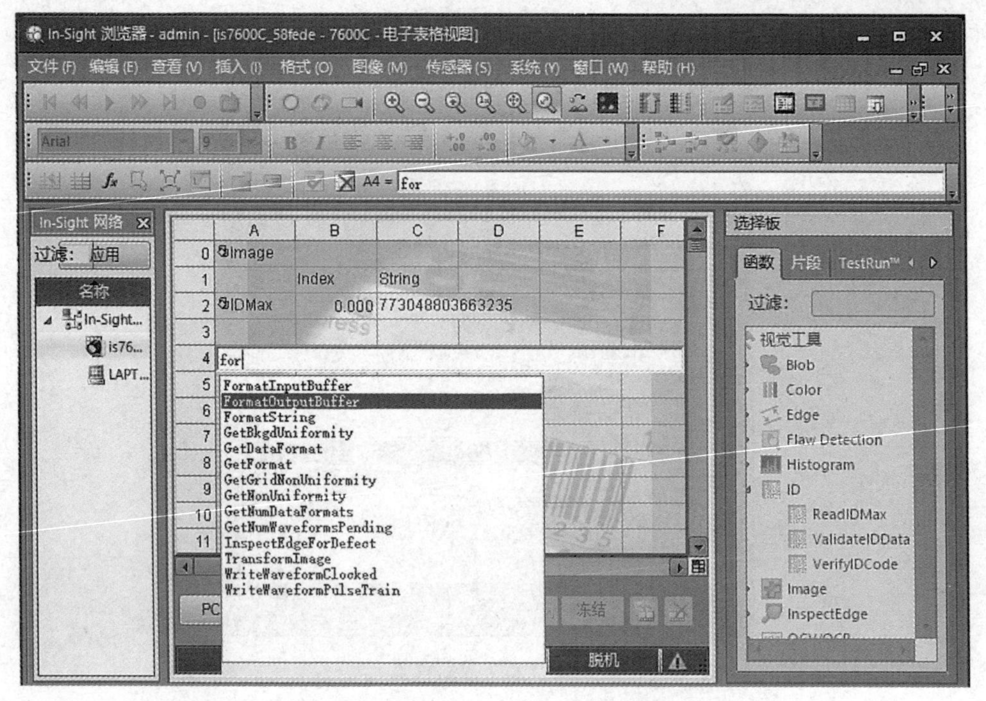


图 8-197　选择 FormatOutputBuffer 函数

（9）在系统弹出的“FormatOutputBuffer”对话框中，单击“添加”按钮，添加数据如图 8-198 所示。

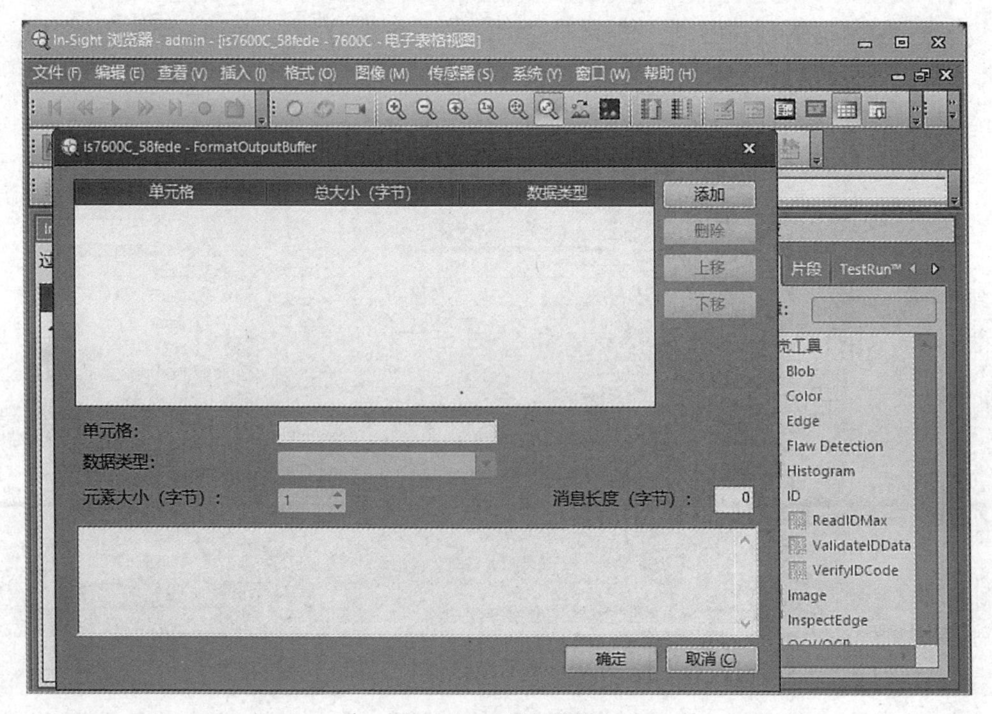


图 8-198　添加数据

（10）在“添加”选择界面中，单击条码值，即“String”下方单元格，添加传输内容，完成后，单击“确定”按钮，如图 8-199 所示。

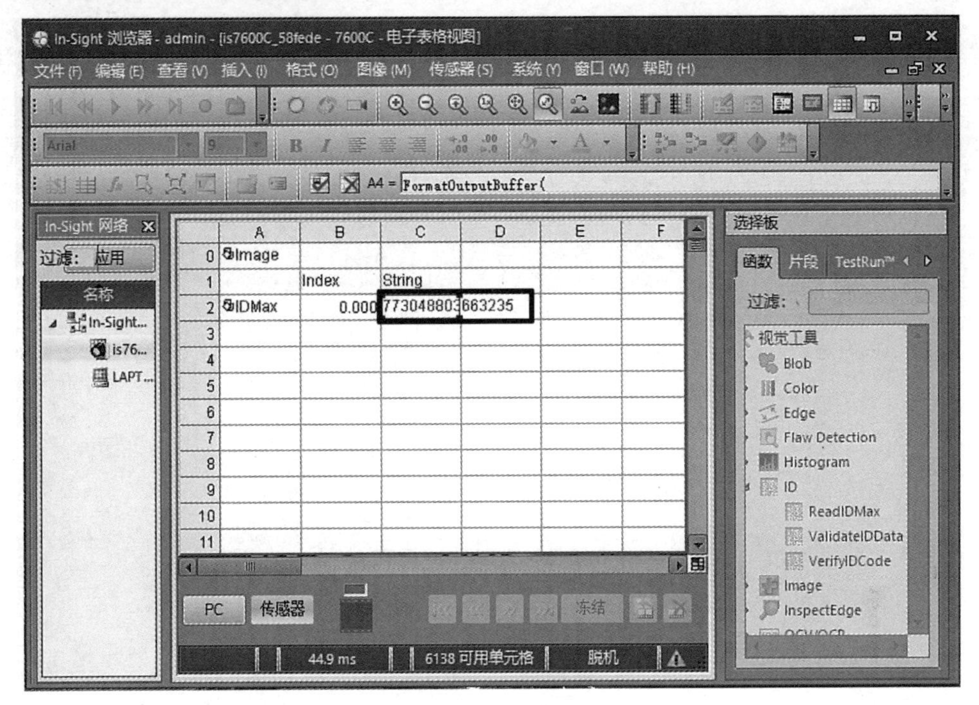


图 8-199　添加传输内容

（11）在自动返回的“FormatOutputBuffer”对话框中，将数据类型设为“字符串”，完成后，单击“确定”按钮，完成设置，如图 8-200 所示。

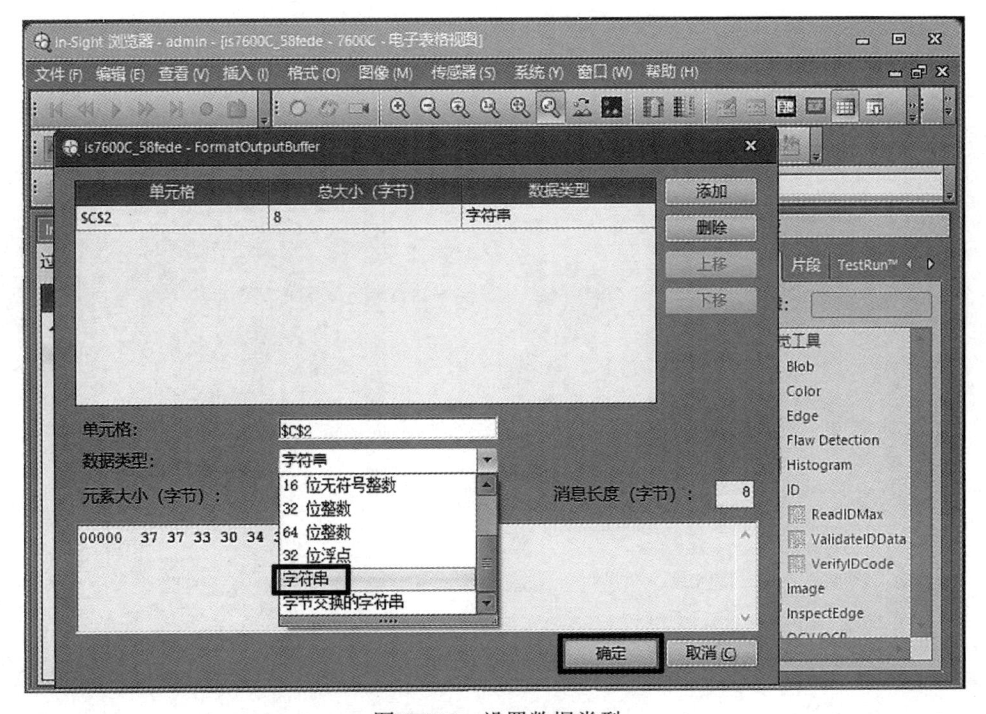


图 8-200　设置数据类型

（12）选择合适的编程位置，双击单元格并输入“write”，在系统弹出的备选菜单中单击“WriteResultsBuffer”选项，选择 WriteResultsBuffer 函数，如图 8-201 所示。

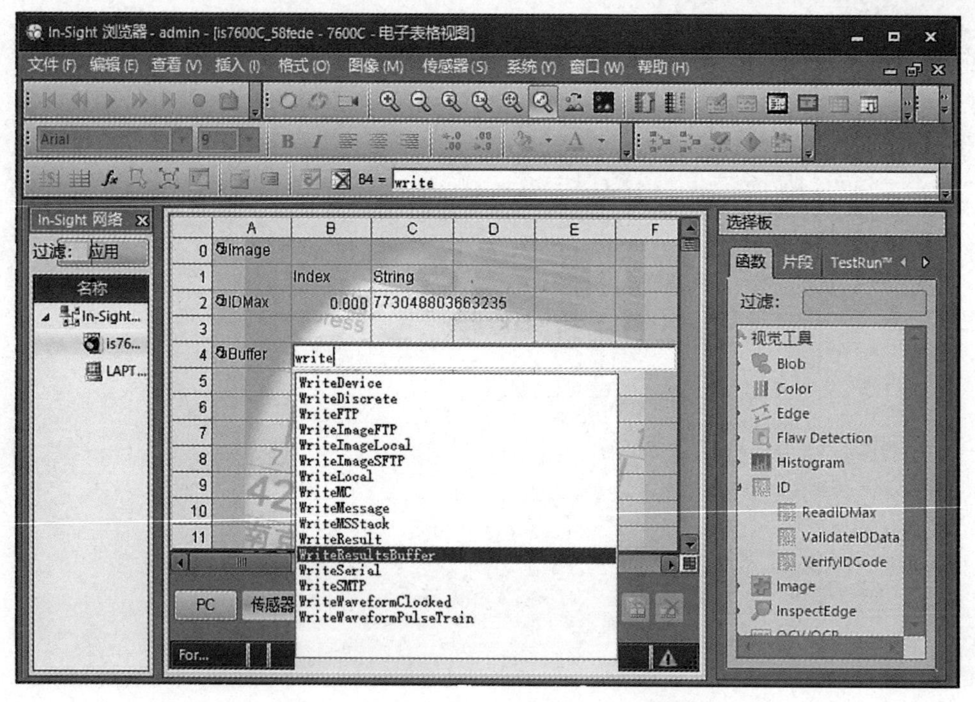


图 8-201　选择 WriteResultsBuffer 函数

（13）在系统弹出的 WriteResultsBuffer 函数的参数设置窗口中，双击“Buffer”选项，设置缓冲区，如图 8-202 所示。

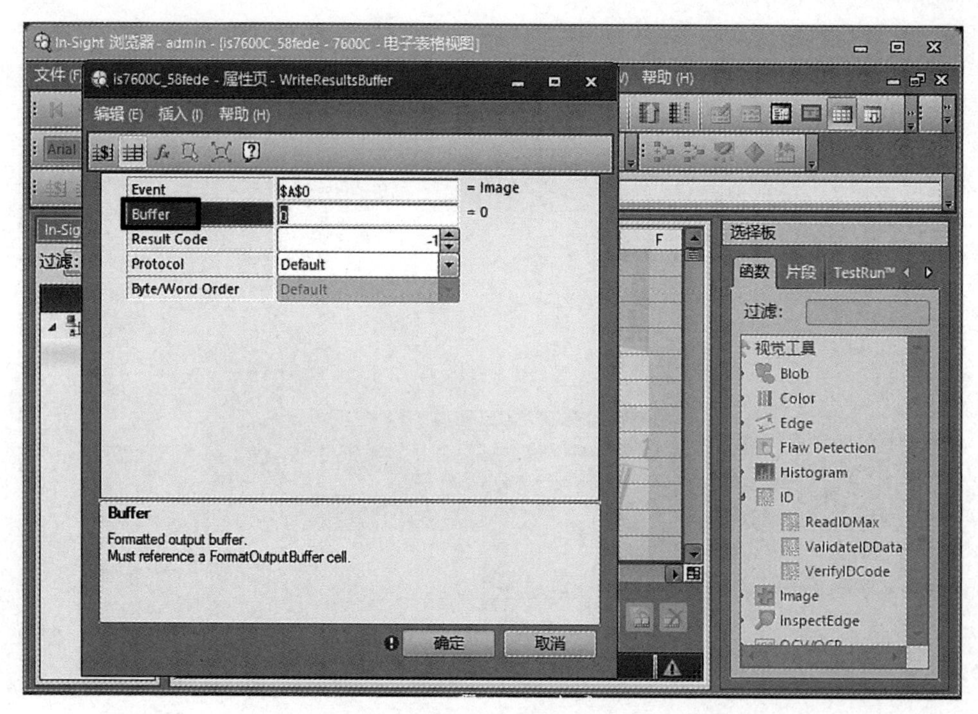


图 8-202　设置缓冲区

（14）在“Buffer”选择界面中，单击通过 FormatOutputBuffer 函数已经生成的“Buffer”单元格，完成后，单击“确定”按钮，选择缓冲区，如图 8-203 所示。

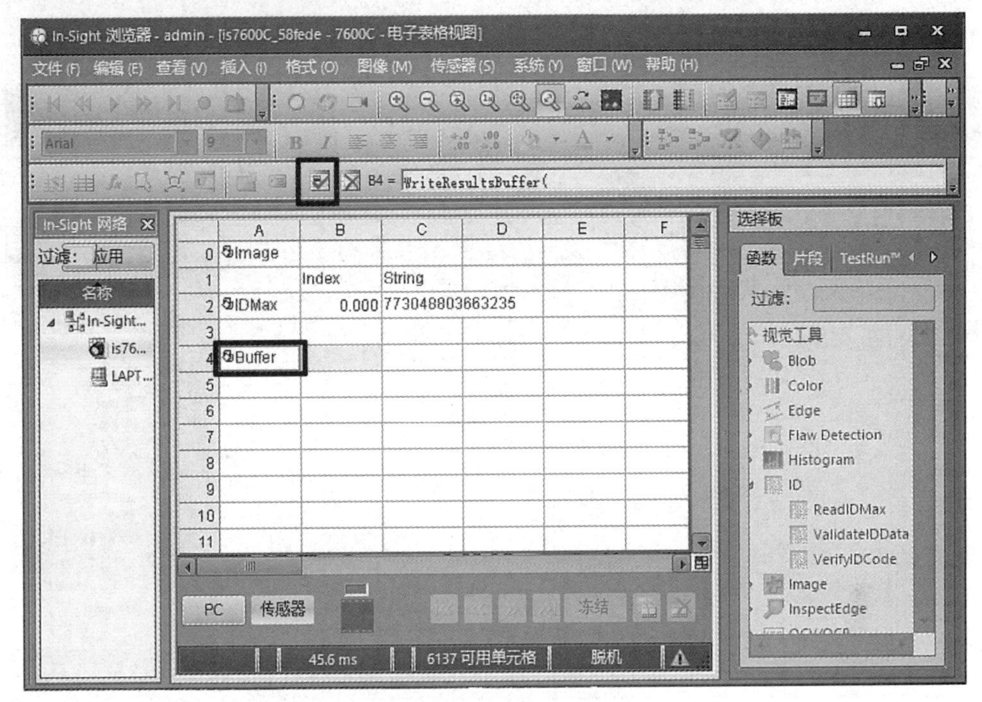


图 8-203　选择缓冲区

（15）在自动返回的 WriteResultsBuffer 函数的参数设置窗口中，展开“Protocol”下拉列表，在下列表单中选择“PROFINET”选项，完成后，单击“确定”按钮，选择通信协议如图 8-204 所示。

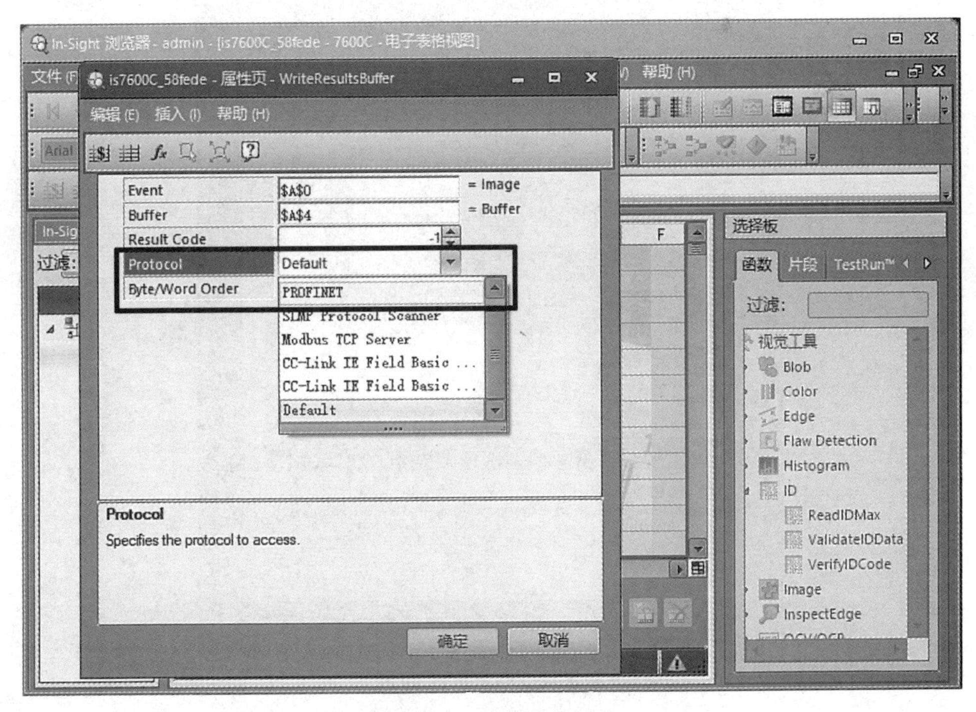


图 8-204　选择通信协议

（16）双击“Image”单元格，设置脱机如图 8-205 所示。

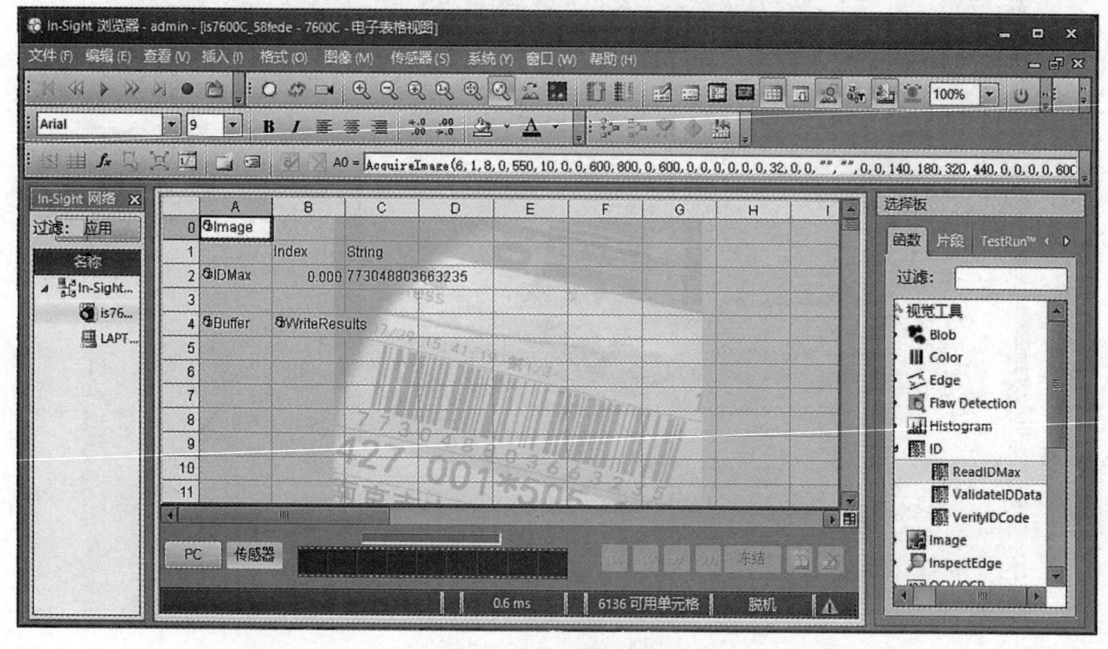


图 8-205　设置脱机

（17）在弹出的 Image 的参数设置窗口中将“Trigger”参数设为“Industrial Ethernet”，触发的设置如图 8-206 所示。

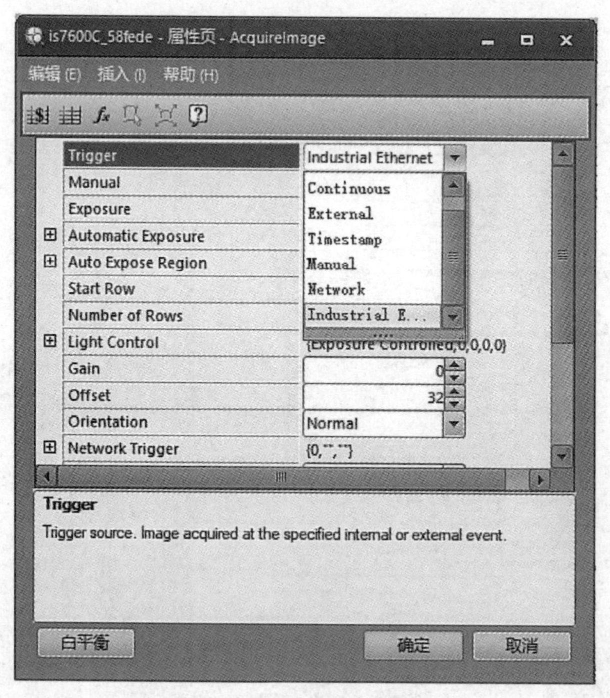


图 8-206　触发的设置

（18）单击系统界面右上角的“联机”按钮，在弹出的对话框中单击“是”按钮，设置联机如图 8-207 所示。

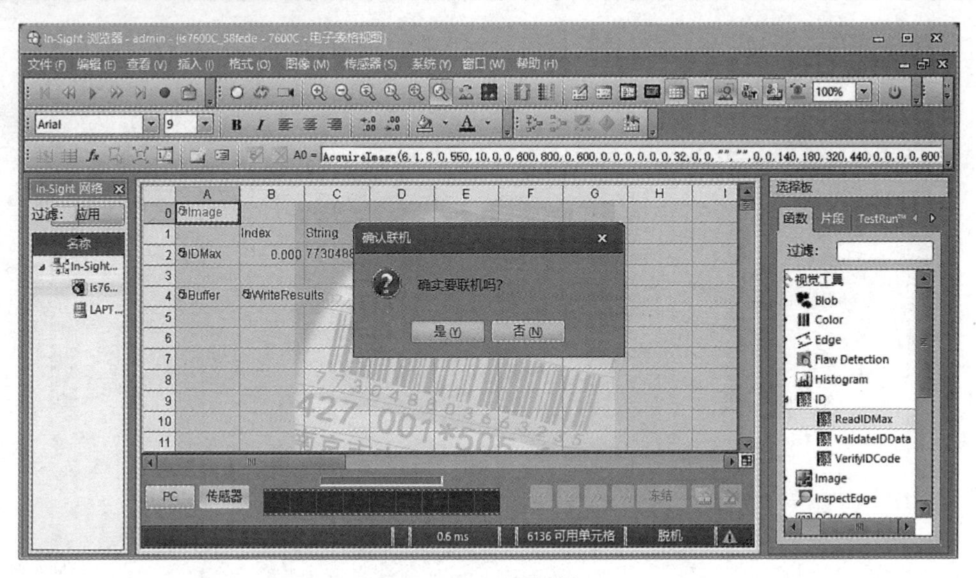

图 8-207　设置联机

2）利用 PLC 通信程序，传递条码内容

（1）完成以上编程后，创建 PLC 通信程序，PLC 程序编写的具体操作与综合实训 8.1 中的相同。完成后进入程序的“监控表_1”窗口，将 IB70～IB80 的显示格式改为“字符”，单击“转至在线”按钮，将程序转至在线状态。在 Q2.0、Q2.1 的监视值被强制设为“TRUE”的情况下，先将 Q2.7 的监视值强制设为“FALSE”，再将 Q2.7 的监视值强制设为“TRUE”，如图 8-208 所示。

图 8-208　实时监控与强制

（2）观察监控表，发现 IB70～IB80 字段的监视值变化，IB70～IB80 字段以字符的形式接收 In-Sight 智能相机的数据传输，如图 8-209 所示。

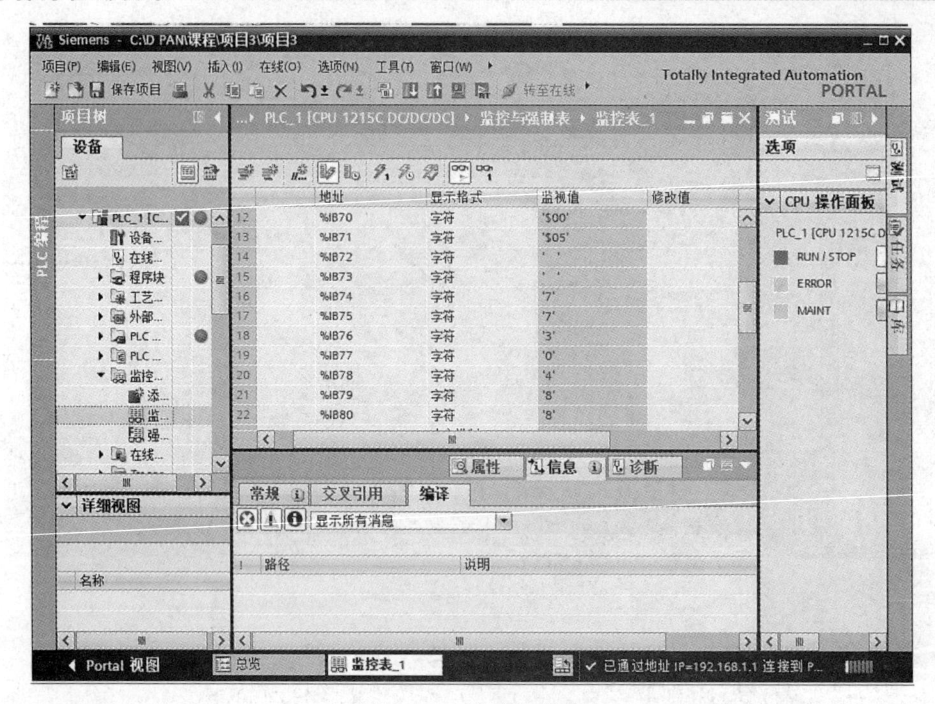


图 8-209　观察监控表

**【扩展应用】**

经项目实践发现，PLC 需要不断地刷新从 In-Sight 智能相机传来的数据，可以采用手动强制的方法对某些特定的点位进行“FALSE”和“TRUE”的强制转换，请尝试编写 PLC 程序，替代手动强制，实现自动转换。

## 练习题 8

### 一、单选题

1．在视觉工况的搭建中，常常通过调节______的亮度使被测工件的轮廓清晰。

A．光源　　B．机架　　C．面板　　D．机台

2．一张图片为 48 万像素，在长度方向为 800 像素，在宽度方向为______像素。

A．600　　B．500　　C．300　　D．700

3．在 In-Sight 软件中，一般使用“EasyBuilder 视图”和“______”两种编程界面。

A．电子表格视图　　B．电子面板　　C．电子屏幕　　D．电子平台

4．在 In-Sight 软件中，记录/回放选项的图标为______。

A．　　B．　　C．　　D．

5．在 In-Sight 软件中，______函数可以用于斑点检测。

A．ReadIDcode　　B．ExtractBlobs　　C．Caliper　　D．HistCount

6．在 In-Sight 软件中，______函数可以用于特征检测。

A．FindPatterns　　B．SortBlobs　　C．SortEdges　　D．PairEdges

7．在 In-Sight 软件中，______函数为测量圆像素尺寸的常用函数。

A．HistMen　　B．ImageMath　　C．FindCircle　　D．Sqrt

8．在 In-Sight 软件中，______函数为测量边对像素距离的函数。

A．Caliper　　B．HistMin　　C．VerifyIDCode　　D．FindBlobs

9．智能相机通过______确定像素尺寸和实际尺寸的比例。

A．标定　　B．补光　　C．接线　　D．减光

10．在 In-Sight 软件中，可以用于二维码识别的函数为______。

A．ReadIDMax　　B．FindLine　　C．SortEdges　　D．PointFliter

11．在 In-Sight 软件中，可以用于字符识别的函数为______。

A．ReadIDMax　　B．OCRMax　　C．FindCircle　　D．FindPatterns

12．在 In-Sight 软件中，Sqrt 函数用来做______计算。

A．开方　　B．平方　　C．立方　　D．乘以圆周率

13．若设置一台西门子 PLC 与 In-Sight 智能相机通信，将 PLC 的 IP 地址设为 192.168.1.2，则可将 PLC 的 IP 地址设为______。

A．192.168.2.2　　B．192.168.1.2　　C．192.168.1.3　　D．192.168.2.1

14．若需要实现西门子 PLC 与 In-Sight 智能相机自动实时信息交互，In-Sight 智能相机须设置在______状态。

A．联机　　B．脱机　　C．单机

15．为实现 In-Sight 智能相机与西门子 PLC 的网络配置，须单击西门子 PLC 博途软件“选项”菜单中的“管理通用站描述文件”选项，添加 In-Sight 智能相机的______文件。

A．GSD　　B．GAD　　C．ASD

16．在博途软件中，若想要监控实时数据，具体的操作顺序为______。

A．建立监控表，添加监控变量，转至在线，查看监控变量

B．添加监控变量，建立监控表，转至在线，查看监控变量

C．转至在线，查看监控变量，添加监控变量，建立监控表

## 二、简答题

1．简述图像采集系统的组成部分。

2．简述使用视觉检测完成工件实际尺寸检测的步骤。

3．当西门子 PLC 与智能相机通信后，PLC 如何将接收到的 In-Sight 智能相机的字符串数据转化成有效数据？

4．在一视觉检测过程中，使用的标定板为多圆标定板，相邻圆心间的距离为 7.5 mm，通过标定，测得相邻圆心间的距离为 74.968 像素。现在标定工况下有一段距离 $S$，其像素尺寸为 178.487 像素，请计算 $S$ 的实际空间距离（精确到小数点后一位）。

5．分析下图的长方形图形，结合所学习的视觉图像处理知识，求解出长方形的斜向直角点间的像素距离，要求：

（1）写出在 In-Sight 软件中用到的检测函数、计算函数；

（2）用字母表示函数计算中获取的值，列出算法。

# 反侵权盗版声明

电子工业出版社依法对本作品享有专有出版权。任何未经权利人书面许可，复制、销售或通过信息网络传播本作品的行为，歪曲、篡改、剽窃本作品的行为，均违反《中华人民共和国著作权法》，其行为人应承担相应的民事责任和行政责任，构成犯罪的，将被依法追究刑事责任。

为了维护市场秩序，保护权利人的合法权益，我社将依法查处和打击侵权盗版的单位和个人。欢迎社会各界人士积极举报侵权盗版行为，本社将奖励举报有功人员，并保证举报人的信息不被泄露。

举报电话：（010）88254396；（010）88258888
传　　真：（010）88254397
E-mail:　dbqq@phei.com.cn
通信地址：北京市海淀区万寿路173信箱
　　　　　电子工业出版社总编办公室
邮　　编：100036